D1702378

Physikalische Grundlagen der Maßeinheiten

Mit einem Anhang über Fehlerrechnung

Von Dr. phil. Detlef Kamke
o. Professor an der Universität Bochum

und Dr. rer. nat. Klaus Krämer
Akad. Rat an der Universität Bochum

1977. Mit 98 Figuren

Dipl.-Phys. Dr. rer. nat.
Gunnar - Hasso Göritz
Erwerbungsjahr: 1978
Zugangsnummer: 12151

B. G. Teubner Stuttgart

Prof. Dr. phil. Detlef Kamke

Geboren 1922 in Hagen/Westf.. Studium der Physik in Tübingen und Göttingen. Diplom 1946 Göttingen, Promotion 1951 Marburg/Lahn, dort anschließend wiss. Assistent. 1958 Habilitation und Oberassistent in Marburg. 1959/61 als Stipendiat der DFG am California Institute of Technology. Seit 1963 o. Professor für Experimentalphysik an der Ruhr-Universität Bochum, 1967/68 Oak Ridge, Tenn., Electronuclear Division.

Dr. rer. nat. Klaus Krämer

Geboren 1939 in Seeheim/Bergstr.. Studium der Physik in Darmstadt. 1965 Diplom. 1967 wiss. Assistent an der Ruhr-Universität Bochum, 1972 Promotion. 1974 Lehrauftrag: Demonstrations-Praktikum für Lehramtskandidaten der Physik. 1975 Akad. Rat am Lehrstuhl für Fachdidaktik der Physik.

CIP-Kurztitelaufnahme der Deutschen Bibliothek

Kamke , Detlef
Physikalische Grundlagen der Masseinheiten : mit e. Anh. über Fehlerrechnung / von Detlef Kamke u. Klaus Krämer. - 1. Aufl. - Stuttgart : Teub= ner, 1977.
(Teubner-Studienbücher : Physik)
ISBN 3-519-03015-2

NE: Krämer , Klaus :

Das Werk ist urheberrechtlich geschützt. Die dadurch begründeten Rechte, besonders die der Übersetzung, des Nachdrucks, der Bildentnahme, der Funksendung, der Wiedergabe auf photomechanischem oder ähnlichem Wege, der Speicherung und Auswertung in Datenverarbeitungsanlagen, bleiben auch bei Verwertung von Teilen des Werkes, dem Verlag vorbehalten.
Bei gewerblichen Zwecken dienender Vervielfältigung ist an den Verlag gemäß § 54 UrhG eine Vergütung zu zahlen, deren Höhe mit dem Verlag zu vereinbaren ist.

© B. G. Teubner, Stuttgart 1977

Printed in Germany
Druck: J. Beltz, Hemsbach/Bergstraße
Binderei: G. Gebhardt, Ansbach
Umschlaggestaltung: W. Koch, Sindelfingen

Vorwort

Das vorliegende Buch ist aus einem physikalischen Seminar hervorgegangen, welches wir mit Kandidaten des Lehramtes für die Sekundarstufe II an der Ruhr-Universität in Bochum abhielten. Schien die Besprechung der neuen gesetzlichen Einheiten zunächst ein trockenes Thema zu sein, so wurde das Interesse dadurch geweckt, daß wir uns besonders um die Behandlung der physikalischen Grundlagen bemühten. Das erforderte sofort ein umfangreiches Literaturstudium. So entstand der Wunsch, das Erarbeitete nicht der Vergessenheit anheimfallen zu lassen, sondern anderen Studierenden (und nicht nur diesen) die Information über die Hintergründe der Wahl unserer Basiseinheiten zu erleichtern. Wir hoffen, daß uns dies gelungen ist.

Zur Sache selbst soll nur noch bemerkt werden, daß die Maßeinheiten kein erstarrtes System darstellen, sondern jede Verbesserung in der Meßtechnik, sowie die Auffindung neuer Phänomene (man denke etwa an den Josephson-Effekt) zu einer Neudefinition von Basiseinheiten führen kann. Eine reiche Fundgrube für Neuentwicklungen ist die Zeitschrift Metrologia.

Wir möchten auch an dieser Stelle Frau Doris Runzer und Frau Dagmar Hake für die saubere Ausführung der Zeichnungen und der Photoarbeiten danken. Frau Ingelore Mildt gilt unser besonderer Dank für die sorgfältige und verständnisvolle Herstellung des Manuskriptes. Herrn Dipl.Phys. S. Haun danken wir für die Zusammenstellung des Sachregisters.

Bochum, August 1976

D. Kamke
K. Krämer

Inhaltsverzeichnis

A n h a n g I

A n h a n g II

Seite

1 Einleitung

Viele Bereiche des täglichen Lebens, der Technik und der Naturwissenschaften werden durch quantitative Angaben über Vorgänge, Dinge und Zustände bestimmt. Für alle solche Angaben ist die Entwicklung von Meßverfahren und Maßsystemen unerläßlich. Die wachsende Verflechtung der Wirtschaftssysteme zwingt zu einer Vereinheitlichung der Maßsysteme. Dem wird von Zeit zu Zeit vom Gesetzgeber dadurch Rechnung getragen, daß für meßbare Größen eine Neufestlegung von Einheiten erfolgt, die unter Umständen auch die Eliminierung vertrauter Einheiten mit sich bringt (z.B. Ersatz der Pferdestärke (PS) durch das Kilowatt (kW) bei Automotoren). Die Neudefinition von Einheiten geschieht in der Regel, nachdem von den Naturwissenschaften ein Weg aufgezeigt wurde, wie man mit erhöhter Präzision Einheiten darstellen und mit diesen Maßstäbe, Uhren usw. eichen kann, die dann im täglichen Leben zu verwenden sind. Zu allen Zeiten hat man sich bemüht, Maßeinheiten festzulegen, die für die Bürger eines Landes bindend waren. Fig.1 enthält eine Darstellung oder Realisierung zunächst von einer "gemeinen Meßrute". Die Unterschrift gibt einen Hinweis auf die angestrebte Genauigkeit: Die Zusammensetzung aus einer statistischen Gesamtheit von 16 Füßen. Der "Durchschnitts"-Fuß ist dann 1/16 der Meßrute.

Es sollen sechtzehen Mann,
klein und groß, wie sie ungefehrlich
nach einander auß der Kirchen
gehen, ein jeder vor den andern
einen Schuch stellen. Dieselbige
Lenge ist, und sol seyn, ein
gerecht gemeyn Meßrute.

Mittelalterliche Definition einer Längeneinheit nach Jacob Köbel, „Geometrey" Frankfurt 1575

Fig. 1

Es ist mehr als zweihundert Jahre her, daß man den Begriff der meßbaren (physikalischen) Größe präzise fassen konnte. Die Neubildung von Einheiten erfolgt stets im Einklang mit dieser Fassung des Begriffes der meßbaren Größe. Schon Leonhard Euler (Mathematiker und Physiker) gibt die noch heute gültige Definition der physikalischen Größe. Er schreibt in seiner Algebra (ca. 1766) gleich zu Beginn

(1. Teil, 1. Abschnitt, Kapitel 1):

"1. Zuvörderst wird alles dasjenige eine Größe genannt, was einer Vermehrung oder einer Verminderung fähig ist, oder wozu sich noch etwas hinzusetzen oder wovon sich etwas hinwegnehmen läßt.

> Demnach ist eine Summe Geldes eine Größe, weil sich hinzusetzen oder hinwegnehmen läßt.
> Ebenso ist auch ein Gewicht eine Größe u. dgl. m.

2. Es gibt sehr viele verschiedene Arten von Größen, welche sich nicht wohl aufzählen lassen; und daher entstehen die verschiedenen Teile der Physik [1], deren jeder mit einer besonderen Art von Größen beschäftigt ist. Die Physik [1] ist überhaupt nichts anderes, als eine Wissenschaft der Größen, welche Mittel ausfindig macht, wie man letztere ausmessen kann.

3. Es läßt sich aber eine Größe nicht anders bestimmen oder ausmessen, als daß man eine andere Größe derselben Art als bekannt annimmt, und das Verhältnis angibt, in dem diese zu jener steht.

> Also wenn die Größe einer Summe Geldes bestimmt werden soll, so wird ein gewisses Stück Geld, wie z.B. ein Gulden, ein Rubel, ein Taler, oder ein Dukaten etc. als bekannt angenommen, und angegeben, wie viel solcher Stücke in jener Summe Geldes enthalten sind.
>
> Ebenso, wenn die Größe eines Gewichtes bestimmt werden soll, wird ein gewisses Gewicht, wie z.B. ein Pfund, ein Zentner, oder ein Lot etc. als bekannt angenommen und angegeben, wie viel derselben in dem vorigen Gewicht enthalten sind.
>
> Soll aber eine Länge oder eine Weite ausgemessen werden, so pflegt man sich dazu einer gewissen bekannten Länge, welche ein Fuß genannt wird, zu bedienen.

4. Bei Bestimmungen, oder Ausmessungen der Größen von allen Arten kommt es also darauf an, daß erstlich eine gewisse bekannte Größe von gleicher Art festgelegt werde, welche das Maß oder die Einheit genannt wird und lediglich von unserer Willkür abhängt; alsdann,

---

1) Euler spricht hier von Mathematik. Sinngemäß wurde dafür Physik eingesetzt

daß man bestimme, in welchem Verhältnis die gegebene Größe zu diesem Maße stehe, welches stets durch Zahlen angegeben wird, so daß eine Zahl nichts anderes ist, als das Verhältnis, in dem eine Größe zu einer anderen steht, welche als Einheit angenommen wird."

Der von Euler gegebenen Definition der physikalischen Größe, der Einheit und des Zahlenwertes haben wir auch heute nichts hinzuzufügen, außer daß wir sehr viel mehr physikalische Größen kennen, als seinerzeit benannt werden konnten. Insbesondere sind die Größen der Elektrizitätslehre, des Magnetismus, der Atom- und der Kernphysik hinzugekommen. Wir können also sehr viel mehr Definitionen von Größen und Realisierungen der zugehörigen Einheiten angeben, und dieses Gebiet wird durch wachsende Bedürfnisse ständig erweitert. Unter Umständen führt jedoch erst eine geänderte Fragestellung zu einer meßbaren Größe. Zum Beispiel wird man nicht "blau" von "halb so blau" unterscheiden wollen, weil man keine Einheit angeben kann, mit der die beiden Farbbeschreibungen vergleichbar wären. Wird jedoch nach der Strahldichte im Spektralbereich $\lambda = 400 \cdots 500$ nm (1 Nanometer = 10^{-7} cm = 10^{-9} m) gefragt, so sieht man, daß die geänderte Fragestellung eine Definition zuläßt (die man allerdings nicht als halb so blau, sondern "halb so intensiv" ansprechen wird). Größen und Einheiten haben sich auch begrifflich im Laufe der Zeit gewandelt. Ein Beispiel ist die Radioaktivität einer Substanz. Ursprünglich mit der Einheit 1 Curie, später auch mit dem Namen Lord Rutherford's verknüpft, ist bisher die Einheit der Radioaktivität 1 Ci eine Stoffmenge, in welcher $3{,}7 \cdot 10^{10}$ Zerfälle pro Sekunde erfolgen. Sie ist also auf eine Materiemenge, meßbar in Gramm zurückführbar. Heute ist die SI-Einheit 1 s^{-1}.

Es ist möglich, daß der physikalische Effekt sowohl definierbar als auch mit einer Einheit versehbar ist, gleichwohl die Quantifizierung der Wirkung auf große Schwierigkeiten stößt. Zum Beispiel wird ein schnelles Teilchen (etwa α-Teilchen einer radioaktiven Substanz) in biologischem Gewebe seine gesamte kinetische Energie durch Bremsung abgeben, und man kann dies durch die Energiedosis beschreiben, das ist die abgegebene Energie pro Masseneinheit. Die Erfassung der biologischen Wirkung ist aber auch heute noch Gegenstand der Forschung.

Die Begriffe des Gefühlslebens sind bisher nicht quantifizierbar, ihnen können keine Einheiten zugeordnet werden. Für das Unwohlsein eines Patienten kann dieser keine quantitativen Angaben machen. Die Temperatur- und Pulsmessung, sowie die Laboruntersuchung mit quantitativen Ergebnissen über die Blutsenkungsgeschwindigkeit, den Zuckergehalt des Urins, usw. werden dem Arzt aber ein wichtiges Hilfsmittel der Diagnose sein.

2 Größe, Zahlenwert, Dimension, Größengleichung

2.1 Größe und Zahlenwert

Die Merkmale von Gegenständen und Phänomenen der unbelebten und belebten Natur belegt man mit Namen, um sie voneinander zu unterscheiden. Damit wird ein Begriff geprägt, dessen Beschreibung man auf die Frage erfährt: Was versteht man unter ···? Die Begriffe sind im Laufe der Geschichte dauernd vermehrt worden und werden noch ständig vermehrt. Es ist möglich, daß einem Begriff eine physikalische Größe zugeordnet werden kann. Das Merkmal muß ein solches sein, daß man dazu eine Einheit definieren und Messungen ausführen kann. Mit diesen Größen werden die Naturgesetze in Form von mathematischen Gleichungen formuliert, und es werden mit ihnen Rechnungen nach den Regeln der Mathematik ausgeführt.

Wird die Größe G gemessen, so bedeutet dies, daß angegeben wird, wie oft die Einheit in der Größe G enthalten ist. Dies ist der Zahlenwert {G} der Größe G. Symbolisiert [G] die Einheit von G (Zeiteinheit: 1 Sekunde, Stromstärkeneinheit: 1 Ampère), dann ist also

(1) $$\{G\} = \frac{G}{[G]} \ .$$

Der Zahlenwert ist eine reine Zahl, ohne irgendeine Hinzufügung. Der Beziehung (1) kann die Form

(2) $$G = \{G\}[G]$$

gegeben werden. Die Angabe des Größenwertes (Meßwertes) von G führt demnach die Bezeichnung der Einheit mit sich: Erweist sich der elektrische Strom I durch einen Leiter als 10-mal so groß wie die Einheit 1 Ampère (1 A), dann ist die Stromstärke $I = 10$ A (N.B. sie ist nicht 10 [A], sondern allenfalls 10[I] = 10 A).

Unbequem hohe oder niedrige Zehnerpotenzen der Zahlenwerte werden durch Bildung entsprechender Untereinheiten mit Hinzufügung einer Vorsilbe abgekürzt (sie stellen mit der Einheit zusammen eine neue Einheit dar: $1\ \mathrm{mm}^3 = 1\cdot(10^{-3}\mathrm{m})^3 = 10^{-9}\mathrm{m}^3$). Die physikalische Größe bleibt dabei ungeändert, denn es ist

$$(3) \qquad G = \{G\}[G] = \{FG\}[\tfrac{G}{F}] = \{G'\}[G'] \ .$$

Wird die Einheit um den Faktor F verkleinert, dann wird der Zahlenwert um den Faktor F vergrößert. Die Invarianz der physikalischen Größe gilt nicht nur bezüglich anderer Zehnerpotenzen von Einheiten, sondern auch gegenüber anderen Transformationen der Einheit, z.B. Ersatz von m durch inch. Zum Beispiel ist der Druck von 100 psi (pounds per square inch)

$$100\ \mathrm{psi} = 100\ \frac{\mathrm{pound}}{(\mathrm{inch})^2} = 100\ \frac{0{,}4536\ \mathrm{kg}\ 9{,}80665\ \mathrm{ms}^{-2}}{(2{,}54)^2\cdot 10^{-4}\ \mathrm{m}^2}$$

$$= 6{,}895\cdot 10^5\ \frac{\mathrm{N}}{\mathrm{m}^2} = 6{,}895\ \mathrm{bar}.$$

Die Tabelle 1 gibt eine Zusammenstellung der gesetzlich gestatteten Abkürzungen. Wichtig ist, daß keine Doppel- oder Mehrfach-Vorsilben verwendet werden dürfen (z.B. nicht µµF, sondern pF). Man hat auch zu beachten, daß keine Verwechslungen der Vorsilbe milli (m) mit Meter (m) vorkommen. Z.B. ist 1 mK = 1 Millikelvin, aber 1 Km = 1 Kelvinmeter; man sage auch besser 1 mJ (1 Millijoule) anstelle von 1 mmN = 1 Millimeternewton = 1 mNm = 1 Millinewtonmeter. Ferner ist $1\ \mathrm{mA}^2 = (10^{-3}\mathrm{A})^2 = 10^{-6}\ \mathrm{A}^2$, $1\ \mathrm{cm}^2 = (10^{-2}\ \mathrm{m})^2 = 10^{-4}\ \mathrm{m}^2$.

Vorsilbe	Zeichen	log der Zehnerpotenz	Vorsilbe	Zeichen	log der Zehnerpotenz
Tera	T	12	Zenti	c	- 2
Giga	G	9	Milli	m	- 3
Mega	M	6	Mikro	µ	- 6
Kilo	k	3	Nano	n	- 9
Hekto	h	2	Piko	p	-12
Deka	da	1	Femto	f	-15
Dezi	d	-1	Atto	a	-18

Tabelle 1: Die gesetzlich eingeführten Vorsilben der Dezimalteilungen von Einheiten

2.2 Größenart und Dimension

Ebenso wie die Größe selbst ist die Dimension einer Größe unabhängig von der gewählten Einheit. Der Abstand zweier Punkte, die Länge eines Seiles, die Dicke eines Brettes, der Radius eines Kreises, der Umfang eines Kreises, die Höhe eines Turmes, die Bogenlänge einer mathematischen Kurve in der Ebene oder im Raum, gehören sämtlich zur gleichen Größenart, nämlich der Größenart "Länge". Man sagt: Die Dimension dieser Größen ist die Länge,

(4) $\quad \dim G = \text{Länge}$.

Für die Einheit von G hat man viele Möglichkeiten: 1 m, 1 inch (= 2,5400 cm), 1 Lichtjahr (= $9{,}46 \cdot 10^{14}$ m), usw.

Ein ebenes Quadrat mit 1 m Seitenlänge definiert die Flächeneinheit 1 m^2. Die Oberfläche eines Quaders, einer Kugel, die Fläche eines Kreises, die Segelfläche eines Bootes, eine Ackerfläche (etwa gemessen in Morgen) sind sämtlich von der Größenart Fläche. Aus dem Bildungsgesetz Fläche = Produkt aus zwei Seiten folgt

(5) $\quad \dim \text{Fläche} = (\text{Länge})^2$.

(Eine Fläche ist "zweidimensional").- Ein Würfel der Kantenlänge 1 m definiert die Einheit des Volumens 1 m^3. Das Volumen einer Kugel, das Fassungsvermögen des Kofferraumes eines Autos, gehören zur Größenart Rauminhalt oder "Volumen". Aus dem Bildungsgesetz Volumen = Produkt dreier Seiten folgt

(6) $\quad \dim \text{Volumen} = (\text{Länge})^3$

(das Volumen ist "dreidimensional", der Raum ist "dreidimensional").

Zwischen Größen der gleichen Größenart, die alle die gleiche Dimension haben, kann man Summen und Differenzen bilden und damit einen Vergleich hinsichtlich "kleiner", "größer" oder "gleich" ausführen. Die Summe oder Differenz zweier solcher Größen gehört zur gleichen Größenart, insbesondere auch $G_1 = \lambda G_2$ mit $\lambda \in \mathbb{R} \setminus 0$.

In dem Teil der Mechanik, den man Kinematik nennt, braucht man neben der "Länge" noch die "Zeit", die vollständige Mechanik benötigt auch noch die "Masse". Für die Geschwindigkeit ist

(7) $v = \lim_{\Delta t \to 0} \frac{\Delta s}{\Delta t} = \frac{ds}{dt}$, $\dim v = \frac{\dim \text{Weg}}{\dim \text{Zeit}} = \text{Länge Zeit}^{-1}$

und für die Beschleunigung

(8) $a = \lim_{\Delta t \to 0} \frac{\Delta v}{\Delta t} = \frac{dv}{dt}$, $\dim a = \frac{\dim v}{\dim t} = \text{Länge Zeit}^{-2}$.

Allgemein: Bei Differentiationen ist die Dimension diejenige der zu differenzierenden Größe dividiert durch die Dimension des Differentials.

Bei Integrationen ist die Dimension diejenige des Integranden multipliziert mit der des Differentials.

Die Hinzunahme der Masse aufgrund des Newton'schen Axioms Kraft = Masse × Beschleunigung führt einerseits zur Einheit der Kraft als 1 Newton = 1 kg · 1 ms^{-2} (sog. kohärente Einheit, siehe S. 16), andererseits zu

(9)
$$\begin{aligned} \dim \text{Kraft} &= \text{Masse Länge Zeit}^{-2} \\ &= (\text{Masse Länge Zeit}^{-1})\ \text{Zeit}^{-1} \\ &= \dim \text{Bewegungsgröße}/\dim \text{Zeit} \\ &= \dim \frac{dB}{dt} , \end{aligned}$$

wenn mit B die Bewegungsgröße Masse × Geschwindigkeit bezeichnet wird. In der reinen Dimensionsbetrachtung über Kraft und Impuls sind also gleichzeitig zwei Formulierungen des Newton'schen Axioms enthalten, nämlich sowohl Kraft = Masse × Beschleunigung wie auch (die allgemeinere) Kraft = Änderung der Bewegungsgröße pro Zeiteinheit.

Es kann vorkommen, daß verschiedene Größenarten die gleiche Dimension haben. Die Begriffe der mechanischen Arbeit oder Energie und des Drehmomentes sind ganz verschieden. Auch die mathematisch gefaßten zugeordneten Größen (Arbeit → Skalar, Drehmoment → axialer Vektor) sind in der Struktur völlig verschieden. Dennoch sind die Dimensionen gleich, nämlich das Produkt Kraft × Länge. Das SI gibt verschiedene Möglichkeiten der Einheitengebung. Einerseits die Arbeit mit der Einheit 1 Joule = 1 Newton × 1 meter, andererseits das Drehmoment mit 1 J/rad, aber auch allgemein das Moment einer Kraft mit 1 Nm. Man sieht, daß Dimensionsbetrachtungen sehr allgemeiner Natur sind und die Präzision der physikalischen Begriffsbildung dabei verloren gehen kann. Sie sind jedoch sehr gut geeignet um sicherzustellen, daß Größen die richtigen Variablenstrukturen haben. Die Dimensionskontrolle hilft bei mathematischen Ableitungen, Fehler zu vermeiden. Bezüglich mathematisch komplizierter Größen (Skalar, Vektor, Tensor) gilt, daß jede Komponente die gleiche Dimension haben muß (und auch die gleiche Einheit).

2.3 Größengleichungen

Als wichtig und zweckmäßig hat sich der Grundsatz erwiesen, sämtliche Beziehungen zwischen Größen als Größengleichungen aufzufassen. Das bedeutet, daß die einzusetzenden Größenwerte immer als Produkt von Zahlenwert und Einheit einzusetzen sind, so daß sich die unbekannte Größe wieder als Zahlenwert und Einheitenprodukt ergibt; letzteres kann zu einer neuen Einheit zusammengefaßt werden. Sind die dabei auftretenden Zahlenfaktoren 1 (oder Dezimalen), dann bildet man auf diese Weise kohärente Einheiten. Sind in der Größengleichung Natur- oder andere Konstanten (Materialkonstanten; etwa spezifische Wärmekapazität von Eisen) enthalten, so sind dies spezielle Größenwerte für Eigenschaften bestimmter Materialien, oder es sind universelle Größenwerte (z.B. die Lichtgeschwindigkeit im Vakuum). Sie sind daher wie jede andere Größe mit einer Einheit behaftet (manchmal daher "benannte Zahl" genannt), die in weiteren Beziehungen stets mitzuführen ist. Entsprechende Vorschriften enthält das DIN-Blatt 1313.

Wir erläutern dies anhand des Gravitationsgesetzes. Es lautet

$$(10) \qquad F = \gamma \frac{m_1 m_2}{r^2} \, ,$$

wobei F die Kraft zwischen den beiden Massen m_1 und m_2 ist, die sich im Abstand r voneinander befinden. γ ist die Gravitationskonstante, die experimentell zu bestimmen ist, wenn über die Einheiten von F, m und r verfügt wurde. Die SI-Einheiten sind dafür 1 N, 1 kg und 1 m, also ist

$$(11) \qquad \gamma = 6{,}6720 \cdot 10^{-11} \, \frac{\mathrm{Nm}^2}{\mathrm{kg}^2} \, .$$

Der Zahlenwert und die Benennung folgen aus dem Experiment und dem verwendeten Einheitensystem. Natürlich kann das Einheitenprodukt weiter zusammengefaßt werden.- Wird nun die Gravitationskonstante weiter benutzt, so ist die Benennung stets mitzuführen. Z.B. folgt die Gravitationsfeldstärke an der Erdoberfläche aus

(12) $g = \frac{F}{m} = \gamma \frac{M(\text{Erde})}{r^2_{(\text{Erde})}}$,

und die durch die linke Seite geforderte Einheit ms^{-2} (Dimension der Beschleunigung) stimmt mit der der rechten Seite überein, wenn γ als benannte Zahl eingetragen wird.

Kommen in Größengleichungen mathematische Funktionen vor, wie z.B. log, ln, sin, cos, sinh, exp, usw., so hat man zu beachten, daß deren Argument stets nur eine reine, also unbenannte Zahl sein kann. Bei den trigonometrischen Funktionen führt das zu der Form $\sin \omega t = \sin 2\pi\nu t$ oder $\sin(2\pi\ x/\lambda)$ usw., wobei t die Zeit, ω die Kreisfrequenz, ν die Frequenz und λ die Wellenlänge ist. Für einen Wellenvorgang hat man demnach zu schreiben $\sin(\omega t - 2\pi\ x/\lambda) = \sin 2\pi(\nu t - x/\lambda)$, usw. Unklarheiten entstehen aber meist bei log-Funktionen. Am besten geht man dann zu den Ursprungsgleichungen zurück.

Zum Beispiel wird die Clausius-Clapeyron'sche Dampfdruckformel aus der Beziehung hergeleitet

(13) $\frac{dp}{dT} = \frac{1}{T} \frac{Q}{V_d - V_{fl}}$.

Darin ist Q die Verdampfungswärme pro Mol der Substanz (molare Verdampfungswärme, dim Q = Energie/Stoffmenge, Einheit J/mol), V_d das Volumen pro Mol der Substanz in dampfförmigem Zustand bei der Temperatur T, V_{fl} das entsprechende Volumen im flüssigen Zustand. Unter der Voraussetzung temperaturunabhängiger Verdampfungswärme und $V_{fl} \ll V_d$ (1 mol $H_2O_{fl} \mathrel{\hat=}$ ca. 18 cm^3, 1 mol $H_2O_d \mathrel{\hat=}$ ca. 22400 cm^3) und unter Anwendung der Zustandsgleichung idealer Gase auf den Dampf erhält man

(14) $\frac{dp}{dT} = \frac{1}{T} \frac{p}{RT} Q$, $\frac{dp}{p} = \frac{Q}{R} \frac{dT}{T^2}$.

Diese Differentialgleichung integriert man zu

(15) $\ln \frac{p}{p_o} = - \frac{Q}{R}(\frac{1}{T} - \frac{1}{T_o})$

oder

(16) $p = p_o \exp(- \frac{Q}{R}(\frac{1}{T} - \frac{1}{T_o}))$.

Das Argument der mathematischen Funktionen tritt hier als reine Zahl (dimensionslose Größe) auf. Nimmt man aber die vereinfachte Umschreibung vor

(15a) $\ln p = \text{const.} - \frac{Q}{RT}$

(16a) $p = k_1 e^{-k_2/T}$,

dann gehen Einheiten und Dimensionen verloren. Rechenfehler können nur noch vermieden werden, indem man eine Menge von Erklärungen hinzufügt über die Art der Konstanten und der zu benutzenden Einheiten: Die Formeln sind keine Größengleichungen mehr.

2.4 Winkel

Eine besondere Betrachtung erfordern ebener (Fig.2) und räumlicher Winkel (Fig.3). Für den ebenen Winkel ist Grad (abgekürzt $^{\circ}$) gebräuchlich, ebenso das "Bogenmaß" als "Bogenlänge im Einheitskreis". Beides ist ausschließlich aufzufassen als die Verhältnisgröße Bogenlänge zu Radius

$$\varphi = \frac{s}{1\,\mathrm{m}} = \varphi_2 - \varphi_1 = \frac{s_2}{1\,\mathrm{m}} - \frac{s_1}{1\,\mathrm{m}} = \frac{S_2}{R_2} - \frac{S_1}{R_1} .$$

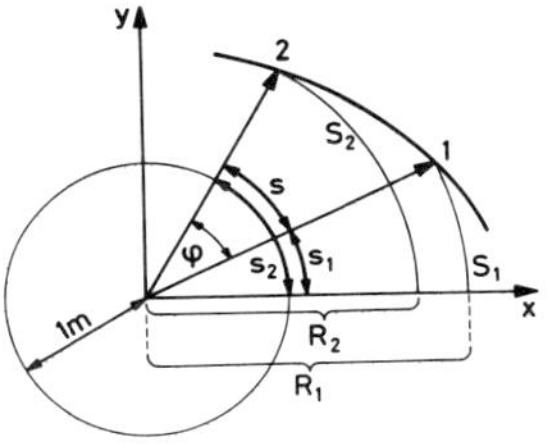

Fig. 2: Zur Winkelangabe in Radiant. $\widehat{12}$ ist z.B. ein Stück einer ebenen Bahnkurve

Um dennoch eine unterschiedliche Bezeichnung zu ermöglichen, fügt man an den Zahlenwert von φ die Bezeichnung rad (Radiant) an. Ist z.B. $s = 1$ m, dann ist $\varphi = 1$ m/1 m $= 1$ rad $\hat{=}\ 57^{\circ}\ 17'\ 44{,}80625''$.

Ähnlich wird beim räumlichen Winkel verfahren:

$$\Omega = \frac{a}{1\,\mathrm{m}^2}$$

a ist der Flächeninhalt (Einheit m^2) auf der Kugel mit Radius 1 m. Ist A Teil einer Kugel des Radius R, dann ist

$$\Omega = \frac{a}{1\,\mathrm{m}^2} = \frac{A}{R^2} .$$

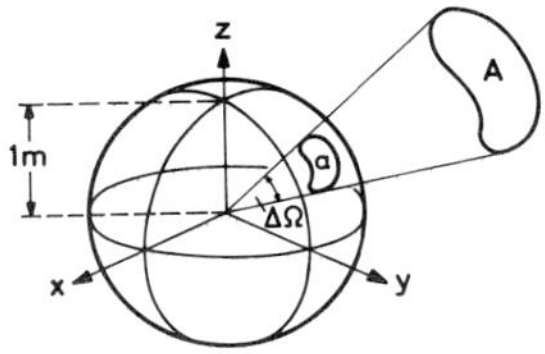

Fig. 3: Definition des räumlichen Winkels

Die Einheit ist gegeben durch $a = 1\mathrm{m}^2$, $\Omega = 1$ sr (Steradiant).- Der volle ebene Winkel (360°) ist damit $\varphi = 2\pi$ rad, der volle räumliche Winkel (a = Vollkugel) $\Omega = 4\pi$ sr. Die Bezeichnung rad bzw. sr wird häufig weggelassen.

3 Basis-Systeme

Die Einführung eines Basis-Systems bedeutet, daß man sich bemüht, die Vielzahl möglicher Größen und Einheiten auf möglichst wenige Basis-Größen und entsprechende Einheiten zu beschränken. Darauf aufbauend müssen dann alle weiteren benötigten Größen als sog. abgeleitete Größen gefunden bzw. definiert werden. Als Grundregel halten wir zunächst fest, daß die Bildung neuer Größen nur mit Hilfe der Multiplikation (bzw. Division) erfolgen soll. Das schließt es z.B. aus, die Fläche als Basisgröße zu benutzen, denn zur Bildung der Größenart Länge müßte die Wurzel aus der Größenart Fläche gezogen werden. Fleischmann [1] hat sich um die Struktur des physikalischen Begriff-Systems bemüht und faßt die Ergebnisse seiner Untersuchung, zunächst für die Mechanik, wie folgt zusammen. Mit A,B,C seien Größenarten (Dimensionen) bezeichnet. Dann gelten die folgenden Beziehungen:

1) Aus A und B wird eine neue Größenart durch $C = A \cdot B$ gewonnen (Verknüpfung durch Multiplikation).

2) Es gibt unbenannte Zahlen, geschrieben $(1) = (A^0)$, die bei Multiplikation mit A die Größenart (Dimension) nicht ändern $A \cdot (1) = A$. (Eins-Element).

3) Zu jeder Größenart gibt es eine reziproke Größenart A^{-1}, so daß $A \cdot A^{-1} = (1)$.

4) Verknüpfungen zwischen Größenarten sind
   assoziativ $A \cdot (B \cdot C) = (A \cdot B) \cdot C$
   kommutativ $A \cdot B = B \cdot A$.

5) Für alle $A \neq (1)$ und $m \in \mathbb{N} \setminus 0$ gilt $A^m \neq (1)$.

6) Die aus unendlich vielen Größenarten bestehende Gesamtheit besitzt ein endliches Erzeugendensystem. D.h. es gibt endlich viele (N) Elemente $C_1, C_2, \dots, C_N$, so daß sich jede Größenart in die Form

$$X = C_1^{\alpha_1} C_2^{\alpha_2} \cdots C_N^{\alpha_N}$$

---

[1] R. Fleischmann, Die Struktur des physikal. Begriffsystems, Z.Phys. 129 (1951) 377
s. auch derselbe: Einführung in die Physik, Weinheim 1973

bringen läßt mit ganzzahligen α_i. Eindeutigkeit der Darstellung ist nicht vorausgesetzt.

Die Aussagen 1) bis 6) bilden ein vollständiges Axiomensystem einer Abel'schen Gruppe. Bei Hinzunahme der Definitionsgleichungen der Elektrizität, des Magnetismus, der Gravitation und der Wärmelehre braucht es nicht abgeändert zu werden. Wir benutzen weiter den Satz, der für die Abel'sche Gruppe gilt: Unter den N Elementen des Erzeugendensystems $C_1, \cdots, C_N$ gibt es eine Auswahl von $n \leqslant N$ Elementen $B_1, \cdots, B_n$, die dadurch ausgezeichnet sind, daß sich jedes Element eindeutig in der Form

$$X = B_1^{\beta_1} B_2^{\beta_2} \cdots B_n^{\beta_n}$$

darstellen läßt. Die β_i sind ganzzahlig. Die Elemente $B_1, \cdots, B_n$ nennt man eine Basis der Gruppe. Hier sind die B_i die Grundgrößenarten. Die Produkte $\prod B_i^{\beta_i}$ sind Dimensionsprodukte relativ zu den Grundgrößenarten B_i. Es gilt der

Satz: Eine Gruppe, die den Axiomen 1) - 6) genügt, besitzt mindestens eine Basis $B_1, \cdots, B_n$; und für $n > 2$ gibt es unendlich viele gleichwertige Basen.

Wie bestimmt man die Anzahl der Elemente einer Basis? In einem Gebiet der Physik möge es k voneinander unabhängige Gleichungen zwischen l Größenarten $(l > k)$ geben. Dann bleiben $n = l - k$ unbestimmt, sie sind nicht aus anderen ableitbar, sind also Grundgrößen.

Die bekannteste Basis der Mechanik besteht aus Länge (l), Masse (m), Zeit (t). Die Geometrie würde allein l benötigen, die Kinematik benötigt l und t, die Dynamik schließlich m, l und t. Wir haben schon bemerkt, daß Fläche, Masse, Zeit keine Basis darstellen. Dagegen sind Impuls p, Energie W und Wirkung S eine Basis. Der Zusammenhang mit der m,l,t-Basis ist

$$(1) \quad p = l^1 m^1 t^{-1}, \quad W = l^2 m^1 t^{-2}, \quad S = l^2 m^1 t^{-1}.$$

Aus ihr folgt eindeutig

$$(2) \quad l = p^{-1} W^0 S^1, \quad m = p^2 W^{-1} S^0, \quad t = p^0 W^{-1} S^1.$$

Wir nehmen ein <u>allgemeines Beispiel</u> einer Basis A_1, A_2, A_3 aus 3 Elementen. Die neue Basis werde B_1, B_2, B_3 genannt, und es soll gelten

(3) $B_1 = A_1^{\alpha_{11}} A_2^{\alpha_{12}} A_3^{\alpha_{13}}, \quad B_2 = A_1^{\alpha_{21}} A_2^{\alpha_{22}} A_3^{\alpha_{23}}, \quad B_3 = A_1^{\alpha_{31}} A_2^{\alpha_{32}} A_3^{\alpha_{33}}$

Wir suchen die eindeutige Transformierbarkeit unter der Bedingung, daß die Exponenten α_{ik} ganze Zahlen sind. Wir logarithmieren die Beziehungen (3) und erhalten

$$\log B_1 = \alpha_{11} \log A_1 + \alpha_{12} \log A_2 + \alpha_{13} \log A_3$$
$$\log B_2 = \alpha_{21} \log A_1 + \alpha_{22} \log A_2 + \alpha_{23} \log A_3$$
$$\log B_3 = \alpha_{31} \log A_1 + \alpha_{32} \log A_2 + \alpha_{33} \log A_3 \; .$$

Eindeutige Auflösbarkeit nach A_1, A_2, A_3 erfordert, daß die Koeffizientendeterminante von null verschieden ist,

$$\det(\alpha_{ik}) \neq 0 \; .$$

Die Auflösung lautet mit ganzzahligen β_{ik}, $\log A_i = (\beta_{i1} \log B_1 + \beta_{i2} \log B_2 + \beta_{i3} \log B_3)/\det(\alpha_{ik})$. Die Exponenten bei der Hin- und Rücktransformation sind also nur dann ganze Zahlen, wenn $\det(\alpha_{ik}) = \pm 1$ (Vorzeichen hängt nur von der Reihenfolge ab). Man erkennt an dem eingeschlagenen Verfahren auch das allgemeine Verfahren. Prüft man die Transformationen von (1) und (2), so findet man in der Tat $|\det(\alpha_{ik})| = 1$.

Man kann nun in der Mechanik eine ganze Reihe äquivalenter Basen angeben. Fleischmann, loc. cit. gibt zum Beispiel an

$$\{l,m,t\},\ \{l,W,t\},\ \{l,S,t\},\ \{p,S,t\},\ \{p,W,t\},\ \{p,W,P\},$$
$$\{p,W,S\},\ \{l,W,S\},\ \{\Phi_v,l,S\}$$

mit P Leistung, Φ_v Geschwindigkeitspotential.

Dem SI liegt in der Mechanik die Basis $\{l,m,t\}$ zugrunde. Hinzufügung des Elektromagnetismus führt zur Ergänzung durch die elektrische Stromstärke. Die Wärmelehre benötigt noch die Temperatur, und schließlich ist noch ein Element für die Photometrie (Lichtstärke) hinzuzufügen.

4 Die Einheiten des SI (Système International)

Schon der praktische Gebrauch im täglichen Leben erforderte es, leicht reproduzierbare Einheiten einzuführen und ihren Gebrauch durchzusetzen, sowie darauf zu achten, daß die Reproduzierbarkeit über längere Zeiten hinweg gesichert war. Das geschah am besten durch Definition anhand von Merkmalen, die in der Natur vorhanden waren und für unveränderlich gehalten wurden. Dem gesellte sich die fortschreitende wissenschaftliche Erkenntnis aus dem atomaren Bereich hinzu; in ihm sehen wir heute invariable Maße, auf die man Einheiten zurückzuführen trachtet.

Das Système International d'Unités (abgekürzt SI) wurde im Jahr 1960 bei der 11. Generalkonferenz für Maße und Gewichte international festgelegt. Es hat die in Tabelle 2 wiedergegebenen Basiseinheiten. Die Basiseinheiten, die ergänzenden Einheiten und die kohärenten abgeleiteten Einheiten werden als SI-Einheiten bezeichnet. Einheiten, die als dezimale Vielfache und Teile mittels der SI-Vorsätze (Tabelle 1) gebildet werden, dürfen dagegen nur Vielfache und Teile der SI-Einheiten genannt werden. Nur das Kilogramm ist damit, begründet aus der historischen Entwicklung, inkonsistent.

Größenart	Name der Einheit	Kennzeichen der Basiseinheit
Länge	Meter	m
Masse	Kilogramm	kg
Zeit	Sekunde	s
elektr. Stromstärke	Ampère	A
Temperatur	Kelvin	K
Lichtstärke	Candela *)	cd
Stoffmenge	Mol	mol
ebener Winkel	Radiant	rad (ergänzende Einheiten)
Raumwinkel	Steradiant	sr (ergänzende Einheiten)

*) Betonung auf der 2. Silbe

Tabelle 2: Basiseinheiten des SI

Man hat darauf geachtet, daß der Bezug auf spezielle Stoffeigenschaften wegfällt. Zum Beispiel sind die Atmosphäre, das Torr und anderes nunmehr entfallen.

Von den kohärenten abgeleiteten SI-Einheiten, d.h. Potenzprodukten der Basiseinheiten mit Zahlenfaktor 1, haben einige wichtige selbständige Namen mit eigenen Kurzzeichen erhalten. Alle Namen, die sich auf Personennamen gründen, werden mit einem Großbuchstaben abgekürzt, und man hat auf die Reihenfolge zu achten: 1 Nm ist 1 Newtonmeter, dagegen 1 mN ist 1 Millinewton. Um wenig sachgemäße Bezeichnungen zu vermeiden, darf die Einheit 1 Hertz = 1 Hz nur zur Angabe von Frequenzen benutzt werden, ebenso die Einheit 1 Dioptrie = 1 dpt nur für die Bezeichnung der Brechkraft eines optischen Systems (z.B. darf die Geschwindigkeit nicht mit der Einheit Hertz/Dioptrie benutzt werden).

Größenart	Name der SI-Einheit	Kurzzeichen	Beziehung zu anderen SI-Einheiten
Kraft	Newton	N	1 N = 1 kg ms^{-2}
Druck/mech. Spannung	Pascal	Pa	1 Pa = 1 N m^{-2}
Energie, Arbeit	Joule	J	1 J = 1 Nm
Leistung	Watt	W	1 W = 1 J s^{-1}
Ladung	Coulomb	C	1 C = 1 As
el.Spannung	Volt	V	1 V = 1 WA^{-1}
el.Kapazität	Farad	F	1 F = 1 CV^{-1}
el.Widerstand	Ohm	Ω	1 Ω = 1 VA^{-1}
el.Leitwert	Siemens	S	1 S = 1 Ω^{-1}
magn. Fluß	Weber	Wb	1 Wb = 1 Vs
" Flußdichte	Tesla	T	1 T = 1 Wb m^{-2}
Induktivität	Henry	H	1 H = 1 Wb A^{-1}
Lichtstrom	Lumen	lm	1 lm = 1 cd sr
Beleuchtungsstärke	Lux	lx	1 lx = 1 lm m^{-2}
Frequenz	Hertz	Hz	1 Hz = 1 s^{-1}
Brechkraft	Dioptrie	dpt	1 dpt = 1 m^{-1}

Tabelle 3: Kohärente abgeleitete Einheiten des SI

Die Bedeutung des SI liegt in einer Reihe von Eigenschaften, die es für die Anwendung in Theorie und Praxis besonders geeignet macht:

1) Die Einheiten sind universell, in allen Gebieten von Physik und Technik anwendbar, weil jeder Bezug auf materielle Eigenschaften fehlt.

2) Die Einheiten können mit ausreichender Genauigkeit entsprechend ihren Definitionen oder äquivalenten Beziehungen dargestellt werden.

3) Das System ist absolut: Alle Kräfte und Energien können in den im System gültigen mechanischen Kraft- bzw. Energieeinheiten angegeben werden.

4) Bezüglich der Elektrodynamik handelt es sich um ein kohärentes Vierersystem mit einer elektrischen Basiseinheit (MKSA-System).

5) Das System ist international vereinbart worden und wird in zunehmendem Maße gesetzlich eingeführt. In Deutschland ist es eingeführt durch das Gesetz über Einheiten im Meßwesen vom 2. Juli 1969 (Bundesgesetzblatt 1969, Teil I, Nr. 55, Seite 709) und durch die Ausführungsverordnung zum Gesetz über Einheiten und Meßwesen vom 26. Juni 1970 (BGBlatt 1970, Teil I, Nr. 62, S.981). Das Gesetz und die Durchführungsverordnung sind am 5. Juli 1970 in Kraft getreten.

Im Anhang II sind weitere SI-Einheiten zusammengestellt, ebenso die zeitlichen Limitierungen, bis zu denen noch andere Einheiten benutzt werden dürfen. Außerdem sind noch zwei Einheiten der Atomphysik definiert worden, nämlich a) die atomare Masseneinheit u, d.i. der 12te Teil der Masse eines Atoms des Nuklids ^{12}C; b) das Elektronenvolt (eV) als atomphysikalische Energieeinheit. Als besondere Bezeichnungen für gesetzliche Einheiten sind noch zugelassen

1 Tonne = 1 t = 10^3 kg; 1 Liter = 1 l = 1 dm^3; 1 Ar = 1a = 100 m^2 sowie 1 Hektar = 100 a (bei Flächenangaben von Flur- und Grundstücken); 1 Bar = 1 bar = 10^5 Pa; 1 Voltampère = 1 VA; 1 Voltsekunde = 1 Vs = 1 Wb; die Temperaturdifferenz 1 Grad Celsius = 1^oC = 1 K. Nach 1977 sind nicht mehr gestattet: Kalorie, alle Druckeinheiten außer bar und Pa, das radiologische Curie, Rad, Rem, Röntgen. Es gilt

statt dessen 1 Ci = $3{,}7 \cdot 10^{10}$ s^{-1}, 1 rd = 10^{-2} J/kg, 1 rem = 10^{-2} J/kg, 1 R = $258 \cdot 10^{-6}$ C/kg.

Es gibt eine Reihe von Einheiten, die ihren Ursprung in der atomistischen Physik haben. Für sie versucht man zunehmend den Bezug zur Masse herzustellen. Das hat den Vorteil, daß alle Zahlenwerte in gleichem Sinne zu ändern sind, wenn sich die Bezugsmasse ändert. Das gilt vor allem für

a) die Avogadro'sche (oder Loschmidt'sche) Konstante: Es ist die Anzahl der Atome des Nuklids ^{12}C, die in 12 g Kohlenstoff enthalten ist. Sie ändert sich nur dann, wenn eine Neubestimmung die Atommasse des Nuklids ^{12}C verändert,

b) das Mol als Stoffmenge: Es ist die Menge von soviel Teilchen einer Substanz, wie in 12 g Kohlenstoff enthalten sind (siehe a). Angewandt auf Kohlenstoff: Die Stoffmenge 1 mol hat die Masse 12g, die Avogadro'sche Konstante ist ca. $6 \cdot 10^{23}$ mol^{-1}.

5 Die Realisierung der Längeneinheit

5.1 Historische Entwicklung

Wir beginnen mit einer kurzen Übersicht über die historische Entwicklung. Kleinere Längen wurden zuerst durch Vergleich mit individuellen Körpermaßen gemessen. Daran erinnern heute noch alte Einheitennamen wie Spanne, Elle, Fuß, Klafter. Größere Entfernungen wurden auch ganz anders miteinander verglichen: Eine Stunde Weges, oder eine Tagesreise, jedoch brauchen wir darauf nicht einzugehen. Bald genügten Vergleiche mit den bei jedem Menschen unterschiedlichen Körpermaßen nicht mehr den steigenden Ansprüchen (z.B. der Landvermessung in Ägypten). Ein fester einheitlicher Maßstab mußte geschaffen werden. Dieser wurde meist von dem jeweiligen Herrscher festgelegt, und es ist leicht einzusehen, daß auf dem Gebiet der Maße und Gewichte bald eine verwirrende Vielfalt herrschte, die den sich ausweitenden Wirtschaftsverkehr zunehmend behinderte. Im Jahr 1800 gab es allein in Baden 112 verschiedene Ellen und 92 Flächeneinheiten. Gelegentlich wurden die Einheiten auch verändert. Es wird berichtet, daß der König von Preußen im Jahr 1804 dadurch sein Land vergrößert habe, daß er die Postmeile ummessen und verkleinern ließ, "so daß man jetzt of sieben Meilen fährt, und es sind nur vier da!" [1]. Das ist ein Beispiel für die Unkenntnis der Invarianz von Größen.

Anregungen, einheitliche Maßeinheiten zu schaffen, gab es schon im 17. Jahrhundert, jedoch wurde erst kurz nach dem Ausbruch der Französischen Revolution der entscheidende Schritt zur Einführung eines einheitlichen (des metrischen) Systems getan. Die französische Nationalversammlung beschloß, daß gegen die "erstaunliche und lästige Verschiedenheit der Maße" etwas getan werden müsse und beauftragte am 8. Mai 1790 die Akademie der Wissenschaften, ein weltweit anwendbares Maß- und Gewichtssystem zu entwikkeln. Es standen drei natürliche Basen für die Definition der Längeneinheit zur Diskussion: 1) die Länge des Sekundenpendels (die Schwingungsdauer des mathematischen Pendels, $T = 2\pi\sqrt{l/g}$, hängt nur von der Pendellänge ab), 2) ein Quadrant des Erdäquators, 3) ein Quadrant des Erdmeridians (d.h. jeweils $\frac{1}{4}$ des Umfangs). Vorschlag 1 hatte die Schwierigkeit, daß zunächst die Zeiteinheit reproduzierbar festgelegt werden mußte (damals noch nicht mit genügender Genauigkeit möglich) und außerdem g an der Erdoberfläche ortsabhängig ist. Vorschlag 2 wurde verworfen, weil der Äquator nicht leicht zugänglich ist und seine Gleichförmigkeit nicht in dem Maße nachgewiesen war wie beim Meridian. So fiel die Wahl auf den Erdmeridian: Die Längeneinheit sollte genau der 10^7te Teil des Erdmeridianquadranten sein. Mit der Vermessung wurden die Astronomen J.B.J. Deslambre und P.F. Méchain beauftragt. Sie benutzten zur Ausmessung eines Stückes des Erdquadranten das schon von W. Snellius entwickelte und noch heute bei Landvermessungen verwendete Verfahren der Triangulation. Man entschloß sich für den durch Paris gehenden Meridian (ca. 2°E) und wählte als Endpunkt Dünkirchen und Barcelona (Entfernung etwa 1100 km). Die Triangulationsbasis ging von Lieusaint nach Melun (ca. 13 km) und war in Einheiten einer "Toise" bekannt. Bei der Triangulation wurden 100 Dreiecke, manchmal bis zu 170mal, gemessen. Damit war die Distanz 1···2 (s. Fig.4), gemessen in "Toise", bekannt. Es wurde die geografische Breite und Länge sehr genau gemessen, aus den Breitenmessungen folgt bei Beobachtung eines Fixsterns (φ_1 und φ_2 seien die geografischen Breiten):

---
1) W.H. Westphal, Die Grundlagen des Physikalischen Begriffssystems, Braunschweig 1965.

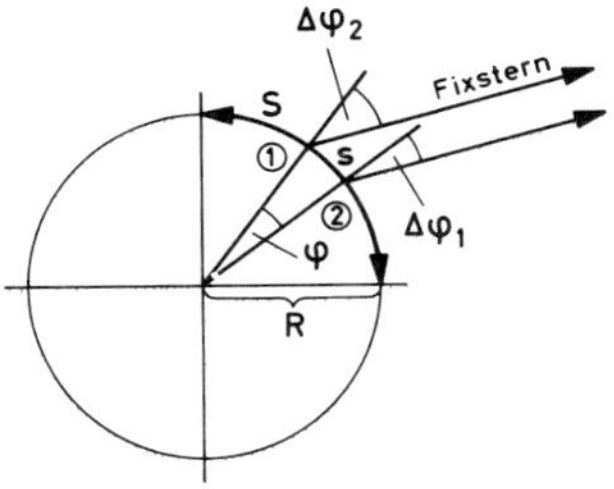

Fig. 4: Bestimmung der Länge des Erdquadranten aus der astronomischen Beobachtung und aus der Messung des Bogens s

$$\varphi_1 - \Delta\varphi_1 = \varphi_2 - \Delta\varphi_2 ,$$

$$\varphi = \varphi_2 - \varphi_1 = \Delta\varphi_2 - \Delta\varphi_1 ,$$

und damit für die Länge des Erdquadranten,

$$\frac{S}{90^\circ} = \frac{s}{\varphi} , \quad S = s\,\frac{90^\circ}{\varphi} .$$

Auf diese Weise ergab sich für S die Länge von 5130740 Toise, und damit für das Meter

1 m = 0,513074 Toise.

So war der Anschluß an ein unveränderliches Maß gelungen, und es wurde ein Prototyp hergestellt, das "mètre des archives" (Endmaßstab aus Platin, das sog. Urmeter). Am 10. Dezember 1799 wurde in Frankreich das metrische System eingeführt, wie es im Überschwang hieß "für alle Zeiten, für alle Völker" [1]. Erst 1840 wurde aber in Frankreich der Gebrauch nicht-metrischer Einheiten verboten, Preußen und der Norddeutsche Bund führten das metrische System 1868 ein, das Deutsche Reich 1872. Im Britischen Empire und in den USA ist es seit 1897 neben den angelsächsischen Einheiten zugelassen.

Mit dem Fortschritt der Meßtechnik erwies sich das Urmeter als zu wenig genau und als Endmaß oft unzweckmäßig, auch war man sich der Konstanz des Materials und somit der Unveränderlichkeit des Prototyps nicht ausreichend sicher. Man ersetzte es deshalb durch ein Strichmaß aus Platin-Iridium (90% Pt, 10% Ir), dessen Unveränderlichkeit als besser gesichert angesehen werden konnte. Der neue Prototyp, der heute fälschlicherweise als Urmeter bezeichnet wird, hat einen solchen asymmetrischen x-förmigen Querschnitt (s. Fig.5), daß die neutrale Faser in der Oberfläche der Rinne liegt. In der Rinne sind zwei Gruppen von je 3 Strichen eingeritzt; der Abstand der mittleren Striche ist 1 m. Von da an wurde das Meter als durch den Prototyp definiert angesehen. Der Bezug

---

[1] Inschrift auf einer Gedenkmünze aus dem Jahr 1840, zurückgehend auf einen Entwurf aus dem Jahr 1799 (P. Draht, Phys.Bl. 31 (1975)293)

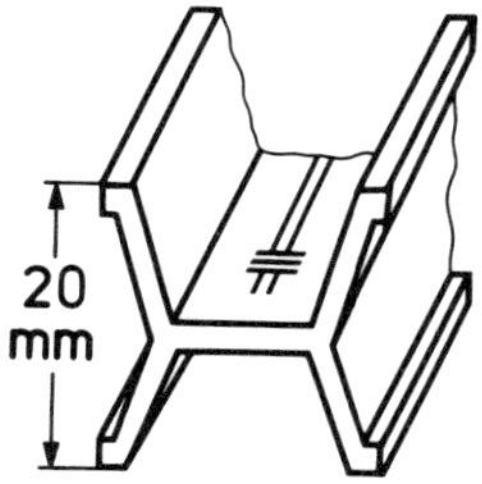

Fig. 5: Form des Meter-Prototyps (er hat 102 cm Länge)

auf den Erdquadranten entfiel damit faktisch, auch hatte schon Bessel 1837 festgestellt, daß die Einheit etwas zu kurz geraten war (nach der neuesten Messung 1964/67 um $2\cdot10^{-4}$ m = 0,2 mm; Länge des Erdquadranten 10001954,5 m). Dennoch konnte man auch beim neuen Prototyp nicht sicher sein, ob nicht doch durch Umkristallisationsvorgänge winzige Längenänderungen möglich sind. Man hat tatsächlich die Vermutung, daß zwischen 1889 (Zeitpunkt der Ersten Generalkonferenz für Maße und Gewichte) und 1957 der Prototyp sich um 0,5 µm verkürzt hat. Das legte die Suche nach anderen Festlegungen nahe. Zudem stiegen die Ansprüche an die Meßgenauigkeit erheblich an: Um 1800 reichte die Längenmessung auf 0,25 mm genau durchaus. Um 1900 lagen die Toleranzgrenzen bei 0,01 mm, um 1950 waren sie auf 0,25 µm verkleinert, und heute gibt es Bereiche der Industrie, die mit Genauigkeiten von $10^{-9}\cdots10^{-10}$ m arbeiten [1]. Die Anschlußgenauigkeit der nationalen Meter-Prototypen liegt bei

Fig. 6: Einige Endmaße der Feinwerktechnik

10^{-7} m. Sogenannte Endmaße (s. Fig.6) (Metallklötze definierter Dicke), die in der Feinwerktechnik benutzt werden, werden in verschiedenen Genauigkeitsklassen hergestellt (DIN 861). Bei der Klasse 0 (Urmaße für alle gröberen Maße) ist für die Länge l die Toleranz

$$\Delta l = \pm(0{,}1 + 0{,}002\ \frac{l}{\mathrm{mm}})\ \mu\mathrm{m}$$

zugelassen. Solche Genauigkeiten passen nicht mehr zum Pt-Ir-Prototyp.

Es hat nicht an Versuchen gefehlt, besser reproduzierbare Prototypen herzustellen. Insbesondere hat man seit 1927 entsprechende Versuche mit Quarzmaßstäben angestellt. Man konnte sie mit interferometrischen Methoden auf 10^{-8} m miteinander vergleichen. Der Vergleich mit dem Pt-Ir-Prototyp führte aber auf 10^{-6} m Anschlußgenauigkeit. Die Quarzstäbe geben in sich wohl ein genaueres

1) J. Terrien, Metrologia 8(1972)99.

System, es läßt sich aber nicht auf das herkömmliche übertragen [1].

5.2 Interferometrie

Zu der Zeit der ersten Generalkonferenz für Maße und Gewichte (1889, Einführung des Meter-Prototyps) wiesen A.A. Michelson und E.W. Morley darauf hin [2], daß man mit einem Interferometer (Michelson-Interferometer; abgekürzt MI) den Anschluß des Meter an die Wellenlänge von Lichtstrahlung vornehmen könne, also auszählen könne, wieviel Lichtwellenlängen auf das Meter gehen. Beim MI (s. Fig.7) wird ein Lichtbündel der möglichst monochromatisch strahlenden Quelle Q durch einen Strahlteiler S (halbdurchlässiger Spiegel) in zwei Teilbündel zerlegt, von denen eines bei S_1, das andere bei S_2 reflektiert wird. Die Teilbündel werden bei B vereinigt. Übertragen auf den Zweig zu S_2 liegt bei S_1' das virtuelle Bild von S_1. Bei B herrscht Auslöschung, wenn die Distanz 2d ein ungeradzahlig halbzahliges Vielfaches der verwendeten Lichtwellenlänge ist. Durch Auszählen der Hell-Dunkel-Perioden bei Verschieben des Spiegels S_2 kann man die Mikrometer-Schraube M in Wellenlängen kalibrieren [3].

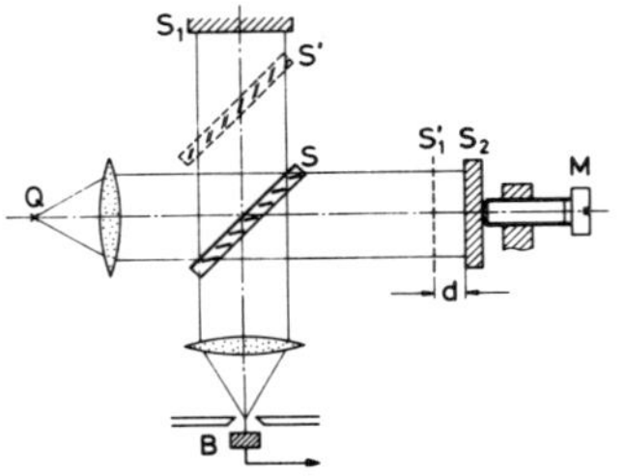

Fig. 7: Schema des Michelson-Interferometers. Bei B ist z.B. eine Photodiode angeschlossen, mit der die Strahlungsintensität registriert wird

Im einzelnen geht man wie folgt beim Aufbau des Interferometers vor. Man verwendet eine mehr oder weniger ausgedehnte Lichtquelle bei Q, um bei B ein Ringsystem von (Fraunhofer'schen) Interferenzen zu beobachten. In seinem Zentrum sieht man ein Herausquellen oder Verschwinden der Interferenzringe, wenn d variiert wird. Bei den modernen registrierenden Interferometern wird bei B eine Photodiode mit angeschlossener Registrier- und Zählelektronik verwendet. Wird die Intensität im Zentrum des Ringsystems in Abhängigkeit vom Abstand d registriert, dann erhält man ein sogenanntes Interferogramm, von dem drei Muster in Fig.8a,b,c wiedergegeben sind. Die Fig.8a stellt den Verlauf dar, der wün-

---

1) Y. Väisälä, L. Oterma, Metrologia 3(1967)37

2) Am.J.Sci. (3) 34(1887)427, (3) 38(1889)181

3) Der Ausdruck "eichen" ist in Deutschland der Tätigkeit der Eichämter vorbehalten.

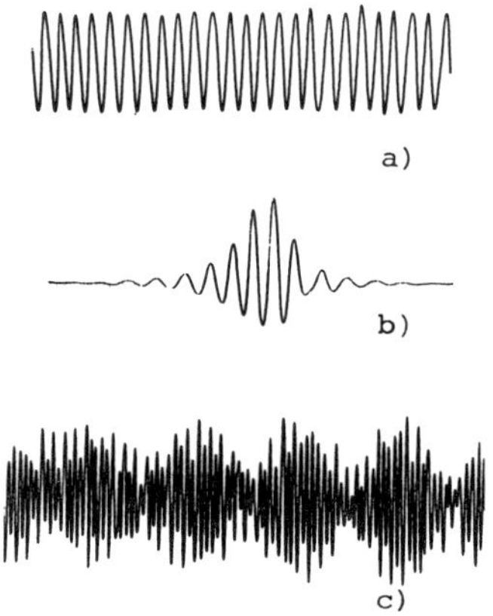

Fig. 8: Interferogramme eines Michelson-Interferometers. Erläuterung im Text

schenswert für die Ausmessung des Meters ist und wurde mit einer Laser-Lichtquelle gewonnen. Man benötigt noch eine Nullmarke, die man mit $d = 0$ in Zusammenhang bringen muß, um einen reproduzierbaren Anfangspunkt zu haben. Das wird mit einem Weißlicht-Interferogramm bewerkstelligt. Fig. 8b) gibt ein solches wieder: Nur in einem kleinen Bereich um $d = 0$ treten Intensitätsschwankungen auf. Die Interferenzen verwischen sich schnell, weil die Max-Min-Bedingung wellenlängenabhängig ist. Hier wird aus der Not (der Spektralanalyse) eine Tugend gemacht: Die Mitte des Interferogramms der Fig. 8b) definiert $d = 0$. Allerdings muß dazu das Interferometer sorgfältig so justierbar sein, daß wirklich die Gleichheit der optischen Wege nach S_1 und S_2 eingestellt werden kann. Dem dient z.B. die Korrektionsplatte S' von exakt gleicher Dicke wie S, um den Glasweg nach S_2 zu kompensieren [1]. Wie das Interferogramm Fig. 8c) zeigt, ist das Licht einer normalen Hg-Lampe ungeeignet für die Ausmessung des Meters, weil mehrere diskrete Wellenlängen im Spektrum enthalten sind. Man benötigt gute Monochromasie des Lampen-Spektrums. Es bestimmt die sog. Kohärenzlänge. Das ist diejenige Distanz d, bis zu der man gehen kann, ohne daß das Ringsystem verwischt.

Prinzipiell ist die Auszählung von Interferenzstreifen (bzw. der Maxima des Interferogramms) genau das Verfahren zur Ausmessung des Meters in Wellenlängen. Tatsächlich kann man sich zur Aufsuchung bestimmter Lagen einer etwas anderen Beobachtungsweise bedienen. Ist z.B. der Abstand $d = 0$ einzustellen, dann neigt man einen der beiden Spiegel S_1 oder S_2 ein wenig. Mit einem Fernrohr werden dann Streifen gleicher Dicke beobachtet, und die Nullinie des Interferogramms mit weißem Licht ist im Gesichtsfeld des Fernrohrs zugleich mit benachbarten, farbigen, zunehmend sich verwischenden Streifen sichtbar. Wird der Abstand der Spiegel vergrößert, dann sieht man eine laufende Streifenverschiebung (bei monochromatischer Strahlung) im Gesichtsfeld des Beobachtungsfernrohrs. Ein solches Bild ist in Fig. 17 reproduziert.

Michelson und Benoît haben 1892/93 die ersten Versuche mit 20 cm maximaler Distanz ausgeführt unter Verwendung der roten Cadmium-Linie bei $\lambda = 644$ nm (= 6440 Å), die die damals größte bekannte Kohärenzlänge hatte. Das Auszählen bedeutete, daß man auf

---

1) Da man Weißlicht-Interferenzen verwenden will, muß wegen der Glasdispersion die Kompensationsplatte eingesetzt werden; sonst könnte man auch eine Anfangsverschiebung d_0 zur Kompensation berücksichtigen.

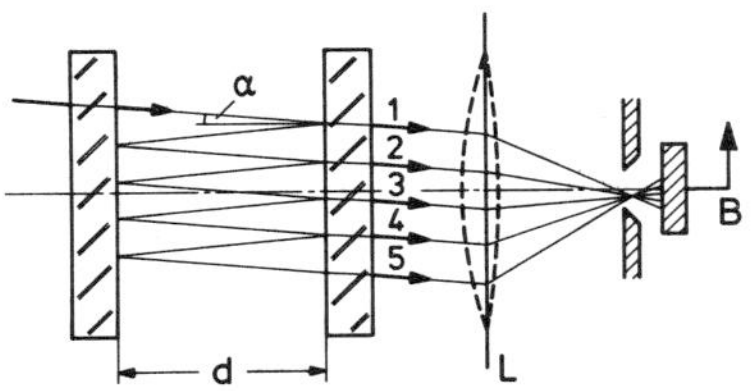

Fig. 9: Schema des Fabry-Pérot-Interferometers

20 cm etwa $3\cdot 10^5$ Maxima bzw. Minima zählen mußte. Rechnet man damit, jede Sekunde einen Streifen zu registrieren, so war die gebrauchte Zeit etwa 80 Stunden, d.h. 3 1/3 Tage! Bei neueren Messungen wird daher ein bestimmtes Verfahren der stückweisen Ausmessung verfolgt, auf das wir noch zu sprechen kommen. In den Jahren 1905/06 und 1913 benutzten Benoît, Fabry und Pérot ein anderes Interferenz-Spektrometer, das einfacher für Präzisionsvergleiche von Maßstäben zu handhaben ist. Ein Fabry-Pérot-Interferometer (FPI), s. Fig.9, das nach wie vor ein ausgezeichnetes Instrument der modernen Spektroskopie ist, wird wiederum mit parallelem Licht einer ausgedehnten Lichtquelle bestrahlt. Es handelt sich um Vielstrahl-Interferenzen: 1,2,3,··· interferieren, so daß in der Bildebene B ein Ringsystem entsteht. Der Phasenunterschied zweier aufeinander folgender Teilstrahlen ist im durchgehenden Licht

$$\delta = \frac{2\pi}{\lambda}\, 2d \cos\alpha \quad ,$$

wenn α der Einfallswinkel ist. Von Maximum zu Maximum ändert sich δ um 2π. Das Verhältnis d/λ liegt bei einigen 10000. Die wesentliche Abänderung gegenüber dem MI ist, daß man nicht den Gangunterschied $d = 0$ einstellen kann. Das Interferometer eignet sich daher nur zum Vergleich kleiner Distanzen. Bei großen Distanzen (heute bis 1m) stellt man zunächst kleinere "Etalons" von ca. 20 cm Länge her und schreitet dann in Schritten von etwa 20 cm fort.- Die Fig.10 enthält das Schema der Väisälä-Anordnung, mit der noch größere Distanzen ausgemessen

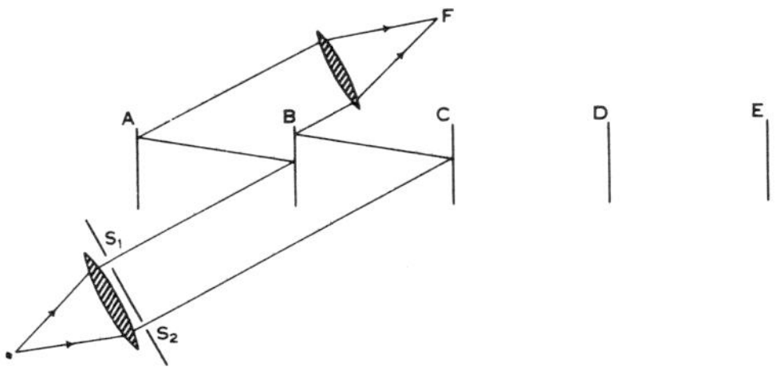

Fig. 10: Väisälä's Anordnung für die Längenmessung bis 100 m

worden sind [1]. Ist AB = 1 m, dann prüft man zunächst, daß auch BC = 1 m ist, also die Summe 2 m, usf.

Interessant sind auch Methoden der Kombination von MI und FPI, dessen Plattenabstand interferometrisch gemessen wird. Eine Doppel-FPI-Anordnung war schon 1913 von Benoît, Fabry und Pérot benutzt worden. Es wurde ein FPI von d = 6,25 cm genommen und ein ebensolches von 12,5 cm = 2d davor geschaltet. Dies gibt ein neues Interferenzsystem, das den genauen Abstandsabgleich ermöglicht. Man vergleicht anschließend mit einem 25 cm FPI, usw. Man hat auf diese Weise zwischen 1892 und 1940 neun Messungen der roten Cadmium-Linie ausgeführt und fand, daß auf 1 m gerade 1553164,13mal die rote Cd-Linie geht. Ihre Wellenlänge ist also

$$\lambda_{Cd} = (643{,}84696 \pm 0{,}0001)\ \mathrm{nm}$$

(in Luft, 15°C, 1,013 bar (= 1 atm), 0,03 Vol %-Gehalt von CO_2). Im Jahr 1927 hat man dies als Standard neben dem Meter-Standard zugelassen. Nachteilig ist der Bezug auf ein bestimmtes Medium.

Die Gründe für die Wahl dieser Linie diskutieren wir noch anhand des Termschemas des Elementes Cadmium (Fig.11).

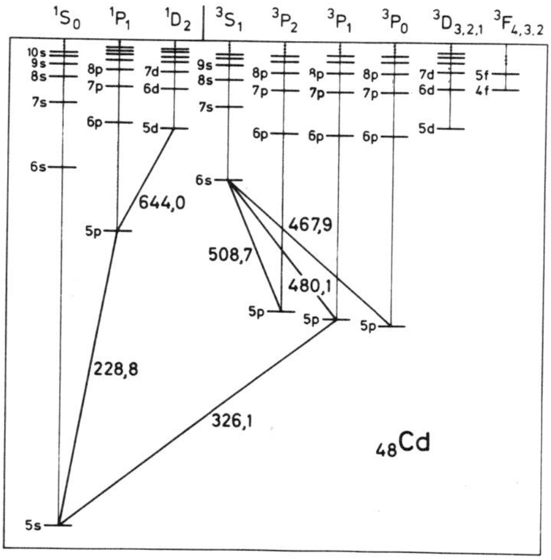

Fig. 11:
Termschema von Cadmium. Die Wellenlängen sind in nm angegeben. Der mit 644 nm bezeichnete Übergang wurde als Standard 1927 zugelassen

1) s. Fußnote 1), S.29

Ein Termschema ist ein Energieschema: Höher gezeichnete horizontale Striche zeigen höheren Energieinhalt des Atoms an. Beim Übergang aus einem höheren Zustand in einen niedrigeren wird die freiwerdende Energie abgestrahlt, $\Delta E = h\nu$. Die Terme werden mit Symbolen gekennzeichnet (und diesen entsprechend gruppiert), die den Drehimpuls angeben. Der Drehimpuls der Bahnbewegung der Elektronen (insgesamt) wird durch große Buchstaben S,P,D,F,··· (entsprechend dem Drehimpuls 0,1,2,3,···) gekennzeichnet. Der rechte untere Index ist die Gesamtdrehimpulsquantenzahl J, und der linke obere Index ist die Multiplizität (Vielfachheit) der Terme, errechnet aus $2S+1$, wobei S der Gesamtspin ist (hier 0 oder 1).

Die Elektronenhülle des Elementes hat die Konfiguration $4d^{10}5s^2$ in den beiden letzten Schalen [1]. Wegen der beiden s-Elektronen in der 5s-Schale hat man ein Singulett-Triplett-Termschema ähnlich wie bei Helium ($_2He$, $1s^2$) oder Quecksilber ($_{80}Hg$, $5d^{10}\ 6s^2$). Das Spektrum enthält daher Einfach(Singulett)- und Dreifach(Triplett)-Linien. Die fragliche Linie gehört zum Übergang $5\,^1D_2 \rightarrow 5\,^1P_1$ des Singulett-Systems und ist eine Einfach-Linie, deren Wellenlänge natürlich besser definiert ist als ein Linien-Triplett (z.B. $6\ ^3S_1 \rightarrow 5\ ^3P_{2,1,0}$).

Bevor wir zur heutigen Definition des Meters kommen, diskutieren wir noch weitere <u>spektroskopische Voraussetzungen für eine Präzisionsmessung</u>. Der Mangel, der mit der Wahl des Wellenlängenstandards verbunden war, war überraschenderweise die ungenügende Schärfe der Spektrallinien und damit die nur geringe Anzahl auszählbarer Interferenzstreifen. Dazu tragen mehrere Fakten bei. Zunächst bestehen die Elemente in der Regel aus einer ganzen Reihe von Isotopen, also Nukliden, die die gleiche Kernladungszahl (und damit das gleiche chemische Element darstellen), jedoch verschiedene Kernmassen haben (verursacht durch verschiedene Anzahl von Neutronen im Kern). Z.B. hat Cd die Nuklide 106 (1,22%), 108 (0,88%), 110 (12,39%), 111 (12,75%), 112 (24,07%), 113 (12,26%), 114 (28,86%), 116 (7,58%), was man um die Jahrhundertwende noch nicht wußte. Wegen des Einflusses der Kernmitbewegung auf die Energiezustände der Atomhülle emittieren diese verschiedenen Atome nur ungefähr die gleiche Strahlungs-Wellenlänge.- Ferner gibt es häufig eine magnetische Wechselwirkung zwischen Kern und Hülle, die zu einer Hyperfeinstruktur der Terme führt. Das kommt hier nur für die ungeraden Isotope infrage (111,113; Kernspin 1/2 $\hbar$), weil die Protonenzahl ($Z = 48$), schon gerade ist. Infolge der Hy-

---

[1] Man pflegt die Anordnung der Elektronen in der Atomhülle als Konfiguration zu bezeichnen (s. z.B. <u>K.-H. Hellwege</u>, Einführung in die Physik der Atome, Heidelberger Taschenbücher Nr.2, Springer-Verlag, 3. Aufl. 1970) und gibt die Hauptquantenzahlen der Schalen an ($n = 1,2,\cdots$), sowie die Unterschalen des Bahndrehimpulses ($l = 0,1,\cdots,n-1$; kleine Buchstaben s,p,d,f, ···). Exponenten geben die Anzahl der Elektronen an. Cadmium hat 48 Elektronen, und die vollständige Konfiguration lautet $1s^2\ 2s^2\ 2p^6\ 3s^2\ 3p^6\ 3d^{10}\ 4s^2\ 4p^6\ 4d^{10}\ 5s^2$. In diesem Fall sind die Schalen gemäß dem Pauli-Prinzip voll besetzt.

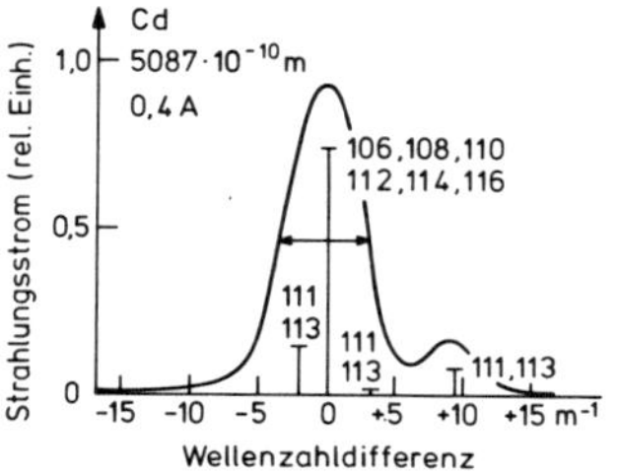

Fig. 12: Linienprofil der Strahlung einer Cd-Lampe mit natürlichem Isotopengemisch. Die Zahlen 106, 108,··· geben die Massen der beteiligten Nuklide an

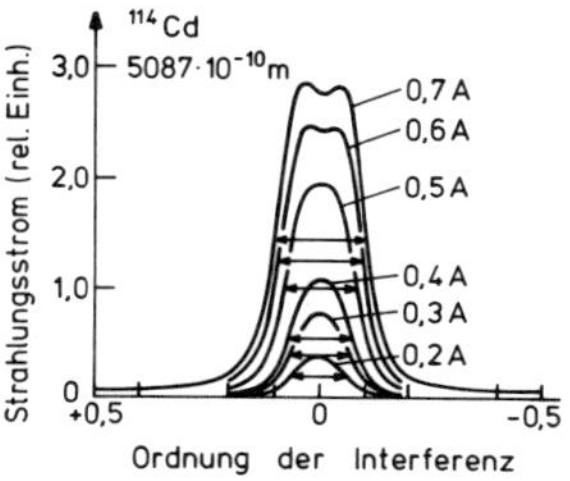

Fig. 13: Linienprofil der Strahlung des Rein-Isotops ^{114}Cd in Abhängigkeit vom Lampenstrom

perfeinstruktur sind die Singulett-Linien tatsächlich evtl. aufgespalten. In der Fig.12 ist ein Linienprofil einer anderen Cd-Linie aufgezeichnet, aus der die Zusammensetzung der Strahlung ersichtlich ist. Man kann die Situation wesentlich verbessern, wenn man eine Lichtquelle mit einem Reinisotop, etwa ^{114}Cd verwendet (s. Fig.13). Dennoch bleiben Linienbreiten der folgenden Art übrig. Zunächst die sog. "natürliche Linienbreite" $\Delta\lambda \approx 10^{-14}$m ($10^{-4}$ Å), die jedem einzelnen strahlenden Atom zukommt und durch die quantenmechanische Unschärferelation hervorgerufen wird (endliche Lebensdauer im angeregten Zustand ≙ endliche Niveaubreite ≙ Linienbreite). Zusätzlich hat man die in aller Regel viel größere Doppler-Verbreiterung. Sie rührt davon her, daß die Lampen strahlungsemittierende Gasentladungen sind. In ihnen bewegen sich die strahlenden Atome, und die Frequenzverschiebung ist in 1. Näherung v/c wobei v die Geschwindigkeit des strahlenden Atoms bezüglich der Beobachtungsrichtung ist. Hier kommt jedem Atom eine andere Verschiebung seiner Emissionslinie zu, weil jedes Atom eine andere momentane Geschwindigkeit relativ zum Beobachter haben mag. Die Gesamtheit der Verschiebungen gibt als Bild die Doppler-Breite. Diese ist proportional zu $\sqrt{T/A}$. Man sollte also "kalte" Lampen mit schweren Gasen verwenden.- Schließlich sorgen auch noch gaskinetische Stöße strahlender Atome für eine Linienverbreiterung, denn dadurch werden Phasensprünge oder Strahlungsabbrüche erzeugt, die beide zu einer Verbreiterung Anlaß geben, wie die Fourier-Analyse zeigt.- Aus all diesen Gründen bedarf es besonderer Anstrengungen, um eine Spektrallampe größtmöglicher Linienschärfe zu konstruieren. In Fig.13 wird noch ein betriebstechnischer Effekt deutlich: Bei großem Entladungsstrom sind die inneren Teil heiß, die äußeren kühl. Durch die kälteren Randzonen erfolgt daher eine Absorption mit größerer Linienschärfe in der Mitte des Spektrums. Der Effekt wird Selbstumkehr genannt und kann durch genügend kleinen Strom vermieden werden.

Bezüglich des angestrebten Erfolges neuer Lampenausführungen sei nochmals auf Fig.8 verwiesen. Je größer die Linienschärfe ist, umso größer ist die Kohärenzlänge und damit die Länge unmittelbar ausmeßbarer Maßstäbe.

5.3 Die Krypton-Standard-Lampe

Auf der Suche nach bestgeeigneten Lichtquellen wurde die orange-farbene Strahlung des $^{86}_{36}$Kr-Atoms gefunden. In der Natur kommen die Isotope mit den Massenzahlen 78 (0,35%), 80 (2,27%), 82 (11,56%), 83 (11,55%), 84 (56,90%) und 86 (17,37%) vor. Man verwendet Krypton-Gas, das auf mindestens 90% ^{86}Kr angereichert wurde (Trennrohr, anreicherbar auf 99,6%). Bei diesem doppelt-geraden Kern (gerade Kernladungszahl, $Z = 36$; gerade Neutronenzahl, $N = 50$) hat man den Kernspin null, also keine Hyperfeinstruktur-Aufspaltung der Atomzustände. Die Fig. 14 enthält eine Zeichnung der von Engelhard entwickelten Lampe.

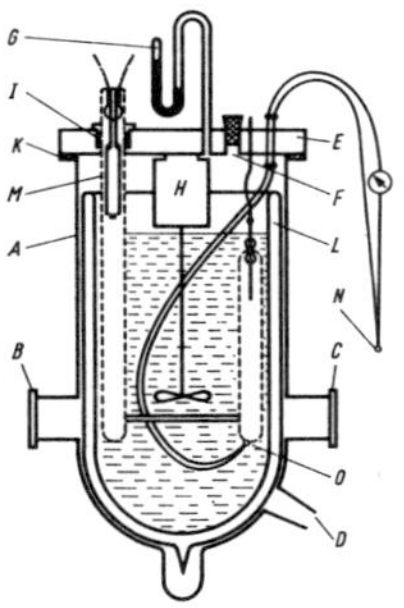

Fig. 14: ^{86}Kr-Lampe in Kryostat

A: Behälter
B,C: Fenster
D: Pumpstutzen
E: Deckel
F: Füllöffnung
G: Hg-Manometer
H: Rührwerk
I,K: Ringdichtungen
L: ^{86}Kr-Lampe mit Glühkathode
N,O: Thermo-Element

(aus Kohlrausch, Praktische Physik I, Stuttgart 1968)

Sie ist vollständig in flüss. Stickstoff eingetaucht, der bis zu seinem Tripelpunkt abgepumpt wird (63 K). Die Entladung wird durch eine Kapillare eingeschnürt und die Strahlung in Längsrichtung beobachtet. Bei der geringen Temperatur ist Krypton fest, der Gasdruck ist nur 4 Pa (= 0,03 Torr), und damit sind die Doppler- und die Stoßbreite sehr gering. Unter diesen Bedingungen ist die Kohärenzlänge bis 0,8 m, und damit kann man auch 1 m lange Maßstäbe ausmessen.- Mit der Krypton-Wellenlänge hat man definiert

1 Meter ist gleich 1650763,7300 Vakuumwellenlängen der Strahlung, die dem Übergang zwischen den Niveaus $5d_5 \rightarrow 2p_{10}$ des Atoms ^{86}Kr entspricht (Paschen'sche Termbezeichnung).

Es folgt daraus die Wellenlänge

$$\lambda_{Kr} = 6057{,}80211 \cdot 10^{-10}\ \text{m} = 605{,}780211\ \text{nm}.$$

Entgegen den Erwartungen hat sich herausgestellt, daß die ^{86}Kr-Linie, wie sie von dieser Lampe emittiert wird, etwas unsymmetrisch ist (W.R.C. Rowley, J. Hamon, Revue d'Optique 42(1963) 519; Messung mit einem Michelson-Interferometer). Das führt dazu, daß es eine kleine Differenz ausmacht, ob man mit der Wellenlänge des Linienmaximums oder mit der Wellenlänge des Schwerpunktes des Linienprofils rechnet. Darauf wird in modernen Arbeiten über Präzisionsmessungen in der Regel hingewiesen.

Da die Klassifizierung der Energiezustände eines Atoms nach dem Paschen'schen System nicht mehr üblich ist, geben wir einige Erläuterungen. Die Edelgase Ne, Ar, Kr haben im Grundzustand einander entsprechende Elektronen-Konfigurationen

$$\text{Ne: } 2s^2\ 2p^6\ , \quad \text{Ar: } 3s^2\ 3p^6\ , \quad \text{Kr: } 4s^2\ 4p^6\ ,$$

und sie haben im Grundzustand abgeschlossene Schalen mit dem Gesamtdrehimpuls null. Die entsprechende Zustandsbezeichnung lautet in allen 3 Fällen $^1S_0$ (Singulett-S-Null). Die angeregten Zustände findet man am einfachsten, wenn man vom einfach ionisierten Atom (Ne^+, Ar^+, Kr^+) ausgeht. Diesen Konfigurationen fehlt (wiederum im Grundzustand) ein Elektron der 2p, bzw. 3p, bzw. 4p-Schale: Man hat eine sog. Ein-Loch-Konfiguration. Sie hat, wie man zeigen kann, genau den gleichen Drehimpuls als ob sich in der betreffenden Schale überhaupt nur ein Elektron befände. Da der Elektronenspin den Wert 1/2 $\hbar$ hat, so hat die ionisierte Konfiguration die Drehimpulsquantenzahl $j = l \pm 1/2$, also $j = 3/2$ und $1/2$, weil für die p-Elektronen $l = 1$ ist. Das sind aber Zustände mit der Bezeichnung $^2P_{3/2}$ und $^2P_{1/2}$. Nun ist der Befund dieser: Wird das Atom ionisiert, so ist dazu eine verschieden große Energie notwendig, je nach dem Zustand, in welchem das Ion zurückbleibt. Beim Kr sind die Ionisierungsenergien 14 eV für $^2P_{3/2}$, 14,66 eV für $^2P_{1/2}$. Neben dem Grundzustand kennen wir damit zwei höchste Zustände im Kr-Termschema (s. Fig.15). Man gewinnt die Zustände des neutralen Atoms, indem man der ionisierten Konfiguration wieder ein Elektron hinzufügt, das man jetzt in jede höher gelegene Schale setzen kann. So kommen die folgenden Termgruppen zustande (vgl. Fig.15)

I' $\quad {}^2P_{1/2} + (5s;\ j = \frac{1}{2}) \rightarrow$ 2 Terme mit $J = 0$ und 1 (bezeichnet mit 5s')

I $\quad {}^2P_{3/2} + (5s;\ j = \frac{1}{2}) \rightarrow$ 2 Terme mit $J = 2$ und 1 (bezeichnet mit 5s)

Das ergibt insgesamt 4 Zustände, die eine gewisse Ähnlichkeit mit den Zuständen $^1P_1$, $^3P_0$, $^3P_1$, $^3P_2$ haben, jedoch ist das dieser Symbolik zugrundegelegte Kopplungsschema hier nicht richtig. Wir gehen darauf weiter unten ein.

Fügt man der ionisierten Konfiguration aber ein 5p-Elektron hinzu, dann entstehen 10 Zustände:

II' $\quad {}^2P_{1/2} + (5p,\ j = \frac{3}{2}, \frac{1}{2}) \rightarrow$ 4 Terme mit J = 2,1; 1,0

II $\quad {}^2P_{3/2} + (5p,\ j = \frac{3}{2}, \frac{1}{2}) \rightarrow$ 6 Terme mit J = 3,2,1,0; 2,1 .

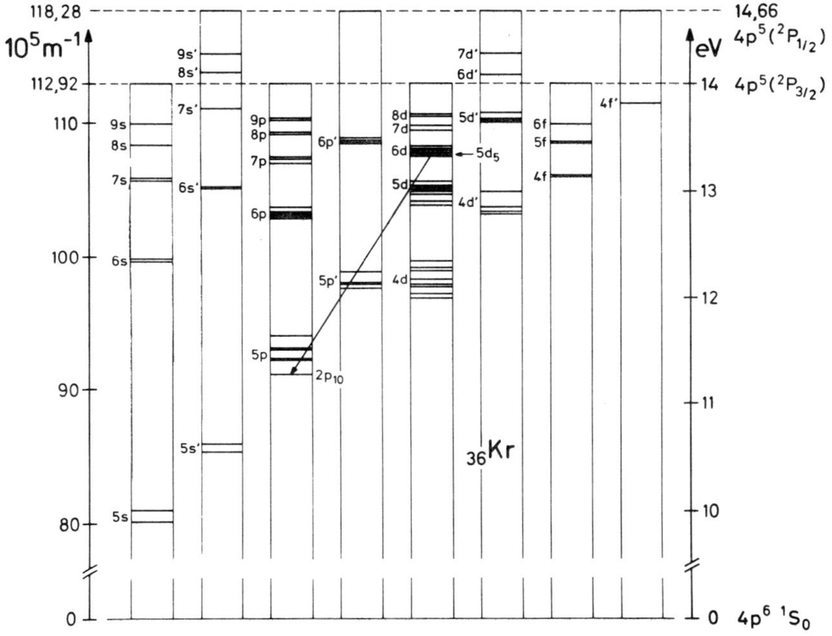

Fig. 15: Termschema von Krypton. Erläuterung im Text. Der eingezeichnete Übergang ist der zur Meter-Realisierung ausgesuchte.
Ordinate rechts: Anregungsenergie,
Ordinate links: entsprechende Wellenzahl $k = \nu/c = E/hc$

Diese Zustände sind mit 5p', bzw. 5p in Fig.15 eingezeichnet.- Die nächsten energetisch höher liegenden Zustände bekommt man, wenn ein 4d-Elektron in die Ionen-Konfiguration eingebaut wird. Das führt auf insgesamt 12 Terme:

III' $\quad {}^2P_{1/2} + (4d,\ j = \frac{5}{2}, \frac{3}{2}) \rightarrow 4$ Terme mit J = 3,2; 2,1

III $\quad {}^2P_{3/2} + (4d,\ j = \frac{5}{2}, \frac{3}{2}) \rightarrow 8$ Terme mit J = 4,3,2,1; 3,2,1,0,

die Termlagen sind mit 4d' und 4d eingezeichnet worden. Weitere Terme folgen aus dem Einbau eines 6s, 6p, 5d, usw. Elektrons.

Die Paschen'sche Bezeichnung erfolgt so, daß der Einbau des energetisch niedrigsten s-Elektrons mit 1s bezeichnet wird, der Einbau des energetisch niedrigsten p-Elektrons mit 2p, der Einbau des niedrigsten d-Elektrons mit 3d, usw. Innerhalb der Gruppen erfolgt die Numerierung gemäß $s_2, s_3, s_4, s_5; p_1, \cdots, p_{10}$ von oben nach unten. Die Termbezeichnung lautet in den angegebenen Gruppen also wie folgt

I: $1s_2$, $1s_3$, $1s_4$, $1s_5$

II: $2p_1$, ..., $2p_{10}$

III: 3d (es handelt sich dabei um den Einbau des 4d-Elektrons!)

In Fig. 15 wurde der Übergang eingezeichnet, der der orangefarbenen Linie in Kr entspricht, die für die Definition des Meters benutzt wurde: Es handelt sich um den Übergang eines Elektrons aus der 6d-Schale in das unterste Niveau der 5p-Schale.

Im Zusammenhang mit dem Termschema sind noch zwei Bemerkungen anzuschließen. Erstens sieht man, daß zwischen dem Grundzustand und den ersten angeregten Zuständen ein großer Energieunterschied bestehen. Der Übergang in den Grundzustand ergibt also eine Wellenlänge, die weit im UV liegt. Oberhalb der 5s-Gruppe kommen dagegen viele Niveaus, d.h. das Spektrum im sichtbaren Gebiet ist sehr linienreich.- Die zweite Bemerkung betrifft die atomphysikalische Kopplung des zum Ion hinzugefügten Elektrons. Nach Racah eignet sich zur Beschreibung der Zustände der schweren Edelgase am besten das folgende Kopplungsmodell: Der Atomrumpf ist das Ion mit dem Drehimpuls j_R. Die Wechselwirkung ist so beschaffen, daß zunächst die Kopplung mit der Bahnbewegung l des Elektrons zu einem neuen Gesamtdrehimpuls K gebildet wird gemäß

$$\vec{K} = \vec{j}_R + \vec{l} \; .$$

Sodann wird noch der Spin des Elektrons ($s = \frac{1}{2}$) hinzugefügt,

$$\vec{J} = \vec{K} + \vec{s} \; .$$

Diese Kopplungsweise bedeutet, daß die Wechselwirkung zwischen Rumpf und Bahn stärker ist als die Spin-Bahn-Wechselwirkung des eingebauten Elektrons. Die Termbezeichnung nach Racah lautet $nl[K]_J$, also z.B. bei Gruppe II

$$5p[\tfrac{5}{2}]_{3,2} \; , \quad 5p[\tfrac{3}{2}]_{2,1} \; , \quad 5p[\tfrac{1}{2}]_{1,0} \; .$$

5.4 Die praktische Ausmessung des Meters

Eine ausführliche Abhandlung darüber findet sich im Handbuch der Physik (Artikel von R. Schulze in Band 29) (herausgeg. von S. Flügge, Springer-Verlag, Heidelberg 1967), daher soll hier im wesentlichen nur eine Anordnung besprochen werden.

5.4.1 Der Meter-Komparator von Kösters [1)]

Die Unhandlichkeit der Michelson'schen Anordnung mit zwei gekreuzten Armen wird dadurch vermieden, daß ein von Kösters angegebenes 60°-Prisma als Strahlteiler verwendet wird. Es besteht aus zwei mit einer halbreflektierenden Zwischenschicht zusammengefügten 30°-Prismen (Fig.16). Dann kann die Anordnung gemäß Fig.17 aufgebaut werden. Die Eingangsoptik (der 3-Prismenspektrograph 5) gestattet die Auswahl der zu verwendenden Spektrallinien (einer Cd- oder Kr-Lampe). Das einfallende Parallel-Lichtbündel wird in ein rechtes (oberes) und linkes (unteres) Teilbündel aufgeteilt. Beide Teilbündel laufen nochmals je durch 2 verschiedene Bereiche des Gerätes: Die inneren Teile laufen durch die mit L,V,L',V' bezeichneten, ca. 1 m langen Kammern. Während die Teile V,V' evakuiert sind, kann der Luftdruck in L,L' (ebenso wie in der gesamten Kammer) von außen variiert werden. Dazu ist bei 17 eine Pumpe über eine elastische Membran an den Trog angeschlossen. Diese inneren Teile dienen der direkten Angabe der Meterdistanz in Vakuum-Wellenlängen. Die äußeren Teile dienen der eigentlichen Längenmessung, wobei das Referenzlichtbündel das beim Spiegel 9 reflektierte ist. Zur Interferenz mit diesem Bündel werden 2 Lichtbündel gebracht, die einmal an der Vorderseite des Stabes 7 und zum anderen an dem Spiegel 8 reflektiert werden. Der Spiegel 8 ist an der zweiten Stirnseite des Stabes 7 möglichst

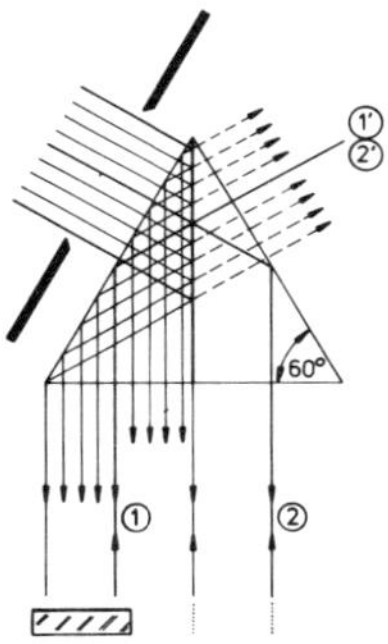

Fig. 16: Strahlenverlauf im Kösters'schen Prisma

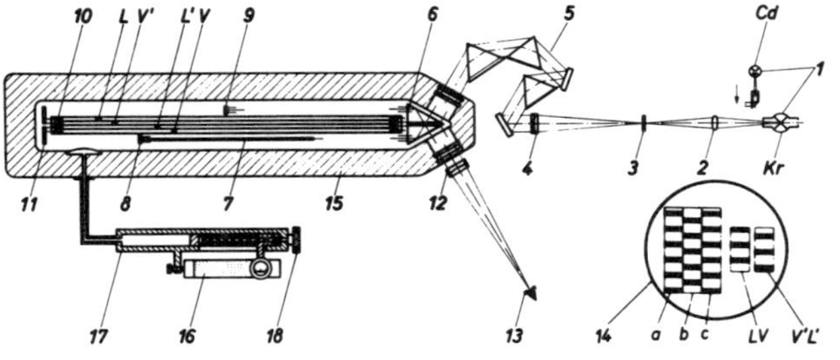

Fig. 17: Der Meter-Komparator von Kösters

1: Lampe	6: Kösters'sches Prisma
3: Meßblende	7: Endmaß
4: Kollimator	8: angesprengte Hilfsplatte
5: Prismen-Spektralanalysator	9: ebener Spiegel
15: Meßtrog	13: Bild der Meßblende
	14: Gesichtsfeldbild

L,V,L',V' Kammern zur Kompensation der Luftbrechung

---

1) W. Kinder, Zeiss-Werkzeitschrift Nr. 43(1962), S. 3-11.
S. auch R. Schulze, a.a.O. 1962

Zwischenschicht-frei "angesprengt". Im Fernrohr sieht man das Bild wie in 14. Das Interferenz-Streifenmuster ergibt sich dann, wenn der Spiegel 9 ein klein wenig geneigt wird (s. die Bemerkung S. 30). Die Muster a und c rühren vom Spiegel 8 her, das Muster b entsteht durch die Reflexion an der Vorderseite des Stabes 7. Das Kösters'sche Gerät wird im wesentlichen als Vergleichsinstrument benutzt, es wird also nicht die Gesamtlänge durch Auszählen bestimmt. Man kann vielmehr durch normale optische Mittel (Meßmikroskop) die Länge schon auf 1 bis 2 µm genau messen, das sind 1000 bis 2000 nm. Bei der Wellenlänge von $\lambda = 606$ nm entspricht dies einer Streifenverschiebung von etwa 1 bis 2 Wellenlängen, und die Aufgabe ist es, diese Verschiebung möglichst genau zu bestimmen; Für Einzelheiten muß auf R. Schulze, a.a.O., verwiesen werden. Kurz sei noch die sehr sinnreiche Funktion der Druckvariationseinrichtung 17 besprochen. Bei der neuen Definition des Meters handelt es sich um den Vergleich mit der Vakuum-Wellenlänge. Ohne weitere Maßnahmen wird aber in Luft gemessen. Der Unterschied ist beträchtlich: Zwar ist die Brechzahl von Luft von 1,013 bar Druck (760 Torr) $n_L = 1{,}00027$, und damit nur wenig von der Vakuum-Brechzahl verschieden, aber die optischen Wegdifferenzen sind sehr lang, nämlich $2 \cdot (n_L - 1)$ 1 m $\approx 6 \cdot 10^5$ nm. Würde man etwa die Kammern L und V (bzw. L' und V'; die Doppelanordnung dient nur der Erhöhung der Genauigkeit, die Streifensysteme verschieben sich gegenläufig) zunächst beide mit Luft gefüllt lassen und dann V (und V') evakuieren, so würde man das Durchlaufen von ca. 1000 Interferenzstreifen beobachten! Bei der eigentlichen Messung wird nun so verfahren: Durch eine kleine Luftdruckvariation (Teil 18 in Fig. 17) verschiebt man das Muster b relativ zu a und c, so daß die Streifensysteme koinzidieren, d.h. der Gangunterschied einer ganzen Luftwellenlänge entspricht. Dabei verschieben sich die Bilder LV und L'V' automatisch mit und diese Verschiebung ist der Anteil, der durch den Unterschied Luft-Vakuum zustandekommt. Die Differenz der Streifenschiebungen ergibt direkt den Wegunterschied in Vakuumwellenlängen, irgendwelcher Bedingungen für die Luft bedarf es nicht mehr.

Die erreichte Genauigkeit beträgt bei 1 m Länge etwa 0,01 µm, also ist die relative Genauigkeit $0{,}01 \cdot 10^{-6}/1 = 10^{-8}$. Diese Genauigkeit kann aber nur erreicht werden, wenn gleichzeitig die Temperatur der gesamten Meßeinrichtung auf etwa 1/1000 °C stabilisiert wird. Das Gerät ist daher auch in einem sehr massiven Trog eingebaut.

5.4.2 Der Meter-Komparator in Sydney

Von P.E. Ciddor und C.F. Bruce ist in der Zeitschrift Metrologia (Band 3, 1967, No 4) sehr ausführlich das Michelson-Interferometer des National Standards Laboratory in Sydney beschrieben worden. Es ist so eingerichtet, daß Maßstäbe von 1 m in ganzer Länge verschoben werden können, also im Prinzip in voller Länge "ausgezählt" werden können. Die erreichte Genauigkeit wird dabei mit 10^{-9} m angegeben.

5.4.3 Doppel-Fabry-Pérot Interferometer

Zum Abschluß sei wegen des physikalischen Prinzips noch eine

Doppel-Fabry-Pérot-Anordnung besprochen, die prinzipiell auch einer Kombination aus Michelson- und Fabry-Pérot-Gerät entspricht (s. Hinweis S.32). Beim FPI (Skizze siehe Fig.9) unterscheidet man Auflösungsvermögen und Dispersionsgebiet. Der Phasenunterschied zweier Teilstrahlen ist

$$\delta = \frac{2\pi}{\lambda} 2d \cos \alpha = 4\pi \frac{d}{\lambda} \cos \alpha \ ,$$

das Auflösungsvermögen, gegeben durch den noch beobachtbaren Wellenlängenunterschied $\Delta\lambda$ bei der Wellenlänge λ,

$$\frac{\lambda}{\Delta\lambda} = \frac{4\pi\sqrt{R}}{1-R} \frac{d}{\lambda} \ ,$$

wobei R das Reflexionsvermögen der (aufgedampften) reflektierenden Schicht auf den Glasplatten des Interferometers ist, das man möglichst nahe bei 1 zu legen versucht. Man kann $N = 2d/\lambda$ als die Ordnung der Interferenzlinie bezeichnen. Das Dispersionsgebiet folgt aus der Bedingung, daß Ordnung N (Wellenlänge λ) und Ordnung $N+1$ mit der Wellenlänge $\lambda - \delta\lambda$ sich überlappen,

$$2\pi \frac{2d}{\lambda-\delta\lambda} = 2\pi \frac{2d}{\lambda} + 2\pi \ ,$$

$$\delta\lambda = \frac{\lambda}{2d} \lambda \ ,$$

wogegen aus dem Auflösungsvermögen folgt

$$\Delta\lambda = \frac{\lambda}{2d} \frac{\lambda}{2\pi} \frac{1-R}{\sqrt{R}} \ .$$

Man sieht, daß man mit wachsendem Reflexionsvermögen vor allem das Auflösungsvermögen vergrößert, die Linien also immer schärfer werden. Benoît, Fabry und Pérot stellten (s. S.32) zwei FPI hintereinander von ziemlich genau $d_1 = 6{,}25$ cm und $d_2 = 12{,}5$ cm. Die Länge von 6,25 cm sollte zur Cd-Strahlung passen (643,8 nm). Den genau passenden Abstand kann man durch Änderung des Abstandes d_1 einstellen. Wird das zweite FPI hinzugenommen, dann bleibt das Dispersionsgebiet durch d_1 bestimmt, das Auflösungsvermögen wird aber durch d_2 bestimmt, wird also um den Faktor 2 verbessert. Eigentlich würde durch das 2. FPI ein um den Faktor 2 verkleinertes Dispersionsgebiet erzeugt, aber die dort erwartete Linie wird durch das 1. FPI unterdrückt. Die Unterdrückung ist aber nicht vollständig, also kann man durch Verändern von d_2 erreichen, daß die unterdrückte Linie genau in der Mitte des Dispersionsgebietes des 1. FPI auftritt, und dann ist $d_2 = 2d_1$. So kann man fortfahren und Etalons von 25 cm und schließlich 50 cm Abstand herstellen.

5.5 Verwendung von Lasern als Wellenlängenstandard

Die Entwicklung des Lasers eröffnete für die Realisierung von Längenstandards neue Möglichkeiten. Man bekommt zwei Vorteile in die Hand:

1) Das Laserlicht hat eine viel größere Kohärenzlänge ($\approx 10^4$ m) als das Licht der ^{86}Kr-Lampe ($\approx$ 0,8 m). Damit sind direkte Ausmessungen von Objekten mit Längen größer als 1 m möglich.

2) Die größere Intensität der Laser-Lampe gestattet die photoelektrische Auszählung von Interferenzstreifen.

Vor der Verwendung eines Lasers als Standard sind jedoch einige Maßnahmen notwendig, um eine hohe Wellenlängenstabilität von $\Delta\lambda \approx 10^{-10}\lambda$ zu erreichen.

Wir diskutieren hier im wesentlichen nur den He-Ne-Laser. Er kann mit drei Wellenlängen arbeiten: 632,8 nm ($3s_2 \rightarrow 2p_4$; rote Linie im sichtbaren Spektralbereich), 1153 nm ($2s_2 \rightarrow 2p_4$), 3390 nm ($3s_2 \rightarrow 3p_4$). Die Termbezeichnungen sind wieder in Paschen'scher Notierung angegeben (s. S.36): $3s_2$ bedeutet ein 5s-Elektron, $2p_4$ ein 3p-Elektron zur Hülle von Ne^+ hinzugefügt. Das Termschema zum He-Ne-Laser enthält Fig.18. Für die hier ausschließlich diskutierte rote Linie wird heute als Vakuumwellenlänge $\lambda = 632{,}9914$ nm angegeben. In der Lasertechnik wird neben der Wellenlänge mit der Frequenz gerechnet, weil die experimentellen Methoden diejenigen der Höchstfrequenztechnik sind. Daher wollen wir hier ebenfalls Wellenlänge und Frequenz nebeneinander verwenden. Das wirft aber grundsätzliche Fragen auf, auf welche in Abschnitt 5.6 eingegangen wird.

Die Laser-Frequenz bei der roten Ne-Linie ist $\nu \approx 5\cdot 10^{14}$ Hz = 500 THz ($\nu = c/\lambda$). Die eigentliche Schwingungsfrequenz wird jedoch durch den Resonator bestimmt, in welchem das Gasentladungsrohr aufgebaut ist [1] (Anordnung ähnlich einem Fabry-Pérot-

[1] Siehe etwa E. Mollwo, W. Kaule, Maser und Laser, BI-Taschenbuch, Mannheim 1966

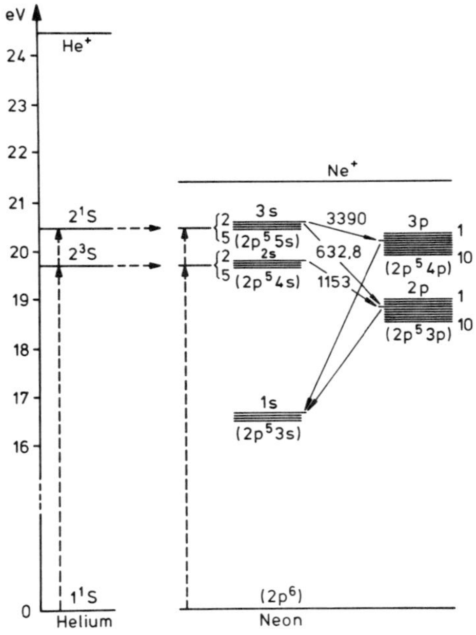

Fig. 18: Termschemata von Helium und Neon. Eingezeichnet sind die drei Laser-Übergänge (Wellenlängen in nm; Ordinate: Anregungsenergie in eV)

Interferometer). Die Eigenschwingungsfrequenzen eines solchen Resonators sind

$$\nu_n = n\,\frac{c}{2L}\ ,$$

wobei c die Lichtgeschwindigkeit und L die Resonatorlänge ist. Bei $L = 1$ m ist $c/2L = 150$ MHz. Wenn $\nu_n = 500$ THz sein soll, so folgt $n = 3{,}33\cdot 10^6$. Die Ordnung der sog. Schwingungsmode ist also sehr groß. Jedoch stimmt die Resonatorfrequenz im allgemeinen niemals exakt mit der dem Ne-Übergang zuzuordnenden Frequenz überein. Das ist zunächst auch nicht nötig, weil die emittierte Strahlung ja in intensiver Wechselwirkung mit dem Gas des Lasers selbst steht, und dieses hat eine Doppler-Breite (s. S.34), die beträchtlich ist. Nehmen wir etwa als Beispiel die Linienform der Fig.12 und berechnen daraus die Doppler-Breite (dort für Cadmium angegeben, aber größenordnungsmäßig auch hier anwendbar), so folgt aus $\Delta(1/\lambda) = 5\ \mathrm{m}^{-1}$,

$$\Delta\nu = c\cdot\Delta\left(\frac{1}{\lambda}\right) = 1500\ \mathrm{MHz}\ .$$

D.h. die Doppler-Breite des Gases ist groß gegen den Abstand der Eigenschwingungsfrequenzen des Resonators. Demnach kann der Laser in einer ganzen Reihe von Moden innerhalb der Doppler-Linienbreite schwingen, und diese Schwingfrequenzen sind viel schmaler als die Doppler-Breite. Die Resonator-Frequenzen sind wiederum umgekehrt proportional zu L. Jede Änderung von L verschiebt demnach die

Schwingfrequenz, denn es ist

$$\frac{\Delta\nu}{\nu} = - \frac{\Delta L}{L} .$$

Allein schon die thermische Änderung des Abstandes L kann zu groß sein. Nehmen wir etwa $L = 1$ m und den thermischen Ausdehnungskoeffizienten von Quarz, $\alpha = 5 \cdot 10^{-7}\ K^{-1}$, dann ist bei einer Temperaturänderung von 0,1 K die Längenänderung $\Delta L = 5 \cdot 10^{-8}$ m (= 50 nm), also

$$|\Delta\nu| = 5 \cdot 10^{14}\ Hz\ 5 \cdot 10^{-8} = 25\ MHz$$

Diese Frequenzänderung macht der Laser ohne weiteres mit. Um eine wesentlich bessere Lichtquelle als die Krypton-Lampe zu haben, muß die Laserfrequenz noch deutlich besser konstant bleiben.

Eine solche Verbesserung wird erreicht, wenn man die Laser-Strahlung mit einer anderen sehr scharfen Linie vergleichen und mit ihr stabilisieren kann. Dazu sind die Absorptionslinien von Molekülen geeignet. Die 632,8 nm-Linie des Ne stimmt z.B. mit einer Absorptionslinie des J_2-Moleküls nahezu überein. Man versteht diese sehr raffinierte Stabilisierung, wenn man von folgenden Vorstellungen ausgeht: Erstens schwinge der Laser nur in einer "mode", die irgendwo innerhalb der Doppler-Verteilung des Ne-Gases der Lampe liege. Durch Abstimmen des Lasers, d.h. richtige Einstellung der Resonatorlänge, "tuning" genannt, kann man die Resonatorfrequenz in die Mitte der Doppler-Verteilung legen. Dann bekommt man dort eine Einsattelung der Strahlungsemission, die Lamb-dip genannt wird und die man auch zur Stabilisierung nehmen kann, jedoch ist die Stabilisierung mit einer Moleküllinie besser; zweitens bringt man zwischen das Laser-Entladungsrohr und die Spiegel-Reflektoren des Resonators eine Gas-Absorptionszelle, etwa mit Joddampf gefüllt. Die Absorption der "hinlaufenden" Welle gleicht die Besetzungszahlen der beiden interessierenden Niveaus (Grundzustand und angeregter Molekülzustand) aus, und damit wird die "rücklaufende" Welle nicht mehr geschwächt sondern sorgt durch "induzierte Emission" dafür, daß die J_2-Linie sehr intensiv emittiert wird. Das Laserlicht enthält also einen breiten Untergrund mit Lamb-dip und darauf die extrem schmale J_2-Moleküllinie, die man durch geschickte Kombination elektronischer Nachweismittel aus dem Spektrum herausfischt. Abweichungen von der maximalen Intensität der Linie benutzt man, um wiederum mit piezo-elektrischen Bauteilen den Resonatorabstand so zu verstellen, daß maximale Intensität erreicht wird [1]. Mit einer solchen stabilisierten Laser-Lichtquelle ist ein Interferometer von K.E. Gilliland, H.D. Cook, K.D. Mielenz und R.B. Stephens ausgestattet worden [2]. Auch in der Physikalisch-Technischen Bundesanstalt hat man stabilisierte Laser-Lichtquellen entwickelt [3]. Die Linienschärfe ist so groß, daß man auch Isotopie-Effekte berücksichtigen muß. Z.B. wird für einen $^{3}He-^{22}Ne$-Laser mit Stabilisierung durch $^{129}J_2$-Moleküldampf angegeben [3][4]

$$\lambda_{vak} = 632{,}990076 \text{ nm}$$
$$\Delta\lambda = \pm\, 2\cdot 10^{-9}\ \lambda_{vak}$$

($\Delta\lambda$ Standardabweichung des Mittelwertes; s. Anhang I). Eine solche "Fehlerbreite" läuft auf die Frequenzbreite hinaus von

$$\Delta\nu = 2\cdot 10^{-9}\cdot\nu = 2\cdot 10^{-9}\cdot 500\cdot 10^{12} = 10^{6}\text{ Hz} = 1\text{ MHz}\ ,$$

sie ist also schon wesentlich geringer als die bisher angegebenen Frequenzbreiten. Es sei sogleich bemerkt, daß man an anderer stabilisierter Laser-Strahlung schon Frequenzbreiten von 150 kHz gemessen hat und die Linie selbst auf 1 kHz genau reproduzieren konnte. Es ist also wohl abzusehen, daß in der Zukunft Wellenlängen-Standards von stabilisierten Lasern genommen werden, wenn nicht überhaupt die Entwicklung in eine andere Richtung geht, was im folgenden Abschnitt besprochen wird. Zuvor sei nur noch bemerkt, daß man mit dem stabilisierten Laser eigentlich eine Moleküllinie als Standard wählt und der He-Ne-Laser nur für die große Intensität der Lichtquelle sorgt.

---

1) Die Beschreibung der Laser-Spektroskopie findet man in dem hübschen Übersichtsartikel von M.S. Feld und V.S. Letokhov, Scientific American 229(1973)69

2) Metrologia 2(1966)95

3) Jahresbericht der Physikalisch-Technischen Bundesanstalt 1973 und PTB Mitteilungen 85(1975), Heft 1

4) J. Helmcke, F. Bayer-Helms, Metrologia 10(1974)69

5.6 Zukünftige Entwicklung

Im Jahre 1972 erschienen in den USA zwei Arbeiten [1], in denen über die direkte Messung optischer Frequenzen und ihren Anschluß an den Zeitstandard (siehe Ziffer 6) berichtet wurde. Bei der Messung von Bay und Mitarb. wird die Frequenz der mittels Lamb-dip stabilisierten He-Ne-Linie von 632,8 nm gemessen und zu $\nu = 473612166 \pm 29$ MHz bestimmt. Bei der Messung von Evenson und Mitarb. wird die im Ultraroten gelegene 3,39 µm-Linie benutzt, mit einer Moleküllinie von CH_4 stabilisiert, und ihre Frequenz direkt zu $\nu = 88376181{,}627$ MHz $\pm$ 50 kHz bestimmt. Die relativen Fehler sind $6 \cdot 10^{-8}$ und $6{,}25 \cdot 10^{-10}$. Die Frequenzen sind demnach im optischen Bereich mit sehr großer Genauigkeit gemessen, und dies stellt einen beachtlichen Fortschritt in der Meßtechnik dar. Auf der anderen Seite konnte man aber auch unter Bezugnahme auf den Wellenlängenstandard der Krypton-Lampe die Wellenlängen der benutzten Laser-Linien messen und fand 632,99147 nm $\pm 1 \cdot 10^{-5}$ nm, bzw. 3,392231376 µm ($\Delta\lambda/\lambda = \pm 3{,}5 \cdot 10^{-9}$). Das Produkt aus Wellenlänge und Frequenz muß den Wert der Lichtgeschwindigkeit ergeben. Man findet

$$c = 299792{,}462 \pm 0{,}018 \ \frac{km}{s} \ \text{bzw.} \ 299791{,}4562 \pm 0{,}0011 \ \frac{km}{s} .$$

Der bisher bekannte Bestwert [2] war

$$c = 299792{,}50 \pm 0{,}1 \ \frac{km}{s} ,$$

und man sieht, daß dessen Ungenauigkeit um 2 Größenordnungen größer ist, als die der optisch ermittelten Werte. Eine Analyse der Ungenauigkeiten hat zudem gezeigt, daß der Hauptbeitrag von der nicht besser realisierbaren Krypton-Linie herrührt. Daher ist der Vorschlag gemacht worden [3], den Längenstandard überhaupt zu verlassen und statt dessen die Lichtgeschwindigkeit als Naturkonstante zu definieren ($c = 299792{,}458 \ \frac{km}{s}$) [4]. Die Längendefinition

---

[1] Z. Bay, G.G. Luther, J.A. White, Phys.Rev.Lett. 29(1972)189, K.M. Evenson, J.S. Wells, F.R. Petersen, B.L. Danielson, G.W. Day, R.L. Barger, J.L. Hall, Phys.Rev.Lett. 29(1972)1346

[2] B.N. Taylor, W.H. Parker, D.N. Langenberg, Rev.mod.Phys. 41 (1969)375.- Meßverfahren beschrieben von E. Bergstrand, Handbuch d. Physik, herausgeg. v. S. Flügge, Band 24(1956)

[3] K.M. Evenson, Bull.Am.Phys.Soc. 34(1975)10, J. Terrien, Metrologia 10(1974)9

[4] Empfehlung der 15. Generalkonferenz 1975

läuft dann darauf hinaus, daß eine Frequenz gemessen wird, und damit der Wellenlängenstandard nur mit dem geringen Fehler der Frequenz-Messung behaftet ist. Man darf gespannt sein, wohin uns hier dauernde Präzisionsverbesserung bei der Frequenzmessung noch führen wird.

6 Die Realisierung der Zeiteinheit

Die Einheit der Länge und die Einheit der Masse (s. Ziffer 7) sind in materieller Verkörperung vorzeigbar, unabhängig von dem etwa gewünschten Anschluß an ein unveränderliches Maß. Wir können immer erneut Maßstäbe mit der an sicherem Ort aufbewahrten Einheit vergleichen. Anders verhält es sich mit der Zeit. Einerseits können wir die Zeiteinheit nicht speichern - die Zeit verrinnt unaufhörlich -, andererseits müssen auch vergangene Zeitabläufe messend überprüfbar sein. Sehr lange Zeiten werden vor allem in der Astronomie verwendet, während im täglichen Leben viel kleinere Zeitabschnitte benötigt werden. Schließlich ist man an der Bestimmung extrem kleiner Zeitintervalle in der naturwissenschaftlichen Forschung interessiert.

Theoretisch ist die Zeit t die kontinuierliche, unabhängige Variable, die in den Newton'schen Axiomen auftritt ($m\ddot{x} = F$, F die wirkende Kraft, $\ddot{x} = d^2x/dt^2$ die dadurch verursachte Beschleunigung der Masse m). Sie stellt den wesentlichen Parameter in allen Bewegungsabläufen dar: $x = x(t)$ besagt, daß wir den Vorgang für alle Zeiten vollständig kennen. Jede Ausmessung der Zeit bedeutet das Setzen von regelmäßig aufeinander folgenden Marken, die abgezählt werden. Der zeitliche Abstand zweier Marken kann als Zeiteinheit gewählt werden. Während die Sanduhr das Verrinnen der Zeit dokumentiert, wird durch das wiederholte Umkehren eine Serie von Zeitmarken gesetzt. Nur im Lauf der Gestirne sehen wir eine unaufhörliche, keines immer erneuten Anstoßes bedürfende (periodische) Bewegung, und man hat im Grundsatz eine Zeitskala zu wählen, die diese Bewegung, unter Gültigkeit der Gesetze der Mechanik, insbesondere des Gravitationsgesetzes, richtig beschreibt. Primär ist es die Absicht, eine gleichförmige Zeitskala herauszubekommen, und diese mit irdischen Methoden ausmeßbar zu machen. Bisher gibt es keinen Zweifel daran, daß es Sinn hat, eine solche Skala zu suchen und zu definieren. Mit der immer weiter verfeinerten Beobachtung der Bewegung der Gestirne mußten die empirischen Zeitskalen indessen im Lauf der Zeit in gewisser Weise korrigiert werden. Es sind daher immer weiter verbesserte Uhren ersonnen worden (Quarzuhr und Atomuhr), die es gestatteten, die Basiseinheit 1 Sekunde im Laboratorium zu realisieren, und dies mit einer so hohen Genauigkeit, daß keine Schwierigkeiten bei der Übertragung auf die langen Zeitabstände der Astronomie auftraten. Die gesetzliche Zeiteinheit ist aufgrund einer atomphysikalischen Realisierung festgelegt worden. Wegen der großen praktischen Bedeutung für die Astronomie berichten wir im folgenden aber auch über die astronomische Definition. Zweifellos ist aber die atomphysikalische Definition der Zeiteinheit von ganz außerordentlicher Bedeutung, wenn man dazu übergehen sollte, die Lichtgeschwindigkeit als Naturkonstante zu definieren, und die Längenmessung dann auf eine Zeitmessung zurückzuführen, wie dies in Ziffer 5 beschrieben wurde.

6.1 Ältere Definitionen

Die älteren Definitionen der Zeitskala beruhten sämtlich auf dem "Wandel der Gestirne". Die erste Beobachtung, die das Setzen von Zeitmarken erlaubte, war natürlich der Wechsel von Tag und Nacht. Man teilte ursprünglich den Tag von Sonnenaufgang bis -Untergang in 12 Stunden, deren Längen dann jedoch von der Jahreszeit abhingen und damit selbst eine periodische Funktion waren. Woher die Aufteilung einer Stunde in 60 Minuten stammt, ist nicht bekannt, man weiß aber, daß die Astronomen im 15. Jahrhundert die Sekunde als 60ten Teil einer Minute definierten.

Die astronomische Zeitskala wird im wesentlichen durch zwei Bewegungen bestimmt: Die Drehung der Erde um ihre eigene Nord-Süd-Achse, und die Bewegung der Erde um die Sonne herum auf einer schwach elliptischen Bahn, in deren einem Brennpunkt die Sonne steht (Fig.19). Die Eigendrehachse der Erde ist um etwa $23{,}5^{o}$ gegen die Normale der Bahnebene geneigt (Fig.20; Schiefe der Ekliptik). Die gesamte Diskussion der astronomischen Zeitdefinition wird im geozentrischen System ausgeführt [1]. Zur Unterstützung

[1] O. Struwe, Astronomie, Berlin 1963

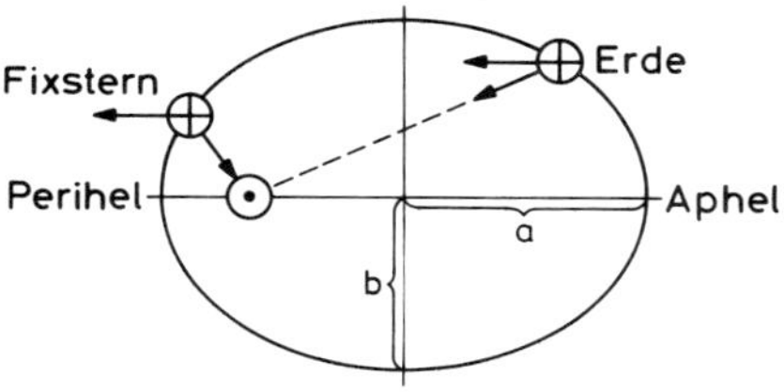

Fig. 19: Draufsicht auf die Erdbahn um die Sonne.
$a \approx 149{,}6 \cdot 10^6$ km, $a - b = 2 \cdot 10^{-4}\, a$,
$e = \sqrt{1 - b^2/a^2} = 0{,}02$

Fig. 20: Seitenansicht der Erdbahn und Lage der Drehachse der Erdeigendrehung

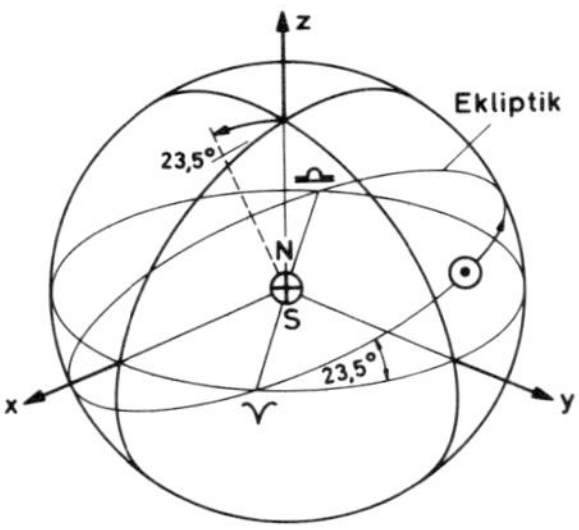

Fig. 21: Erde und Projektion der Ekliptik auf die Himmelskugel

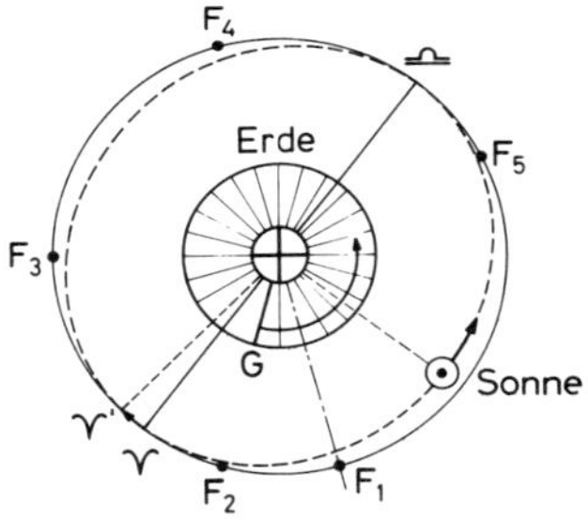

Fig. 22: Draufsicht auf den Himmelsäquator. G Meridian von Greenwich. Die Sonnenbahn stellt sich wegen der Schiefe der Ekliptik als Ellipse dar. Die Lagen von hypothetischen Fixsternen sind durch F_i gekennzeichnet

der Anschauung dienen für das folgende die Figuren 21 und 22. Man zeichnet die Erdachse vertikal, und um die Erde herum eine Kugel (die sog. Himmelskugel). Dann ist die auf diese Kugel projizierte scheinbare Bahn der Sonne ein Großkreis. Er schneidet die Projektion des Erdäquators auf die Himmelskugel (genannt Himmelsäquator) im Frühlingspunkt ♈ und Herbstpunkt ♎ (Tag- und Nachtgleiche).

Der eigene Standort auf der Erde ist durch den Aufstellungsort eines Sonnenbeobachtungs-Instrumentes gegeben (geograf. Länge und Breite). Die Erde dreht sich im mathematisch positiven Sinn, und im gleichen Sinn bewegt sich die Sonne. Zwei aufeinanderfolgende Sonnendurchgänge durch den Erdmeridian des Beobachters definieren den wahren Sonnentag. Da die Sonnenzeit nach internationaler Übereinkunft immer diejenige für einen Beobachter auf dem Greenwich-Meridian ist, nehmen wir im folgenden stets diesen Meridian als den des Beobachters an [1]. Fortlaufender Vergleich während eines Jahres (Vergleich mit einer Uhr!) zeigt, daß die Länge des wahren Sonnentages nicht konstant ist, sondern regelmäßig schwankt (Fig.23). Das hat zwei Gründe. Erstens folgt aus den Gravitationsgesetzen (Kepler's Flächensatz), daß sich die Erde im Perihel schneller bewegt als im Aphel. Das ergibt einen Unterschied der Tageslängen von etwa 16 Sekunden zwischen Juni und Dezember. Zweitens wird die Tageslänge grundsätzlich bezüglich des Umlaufs längs des Äquators der Himmelskugel gemessen. In einem Jahr werden 360° überstrichen, und im Sommer und Winter sind Äquator und Ekliptik "parallel", also ist die Winkelfortschreitung längs der Ekliptik gleich derjenigen längs des Äquators. Beim Frühlings- und Herbstpunkt ist aber die Winkelfortschreitung längs des Äquators kleiner als längs der Ekliptik. Das macht einen Zeitunterschied von ca. 20 Sekunden zwischen Frühjahr und Sommer (Herbst und Winter) aus. So entsteht der Verlauf in Fig.23. Man führte daher den mittleren Sonnentag ein, und diesen Tag teilt man in $24 \times 60 \times 60 = 86400$ Sekunden. Würde man dagegen den wahren Sonnentag in 86400 Sekunden einteilen, dann würde man eine veränderliche Zeiteinheit definiert haben, was vermieden werden muß. Man nennt nun die Differenz zwischen wahrer und mittlerer Sonnenzeit die Zeitgleichung, also

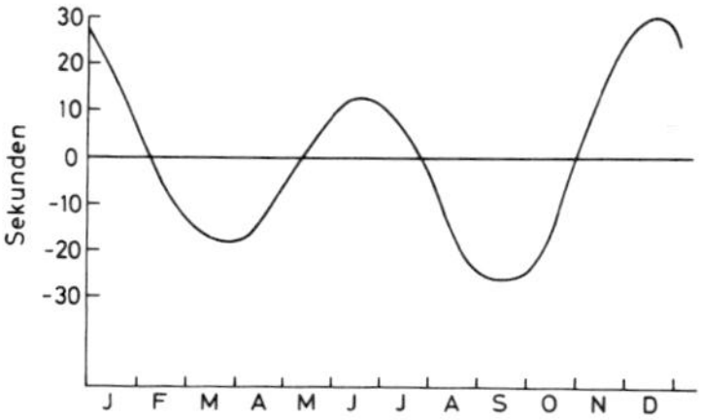

Fig. 23: Schwankung der Länge des wahren Sonnentages während eines Jahres

Zeitgleichung = wahre Sonnenzeit - mittlere Sonnenzeit.

Diese Größe ist in Fig.23 aufgetragen.

Aus der Fig.19 sieht man, daß bei Anvisierung der Sonne grundsätzlich nicht die echte "Tourenzahl" der Erde beobachtet wird, denn wegen des Umlaufs der Erde um die Sonne mißt man immer

---

1) Darauf bezogene Zeiten heißen Weltzeit. Die Zonenzeiten ergeben sich durch Addition oder Subtraktion von vollen Stunden.

eine längere Zeit, als einer Umdrehung um die eigene Achse entspricht. Wird dagegen ein Fixstern beobachtet (horizontal gezeichnete Pfeile), dann wird der <u>Sterntag</u> gemessen. Während eines Jahres werden n Sonnentage und n + 1 Sterntage beobachtet. Die Zahl der Tage pro Jahr ist ca. 360, also ist der Unterschied der Tageslänge von Sonnen- und Sterntag rund 24·60 min/360 Tage = 4 min/Tag.

Würde die Umdrehungsgeschwindigkeit der Erde völlig konstant sein und zu ihrer Umlaufszahl um die Sonne in einem ganzzahligen Verhältnis stehen, dann wäre mit der Definition des mittleren Sonnentages auch die Zeiteinheit 1 Sekunde definiert. Dem ist aber nicht so. Man hat darauf zu achten, daß man mit der Definition der Anzahl der Tage pro Jahr mit den Jahreszeiten in Einklang bleibt. Wieder kann man sich auf Sonnen- oder Sternbeobachtung beziehen und erhält folgende Definitionen für ein Jahr.

<u>1.) Das tropische Jahr.</u> Die Beobachtung der Tageslänge oder des Sonnenstandes über dem Horizont zeigt, daß die Tageslänge während eines Jahres variiert. Zählt man die Zahl der mittleren Sonnentage von einer Frühjahrs - Tag und Nachtgleiche bis zur nächsten, also von einer Übereinstimmung des Sonnenstandes mit dem Frühlingspunkt bis zu nächsten (s. Fig.22), so registriert man das <u>tropische Jahr</u>. Das mittlere tropische Jahr hat die Länge

$$1\ a_{trop} = 365{,}24220 \text{ mittl. Sonnentage.}$$

Es ist um ca. 1/4 Tag länger als 365 Tage. Daher wird jedes 4. Jahr ein Schalttag eingelegt. Um auch noch den weiteren Dezimalstellen zu folgen, fallen die Schalttage an der Jahrhundertwende aus. Das Jahr 1972 war dagegen besonders lang: Neben dem Schalttag wurden noch 2 Schaltsekunden hinzugefügt, ebenso am 1.1.1973 und 1.1.1974 je eine Schaltsekunde.

Die Notwendigkeit der Einführung des <u>mittleren</u> tropischen Jahres gründet sich darauf, daß kleine Schwankungen auftreten. Die Erde ist weder starr, noch ist sie eine Kugel, sondern hat einen Äquatorwulst. Man hat gefunden, daß es Breitenschwankungen gibt, also kleine Neigungen der Erdkugel bei fester Drehachse, und daß es außerdem eine Nutationsbewegung gibt. Beides führt dazu, daß der Erdäquator kleine Schwankungen ausführt. Da der Schnittpunkt der Ekliptik mit dem Himmelsäquator aber den Frühlings- und Herbstpunkt bestimmt, führen auch diese Punkte kleine Schwankungen aus.

2.) Das siderische Jahr ist vergangen, wenn die Erde nach ihrem Lauf um die Sonne bezüglich der Fixsterne wieder die gleiche Position hat. Diese Zeit ist exakt auch durch die Lage des Frühlingspunktes relativ zu einem Fixstern plus dem Winkelabstand des Meridians bezüglich des Frühlingspunktes gegeben (s. Fig.22). Aufgrund solcher Beobachtungen hat man bemerkt, daß der Frühlingspunkt selbst langsam mit einer Periode von 25725a wandert, und zwar entgegengesetzt zur Bahnbewegung der Erde um die Sonne (retrograde Wanderung). Verglichen mit dem tropischen Jahr ist also das siderische Jahr etwas länger, und zwar um etwa

$$\frac{365 \text{ Tage}}{26000} = 0{,}014 \text{ d} .$$

Dementsprechend ist

$$1\ a_{sid} = 365{,}25636 \text{ mittl. Sonnentage.}$$

Die Wanderung des Frühlingspunktes ist die Präzession der Erdachse um eine feste Achse, hervorgerufen durch das Drehmoment der Sonnen- und Mondanziehung auf den schief stehenden Geoiden [1]. Einen klaren Hinweis auf die angesprochene Präzessions- (und auch die Nutations)-Bewegung erhielt man aus Beobachtungen der Mondbahn [2]. Es gab immer erneut kleine Voreilungen und Verzögerungen des Mondes, was schließlich nur auf kleine Schwankungen der Erdachse (also des Beobachters) zurückführbar war.

3.) Das anomalistische Jahr ist der Zeitraum der Erdbewegung von Perihel zu Perihel. Es unterscheidet sich von den anderen Jahren, weil die Lage der Erdbahnellipse nicht raumfest ist.

$$1\ a_{anomal} = 365{,}25946 \text{ mittl. Sonnentage.}$$

Die zunehmende Präzision beim Bau von Uhren, zunächst Pendeluhren, dann Quarzuhren, enthüllte schließlich, daß der mittlere Sonnentag keine hinreichend konstante Größe ist, sondern daß seine

---

1) s. etwa Struwe, a.a.O., sowie K. Jung im Handbuch der Physik, Bd.47, herausgeg. v. S. Flügge, Heidelberg 1956.- Die Mondbahn ist um nur 5° gegen die Ekliptik geneigt (Bahnradius 384000 km)

2) In der Astronomie wird im Gegensatz zur Kreiselmechanik unter Präzession der langsame (säkulare), unter Nutation der schnellere, periodische Anteil der Präzessionsbewegung verstanden.

Zeitdauer über Jahrhunderte hinweg zunimmt, d.h. daß die Erde sich langsamer dreht. Es handelt sich um äußerst kleine, aber meßbare Effekte, verursacht im wesentlichen durch die Reibung, die bei den Gezeitenbewegungen auftritt. Die Tageslänge nimmt dadurch um 0,0016 s pro Jahrhundert zu, d.h. um ca. $5 \cdot 10^{-8}$ s pro Tag.

6.2 Astronomische Definition der Zeiteinheit: die Ephemeriden-Sekunde

Die Fig.22 zeigt, daß man verschiedene Zeitskalen ineinander umrechnen kann, wenn die verschiedenen relativen Bewegungen bekannt sind. Wir beginnen mit der siderischen Zeitskala [1]. Es wird der tägliche Durchgang des Greenwich-Meridians durch den Frühlingspunkt aufgezeichnet [2]: Man bekommt die siderische Greenwich-Zeit. Sie folgt auch aus der Beobachtung eines Sterndurchgangs (und von ihnen kann man in einer Nacht viele beobachten!), denn die Bewegung des Frühlingspunktes ist bekannt (Fundamentalkatalog FK4 durch Entscheidung der Internationalen Astronomischen Union). Diese siderische Zeitskala ist aber unbequem, weil sie nicht an der Sonne orientiert ist, z.B. ist der siderische Tag um etwa 4 Minuten kürzer als der mittl. Sonnentag (S.51). Man kann zwei Auswege wählen: Entweder ersetzt man den Frühlingspunkt durch den Meridian der umlaufenden Sonne (man führt eine gleichmäßig umlaufende "mittlere Sonne" ein) und erhält damit eine auf die Tageslänge gegründete Zeitskala (mittlerer Sonnentag); oder man bezieht sich nicht auf den Greenwich-Meridian, sondern beobachtet den Durchgang der Sonne durch den Frühlingspunkt und erhält damit eine auf der Jahreslänge basierende Zeitskala. Das erste Verfahren führt zu den sogenannten Universal Times (Weltzeiten), UT0, UT1 und UT2, das zweite Verfahren zur Ephemeriden-Zeit.

Vor allem braucht man dazu eine Kenntnis des Ablaufs der Sonnenbewegung. Aufgrund der Verarbeitung jahrhundertelanger

---

1) Im folgenden schließen wir uns im wesentlichen dem Artikel von J. Kovalevsky an (Metrologia 1(1965)169). Viele Einzelheiten findet man auch bei U. Stille, Messen und Rechnen in der Physik, Braunschweig 1961,

2) Die kleine Wanderung des Frühlingspunktes wird dabei vernachlässigt.

Sonnenbeobachtungen hat S. Newcomb kurz vor der Jahrhundertwende die Länge der Sonne auf der Ekliptik in der Form angegeben

$$L_s = L_o + L_1\tau + L_2\tau^2 + L_3 \; .$$

Damals glaubte man noch an eine konstante Drehgeschwindigkeit der Erde, und so war τ in der Form angegeben worden [1)]

$$\tau = \frac{\text{Zeit}}{32525{,}000\,\text{d}} \; ,$$

wobei 32525 d die Länge eines Juliani'schen Jahrhunderts ist. Die Beziehung kann man natürlich als Approximationsformel auffassen: L_1 ist im wesentlichen die Wanderungsgeschwindigkeit, L_o eine Anfangskoordinate (die in der Newcomb'schen Formel sehr wohl festgelegt ist), L_2 ist ein Korrekturterm und L_3 ist eine Summe über periodische kleine Zusatzterme. Da L_s auf der Ekliptik gemessen wird, so ist die Rektaszension [2)] α_s ein wenig von L_s verschieden (Zahlenwerte S.56). Ist ε der Winkel der Ekliptik (Fig.24), so ist

$$\tan \alpha_s = \cos \varepsilon \tan L_s \quad ,$$

also gilt für α_s eine ebensolche quadrat. Beziehung

$$\alpha_s = A_o + A_1\tau + A_2\tau^2 + A_3 \; .$$

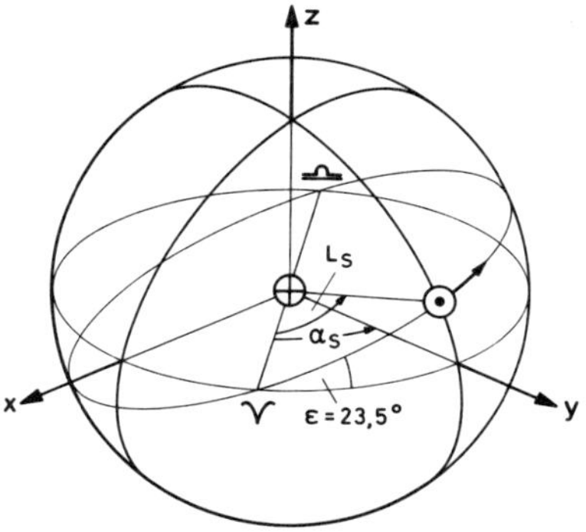

Fig. 24: Länge der mittleren Sonne, bezogen auf die Ekliptik (L_s) und auf den Himmelsäquator (α_s)

---

1) Man wählt hier immer eine Formulierung, in der τ dimensionslos ist und damit die Konstanten L_o, L_1, L_2 Winkel sind.

2) Die Lage der Fixsterne wird durch Länge und Breite bestimmt: Die Länge (≡ Rektaszension) ist der Winkelabstand des Meridians zu demjenigen des Frühlingspunktes, die Breite (≡ Deklination) ist der Winkelabstand vom Himmelsäquator.

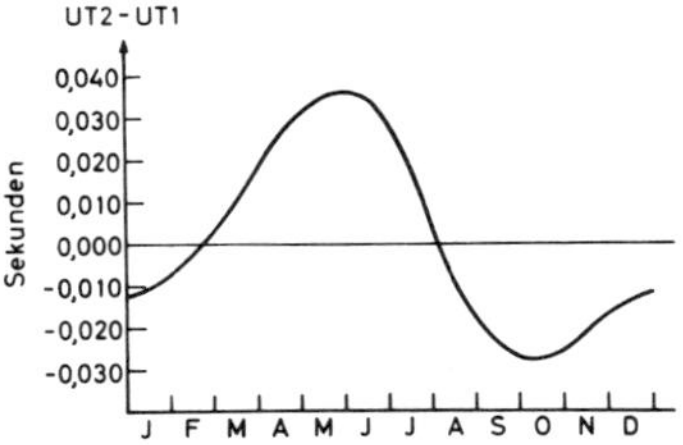

Fig. 25: Abweichung der Zeitskala UT2 von der Skala UT1 (Erläuterung im Text)

Für den Greenwich-Meridian gilt in der <u>gleichen</u> Zahlenskala für die siderische Zeit

$$T = T_o + T_1\tau + T_2\tau^2 + T_3 ,$$

wobei jetzt T_1 die Rotationsgeschwindigkeit der Erde ist unter der Annahme einer gleichförmigen Geschwindigkeit. Die Greenwicher Sonnenzeit ist die Differenz von T und α_s:

$$t = (T_o - A_o) + (T_1 - A_1)\tau + (T_2 - A_2)\tau^2 + (T_3 - A_3) ,$$

und die mittlere Greenwich-Sonnenzeit ist

$$t_G = (T_o - A_o) + (T_1 - A_1)\tau ,$$

der Rest ist ein Korrekturterm. Die Weltzeit oder Universal Time ist $UTO = t_G + 12^h$ (wegen des verschiedenen Tagesbeginns). Man nennt UTO die Weltzeit, wie beobachtet. UT1 ist eine korrigierte Zeit: Man hat die kleinen Polschwankungen herauskorrigiert, die ja dazu führen, daß die Beobachtungsstationen auf der Erde kleine Längen- und Breitenschwankungen machen (ca. 0,1" ≙ einem Bewegungsradius des Pols von einigen Metern!). Schließlich korrigiert man auch noch wegen einer saisonalen Schwankung (Abschmelzen der Polkappen) und gewinnt damit UT2. Diese letzte Korrektur ist nur noch weniger als 0,1 s (s. Fig.25). Von Radiostationen werden Zeitsignale gemäß UT2 ausgesandt. Es stellt sich heraus, daß diese Zeitskala immer noch keine für wissenschaftliche Zwecke ausreichende Homogenität besitzt. Daher ist man schließlich auf die zweite Möglichkeit, die oben skizziert wurde, übergegangen, nämlich zu einer Skala, die auf der Jahreslänge basiert.

Mit dieser Zeitskala wird die <u>Ephemeridenzeit</u> definiert. Unter einer Ephemeride versteht man die Berechnung der geozentrischen Koordinaten eines Himmelskörpers aus den Bahnelementen. Die Bahnelemente wiederum sind in der Astronomie die 6 Integrationskonstanten, die man erhält, wenn man die Bewegung der Erde um die Sonne als ungestörtes Zwei-Körper-Problem behandelt. Mit diesen

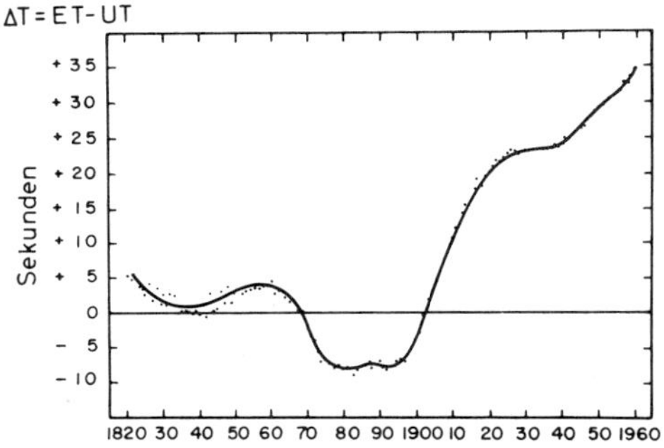

Fig. 26: Abweichung der Ephemeridenzeit von der mittleren Sonnenzeit

Bahnelementen, die durch die Wirkung der Gravitation gegeben sind, und unter Vorgabe einer Anfangsbedingung, kann man die Orte eines Himmelkörpers für jeden Zeitpunkt vorausberechnen, oder umgekehrt aus den Koordinaten den zugehörigen Zeitpunkt bestimmen. Man kommt zur Zeitbestimmung, indem man die Koordinaten der Sonne mißt und eine Ephemeridenrechnung ausführt. Bei diesem Verfahren hat man aber noch nicht berücksichtigt, daß auf die scheinbare Sonnenbewegung eine ganze Reihe von Störungen einwirken (Störung durch die Planeten, Schwankungen der Erdrotation, usw.). So kommt es, daß inzwischen die Ephemeridenzeit von der mittleren Sonnenzeit um mehr als 30 Sekunden abweicht (s. Fig.26).

Man geht wieder von der gut gesicherten Formel von Newcomb aus,

$$L_s = 279^\circ\ 41'\ 48{,}04'' + 129602768{,}13''\ \frac{t_e}{36525d} + 1{,}089''\left(\frac{t_e}{36525d}\right)^2 .$$

Der Anfangspunkt $t_e = 0$ ist dabei der

31. Dezember 1899, 12^h UT ≡ 0. Januar 1900, 12^h ET *) .

Die Korrekturen wurden weggelassen, und es wurde die mittlere Koordinate L_m eingeführt. Das tropische Jahr der Länge D definieren wir wie früher: Es ist die Zeitdauer für einen Zuwachs von L_s um 360° oder 129600" (Bogensekunden), also

$$L_s(t_e + D) - L_s(t_e) = 129600'' .$$

Ausgeschrieben führt dies auf

$$129602768{,}13''\ \frac{D}{36525d} + 2{,}178''\ \frac{D \cdot t_e}{(36525d)^2} + 1{,}089''\ \frac{D^2}{(36525d)^2} = 129600''.$$

*) ET heißt: Ephemeriden-Zeit

Man sieht, daß D vom Zeitpunkt t_e abhängt, von dem an man die Jahreslänge mißt, also vom Anfangspunkt. Man benutzt daher ein anderes Verfahren. Die Drehgeschwindigkeit (Winkelgeschwindigkeit) ist

$$\frac{dL_m}{dt/36525d} = 129602768{,}13'' + 2{,}178'' \, \frac{t_e}{36525d} \, .$$

Sie ändert sich nur wenig im Lauf eines Jahres, und daher setzt man zur Bestimmung des tropischen Jahres

$$\left(129602768{,}13'' + 2{,}178'' \, \frac{t_e}{36525d}\right) \frac{D}{36525d} = 129600'' \, ,$$

oder

$$\frac{D}{36525d} = \frac{129600''}{129602768{,}13'' + 2{,}178'' \, \frac{t_e}{36525d}} \, .$$

Die Ephemeriden-Sekunde ist dann der 86400ste Teil des Ephemeridentages, oder der 3155760000ste Teil des Julianischen Ephemeridenjahrhunderts. Aber erst dann, wenn man dabei $t_e = 0$ setzt, hat man damit die Ephemeriden-Sekunde definiert. Die zugehörige Länge des tropischen Jahres ist D_0. Damit gilt also

$$D_0 = \frac{129600 \cdot 3155760000s}{129602768{,}13} = 31556925{,}9747 \text{ s} \, ,$$

und die Definition der Ephemeridensekunde durch das Internationale Komitee für Maß und Gewicht aus dem Jahr 1956 lautete dementsprechend

$$\boxed{1 \text{ Sekunde} = \frac{1}{31556925{,}9747} \times \text{trop. Jahr 1900, 0. Jan., } 12^h \text{ ET}} \, .$$

Im Grundsatz hat man also die Schwierigkeit der nichthomogenen Zeitskala der UT dadurch umgangen, daß man die Zeiteinheit 1s auf einen bestimmten Zeitpunkt bezogen hat. Nachteilig ist, daß man die Ephemeridenzeit immer nur nachträglich aus astronomischen Beobachtungen bestimmt. Wir können darauf hier nicht näher eingehen, jedoch muß noch darauf hingewiesen werden, daß die Zeitskala an den verschiedensten astronomischen Objekten kontrolliert werden kann. An hervorragender Stelle steht dabei die Beobachtung des Mondes, denn er hat eine schnelle Umlaufgeschwindigkeit. Die relative Genauigkeit der Messung der Ephemeridenzeit nimmt man heute mit 10^{-8} an.

6.3 Atomphysikalische Definition und Realisierung der Zeiteinheit

Die nachträgliche Angabe der Zeit als Ephemeridenzeit ist für das tägliche Leben nicht akzeptierbar, man fordert eine schnellere Möglichkeit, die Zeit anzugeben. Das erfordert Uhren mit einer relativen Genauigkeit der Bestimmung von Zeitabständen von mindestens 10^{-8}. Die 12. Generalkonferenz für Maße und Gewichte hat 1964 das Internationale Komitee für Maße und Gewichte ermächtigt, eine Molekül- oder Atom-Frequenz zu bestimmen, die seit 1967 als gesetzlicher Standard gilt.

Der atomphysikalische Übergang in der Hyperfeinstruktur des Atoms ^{133}Cs, und zwar der ungestörte Übergang $F = 4$, $m_F = 0 \rightarrow F = 3$, $m_F = 0$ des $^2S_{1/2}$-Grundzustandes ist genau 9,192631770 GHz.

Die dadurch definierte Zeiteinheit 1 Sekunde ist also die Dauer von $9{,}192631770 \cdot 10^9$ Schwingungen der Strahlung dieses Übergangs. Wir besprechen im folgenden den physikalischen Hintergrund dieser Definition.

Das Cäsium-Atom besitzt im Grundzustand die Elektronen-Konfiguration (Bezeichnungsweise s. S. 33)

$$1s^2\ 2s^2\ 2p^6\ 3s^2\ 3p^6\ 3d^{10}\ 4s^2\ 4p^6\ 4d^{10}\ 5s^2\ 5p^6\ 6s\ .$$

Es sind alle inneren Schalen vollständig besetzt, das äußerste Elektron mit der Hauptquantenzahl $n = 6$ (P-Schale) bestimmt im wesentlichen das Termschema und damit das Spektrum. Fig.27 enthält das Termschema mit der Angabe einiger Wellenlängen (Vakuumwellenlängen) von Übergängen. Es handelt sich um ein sog. Dublett-Energieschema. Die Niveaus sind sämtlich doppelt (Feinstruktur-Aufspaltung), mit Ausnahme der S-Terme (Termserie ganz links in Fig.27). Die Aufspaltung wird im wesentlichen durch den Elektronenspin verursacht. Ist $\vec{l}$ (Quantenzahl l) der Bahndrehimpuls des Leuchtelektrons, dann kann sich zu diesem der Spin-Drehimpuls des Elektrons parallel oder antiparallel einstellen, es entsteht der Hüllen-Gesamtdrehimpuls $\vec{j} = \vec{l} + \vec{s}$ (Quantenzahl $s = 1/2$, Quantenzahl $j = l \pm 1/2$). In den beiden Zuständen hat das Atom einen verschiedenen Energieinhalt: Es handelt sich um eine magnetische Kopplung (des Spin-Magneten im magnetischen Feld des umlaufenden Elektrons, bzw. auch umgekehrt des Bahn-Magneten im magnetischen Feld des Spins), die einen verschiedenen Energieinhalt ergibt, je nach der relativen Orientierung der Drehimpulse bzw. der magnetischen Momente. Die Ausnahme der S-Terme ist damit klar: Bei ihnen ist $l = 0$, also gibt es kein Feld der Bahnbewegung und keine Einstellungen des Spins.

Die Bezugnahme auf den Grundzustand befreit demnach die Sekunden-Definition von einer Berücksichtigung der Feinstruktur.

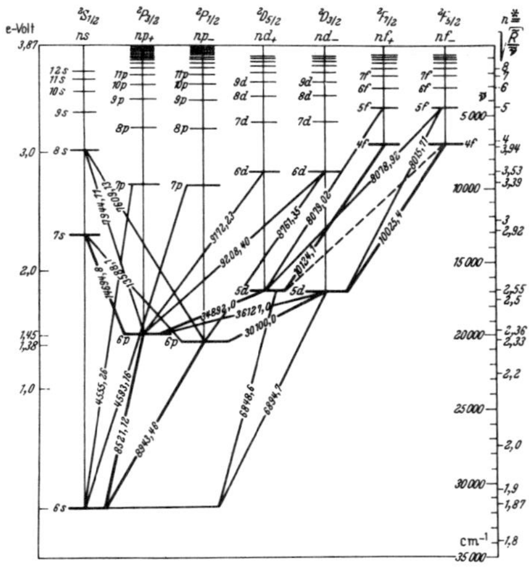

Fig. 27: Termschema des Cs-Atoms. Die eingezeichneten Wellenlängen sind in Ångström angegeben. Über die Bezeichnungsweise der Terme siehe Seite 33 (aus K. Hellwege, l.c., s. S.33)

Die beiden Zustände, auf die die Sekunden-Definition Bezug nimmt, kommen durch eine weitere Wechselwirkung zustande, die in dem Schema Fig.27 nicht zum Ausdruck kommt: Es handelt sich um eine magnetische Kopplung von hüllenmagnetischem und kernmagnetischem Moment. Das letztere ist beim ^{133}Cs-Kern von null verschieden. Alle kernmagnetischen Momente sind aber 2000mal kleiner als die hüllenmagnetischen. Demnach ist die weitere Termaufspaltung sehr klein, verglichen mit der Feinstrukturaufspaltung und wird Hyperfeinstrukturaufspaltung (HFS) genannt. Entsprechend der neuen Wechselwirkung hat man eine neue Bezeichnung für den Gesamtdrehimpuls einzuführen und wählt sie analog zu der der Elektronenhülle. Ist $\vec{I}$ der Kernspin, $\vec{J}$ der Gesamtdrehimpuls der Elektronenhülle, dann ist, da die Wechselwirkung von inneren Kräften verursacht wird, der Gesamtdrehimpuls $\vec{F} = \vec{I} + \vec{J}$ klassisch eine Konstante. Er ist gequantelt, so daß der Betrag des Gesamtdrehimpulses $|\vec{F}| = \sqrt{F(F+1)}\hbar$ ist, mit der Serie von Quantenzahlen

$$|I - J| \leqslant F \leqslant I + J \ .$$

Der Kern ^{133}Cs hat den Spin $7/2\ \hbar$ ($I = 7/2$). Da $J = 1/2$, so kommen die Quantenzahlen $F = 4$ und 3 vor: Der Grundzustand des Nuklids hat eine HFS-Aufspaltung, bei der übrigens der Zustand mit $F = 4$ höher als der mit $F = 3$ liegt (Fig.28a). Der Termabstand entspricht der in der Sekundendefinition angegebenen Frequenz. Das Aufspaltungsbild der Fig.28b ergibt sich in extrem kleinem äußerem

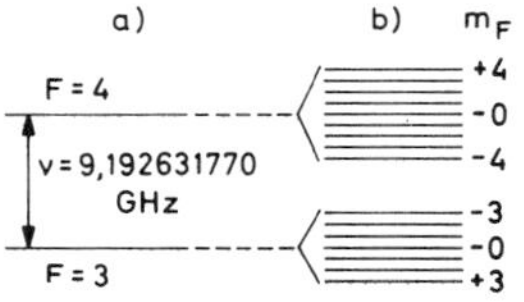

Fig. 28: HFS des Grundzustandes von ^{133}Cs;

a) ohne Magnetfeld,
b) mit schwachem Magnetfeld

(Zeeman-Aufspaltung proportional dem Magnetfeld)

Magnetfeld: Der Gesamtdrehimpuls $\vec{F}$ orientiert sich im Feld so, daß seine Komponente parallel zum Feld

$$F_z = m_F \hbar$$

ist, mit $-F \leq m_F \leq F$. Das Studium des Aufspaltungsbildes als Funktion eines äußeren Feldes (also auch eines Störfeldes) ist außerordentlich wichtig, weil eine hohe Präzision der Definition der Zeiteinheit gefordert ist.

Zunächst berechnen wir elementare Daten des HFS-Übergangs. Da $\nu = 9,19\cdots$GHz sein soll, so ist der energetische Abstand der Zustände (ohne Magnetfeld)

$$\delta W_0 = h\nu = 3,8\cdot 10^{-7}\ \text{eV} ,$$

er ist also, wie schon bemerkt, sehr klein. Allerdings muß man dazu einen Vergleichswert angeben. Wir benutzen dazu die "thermische Energie" kT (k Boltzmann-Konstante, $1,3806\cdot 10^{-23}\ \text{JK}^{-1} = 0,863\cdot 10^{-4}$ eV/K), die die mittlere kinetische Energie eines Atoms eines atomigen Gases bei der Temperatur T ist (bis auf einen Zahlenfaktor von der Größenordnung 1). Ist etwa T = 300 K, dann ist kT = 1/40 eV. Der große Unterschied von δW_0 und kT (bei 300 K) wirkt sich wie folgt aus. Nach Boltzmann ist das Verhältnis der Besetzungszahlen der Atome in den beiden HFS-Zuständen

$$\frac{n(F_2 = 4)}{n(F_1 = 3)} = \frac{2F_2 + 1}{2F_1 + 1}\, e^{-\delta W_0/kT} = \frac{9}{7}\cdot 1 ,$$

d.h. beide Cs-Zustände sind (abgesehen vom statistischen Faktor $(2F_2 + 1)/(2F_1 + 1)$) gleich besetzt. Würde man etwa versuchen, durch Einstrahlung der Hochfrequenz von $\nu = 9,19\cdots$GHz eine resonanzartige Absorption zu messen [1], so wäre dies zum Scheitern verurteilt: Bei der Einstrahlung finden gleichzeitig Absorptions- <u>und</u> Emissionsprozesse statt, so daß insgesamt die Strahlung nicht geschwächt wird, also "Resonanz" nicht feststellbar ist.- Das Besetzungszahlverhältnis kann man durch Abkühlung des Gases zugunsten des F = 3-Zustandes verändern, jedoch ist dies mit normalen Laboratoriumsmitteln nicht möglich: Die Äquivalenttemperatur T', gegeben durch $kT' = \delta W_0$, ist nämlich nur $T' = 4,4\cdot 10^{-3}$K = 4,4 mK. Man braucht also eine ganz andere Methode, um die resonanzartige Erfüllung der Frequenzbedingung zu beobachten.

---

1) Die zugehörige Wellenlänge ist $\lambda = c/\nu = 3,29$ cm, liegt also in dem seit Erfindung der Radar-Technik zugänglichen Hochfrequenzbereich.

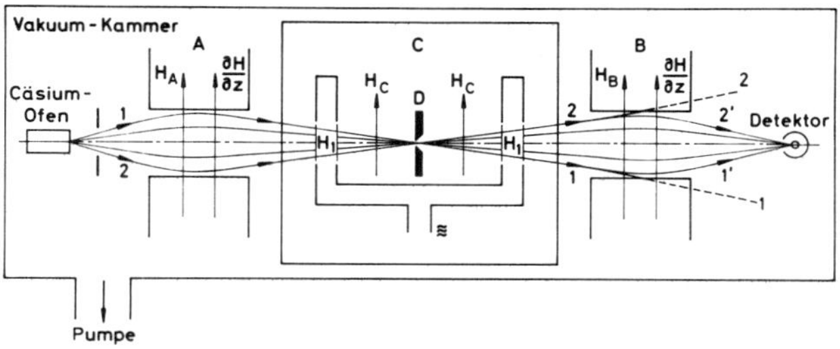

Fig. 29: Atomstrahl-Resonanz-Apparatur. Erläuterung im Text. Die Feldanordnung ist nicht rotationssymmetrisch. Gezeichnet ist die Ebene, in der die interessierenden Teilchenbahnen verlaufen.

Zur Beobachtung der exakten Einstellung der Übergangsfrequenz bedient man sich der Atomstrahl-Resonanzmethode, einer hervorragenden Technik der Kernmoment-Forschung. Wir diskutieren die Methode anhand der Fig.29. Man benutzt eine Vakuum-Kammer von einigen Metern Länge. Sie enthält hintereinander aufgereiht einen Cäsium-Verdampfungsofen, verschiedene Magnete und ein Nachweisgerät für Cäsium-Atome. Aus dem Austrittsspalt des Ofens verdampft Cs als Atomstrahl. Die den Detektor erreichenden Teilchen werden durch Ionisation nachgewiesen (Ionisation an einem heißen Wolfram-Draht, Messung des Ionenstromes). Die eingezeichneten Bahnen verlaufen tatsächlich ganz nahe bei der Achse. Die Anordnung muß daher sehr sorgfältig justiert werden (Spaltbreiten ca. 0,01 mm, Gasdruck $1{,}33 \cdot 10^{-4}$ Pa = 10^{-7} Torr, Feldinhomogenität $\partial H/\partial z = 0{,}636 \cdot 10^{9}$ Am^{-2} = 80000 Oe cm^{-1}. Moderne Anordnungen benutzen Feld-Bereiche C mit Längen bis zu 3 m [1].

Die Funktion der Magnetfelder studieren wir anhand ihrer Wirkung auf die Atome des Strahls. Zunächst geben wir die vollständige Formel zur Berechnung von δW_0 an. Jedes einzelne Niveau ist gegenüber dem Ausgangszustand (ohne Kernspin) verschoben um (s. H. Kopfermann, Kernmomente, 2. Aufl., Frankfurt 1956)

[1] s. den Artikel von R.E. Beehler, R.C. Mockler, J.M. Richardson, Metrologia 1(1965)114.

$$W_o(F,J,I) = \frac{1}{\mu_o} \frac{g_I \mu_K \mu_B Z^3}{a_o^3 n^3} \frac{F(F+1) - J(J+1) - I(I+1)}{J(J+1)(L+1/2)}$$

$$= \frac{A}{2} \{F(F+1) - J(J+1) - I(I+1)\}$$

Dabei ist μ_K das sog. Kernmagneton, μ_B das Bohr'sche Magneton, μ_o die Induktionskonstante ($4\pi \cdot 10^{-7}$ Vs/Am, siehe Ziffer 8), a_o der Bohr'sche Radius ($0,5 \cdot 10^{-10}$m), Z die Kernladungszahl des untersuchten Nuklids, das ein (Leucht-)Elektron besitzen soll mit der Hauptquantenzahl n und der Bahndrehimpuls-Quantenzahl L (hier L = O). A nennt man die magn. Kopplungskonstante, g_I den Kern-g-Faktor, definiert durch $\mu_I = \mu_K g_I I$ (^{133}Cs, $\mu_I/\mu_K = +2,564$). Die einzusetzenden Zahlenwerte sind

$$\mu_K = \frac{m_e}{m_p} \mu_B = \frac{1}{1838} \mu_B , \quad \mu_B = \mu_o \frac{e\hbar}{2m_e} = 7,274 \cdot 10^{-11} \frac{eV}{Am^{-1}}$$

$$= \mu_o \cdot 5,788 \cdot 10^{-5} \frac{eV}{T} .$$

Die Gesamtaufspaltung ohne Magnetfeld (s. Fig.28a) ist damit

$$\delta W_o = W_o(F_{max}) - W_o(F_{min}) = \begin{cases} AI(2J+1), & J \geq I \\ AJ(2I+1), & I \geq J \end{cases} ,$$

oder hier $\delta W_o = 7/4\ A - (-9/4\ A) = 4\ A$. Daraus ergibt sich die magnetische Kopplungskonstante zu $A = 1/4\ \delta W_o = 0,95 \cdot 10^{-7}$ eV.

Die Vektoraddition der Drehimpulse von Hülle und Kern führt zu einem magnetischen Moment des gesamten Atoms. Da aber $\mu_K \ll \mu_B$, so ist es praktisch gleich dem des Elektrons. Die von den Magnetfeldern H_A, H_B und auch H_C ausgeübten Kräfte sind daher relativ groß, obwohl Kerneffekte untersucht werden. Die Fig.30 zeigt die relativen Lagen von Drehimpuls und magnet. Moment; dasjenige des Kerns ist eigentlich zu klein, um es überhaupt zeichnen zu können. Man sieht, daß die magnetischen Momenten bei F = 4 und F = 3 umgekehrt orientiert sind. Das führt dazu, daß F = 3 tiefer liegt als F = 4 (Fig.28).

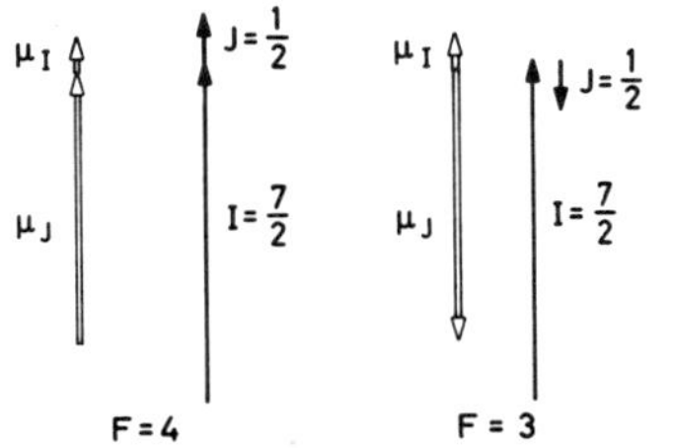

Fig. 30: Spin-Orientierung und magnet. Momente in der HFS des Grundzustandes von ^{133}Cs (schematisch)

Verläßt der Atomstrahl den Verdampfungsofen, so gerät er zunächst in das A-Feld, wo zwei Dinge geschehen: "Einstellung" der magnet. Momente ins Feld, und

Kraftwirkung via Feldinhomogenität mit Ablenkung der Teilchen. Wir betrachten zunächst die <u>Einstellung ins Feld</u> und setzen der Einfachheit halber <u>kleines Feld H_A</u> voraus. Das bedeutet, das I und J gekoppelt bleiben wie besprochen. Das Magnetfeld übt auf die nicht von vornherein parallel zum Feld ausgerichteten Dipole ein Drehmoment aus. Wegen des Drehimpulses führt der Dipol eine Präzessionsbewegung um das Feld H_A aus (s. Fig.31), und der Einstellungswinkel ist gequantelt

$$\cos\vartheta = \frac{m_F}{\sqrt{F(F+1)}}\ , \qquad m_F = -F, \cdots, +F\ .$$

Bei $H = 10^5$ A/m ($B \approx 0{,}1$ T = 1000 Gauß) ist die Präzessionsfrequenz von der Größenordnung 1,5 GHz. Rechnet man damit, daß die Cs-Atome beim Austritt aus dem Ofen eine kinetische Energie von etwa $4\cdot 10^{-2}$ eV haben (Ofentemperatur ca. 400 K), dann ist ihre Geschwindigkeit von der Größenordnung $2\cdot 10^4$ m/s, und bei 1 m Laufweg ist die benötigte Zeit $5\cdot 10^{-5}$ s. Die präzedierenden magnetischen Momente führen demnach $2\cdot 10^4$ volle Umdrehungen auf 1 m Weg aus. Es sei betont, daß es sich hier nur um Abschätzungen handelt.

Sind die magnetischen Momente ins Feld eingestellt, so hat jedes Atom ein effektives Moment bezüglich der Feldrichtung. Sowohl im Bereich A wie B besteht die Inhomogenität $\partial H/\partial z$ (hergestellt, indem man die Polschuhe etwa gemäß der Fig.32 ausbildet). Die ausgeübte Kraft weist in z-, bzw. -z-Richtung und ist dem Betrage nach

$$F = \mu_{eff}\,\frac{\partial H}{\partial z}\ .$$

Zur Berechnung muß man von der Energie $W = W(H)$ der Dipole im Feld ausgehen (sie ist für beliebig hohe Felder berechenbar). Dann ist

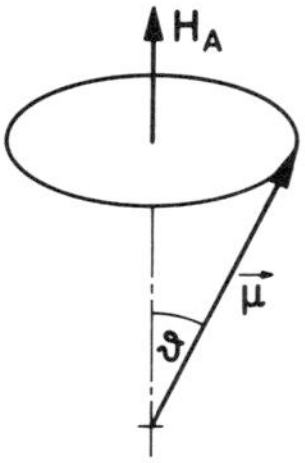

Fig. 31: Präzessionsbewegung des magnet. Momentes um die Feldrichtung

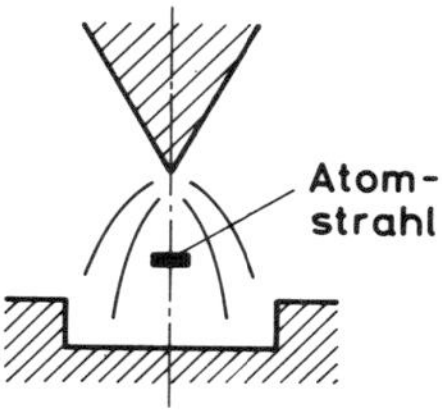

Fig. 32: Polschuhform zur Erzielung einer Inhomogenität (ältere Form). Der Atomstrahl bewegt sich senkrecht zur Zeichenebene

$$F = \frac{\partial W}{\partial z} = \frac{\partial W}{\partial H}\,\frac{\partial W}{\partial z}\ ; \qquad \text{also} \qquad \mu_{eff} = \frac{\partial W}{\partial H}\ .$$

Die Quantenmechanik gibt den Ausdruck [1)]

$$W(H) = W_{F=I\pm 1/2,m_F}(H) = -\frac{\delta W_o}{2(2I+1)} + \mu_K g_I m_F H \pm \frac{1}{2}\,\delta W_o \sqrt{1+\frac{4m_F x}{2I+1}+x^2}$$

mit

$$x = \frac{1}{\delta W_o}(g_J\mu_B - g_I\mu_K)H \;.$$

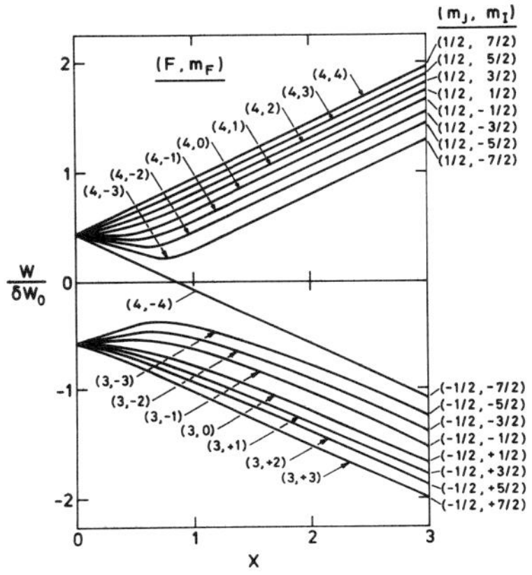

Fig. 33: Magnetische Energie des Nuklids ^{133}Cs im Magnetfeld ($x \sim H$)

Die Fig.33 enthält die Verläufe von $W/\delta W_o$ für ^{133}Cs als Funktion von x. Nur bei kleinem Feld H ($x \ll 1$) hat man Zeeman-Effekt mit $W \sim H$ (Ausnahme $(F_L m_F) = (4,4)$ und $(4,-4)$). Bei größeren Feldern werden Kern und Hülle entkoppelt (Paschen-Back-Effekt), und die Kern- und Hüllenmomente stellen sich unabhängig voneinander ins Feld ein. D.h. bei hohen Feldstärken präzedieren Hüllen- und Kernmomente unabhängig voneinander um die Feldrichtung. Die Präzessionsfrequenz ist nur für kleine und große Feldstärken als Larmor-Frequenz angebbar und ist dann $\nu_L = \Delta W/h$, wenn ΔW der Energie-Unterschied benachbarter Zustände im Feld ist. Die Größe ΔW ist aus Fig.33 ablesbar.

Aus Fig.33 erkennt man die Bedeutung der Vorschrift, nur die Übergänge zu $m_F = 0$ zu nehmen: In diesem Fall ist die Übergangsfrequenz nur sehr wenig von einer kleinen äußeren Feldstärke, also auch nur wenig von Störfeldern abhängig. Es gilt bei ^{133}Cs $\nu = 9{,}19\cdots \text{GHz} + 6{,}77\cdot 10^{-2}$ Hz $(H/Am^{-1})^2 = 9{,}19\cdots \text{GHz} + 427$ Hz $(H/Oe)^2$, und im Feldbereich C, der der wesentliche ist, wird $H \approx 4$ A/m ≈ 50 mOe gewählt [2)]. Dieses Feld ist noch deutlich kleiner als das erdmagnetische Feld, daher muß es sorgfältig abgeschirmt werden.

Gemäß $\mu_{eff} = \partial W/\partial H$ entnimmt man aus Fig.33 das magnetische Moment, das jetzt eine Funktion der Feldstärke H ist. Überall dort, wo in W(H) eine horizontale Tangente auftritt, verschwindet das magnetische Moment. Die Verläufe von μ_{eff} enthält die Fig.34.

---

1) H. Kopfermann, a.a.O., nach Zusammenfassung der Formeln (5,19) und (5,19b).

2) R.E. Beehler und Mitarb., a.a.O.

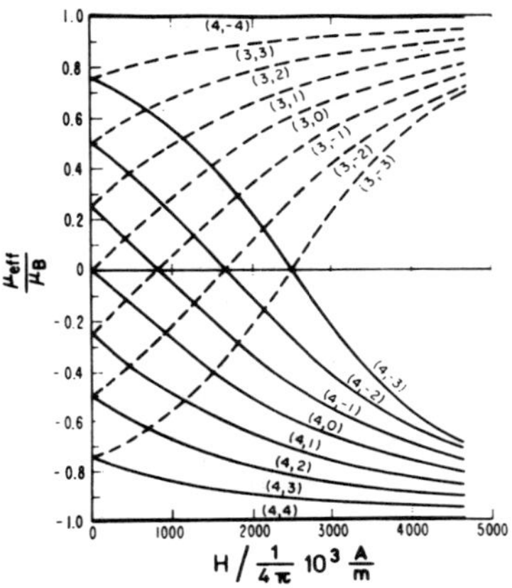

Fig. 34: Effektives magnet. Moment für ^{133}Cs ($I = 7/2$, $J = 1/2$). Zahlenwerte in Klammern: F und m_F

Wir kommen damit zum <u>zweiten Teil der Feldwirkung auf die magnetischen Dipole</u>, also die Atome in den Feldbereichen. Im Bereich A erfahren die Atome eine ablenkende Kraft, die Bahnen werden im Feld parabelförmig gekrümmt, s. Fig. 29). Die dort gekennzeichneten Teilchenbahnen sind solche, bei denen Größe und Vorzeichen des magnet. Momentes, sowie Geschwindigkeit und Richtung der Atome zusammenpassen: Diese Atome erreichen den Kollimator-Spalt D. In aller Regel ist H_A ein "großes Feld". Dementsprechend sind die effektiven magnet. Momente in Fig. 34 bei $H_A > 3 \cdot 10^5 \frac{A}{m}$ zu entnehmen: Dort sind alle magnet. Momente der Konfigurationen $F = 3$, $m_F = -3, \cdots, +3$ positiv, während sie für $F = 4$, $m_F = 4, \cdots, -3$ negativ sind. Bei $F = 4$, $m_F = -4$ wird wieder ein positiver Wert erhalten. Es folgt, daß in A diese Gruppierungen alle im Bereich oberhalb bzw. unterhalb von der Mittelachse laufen. Ein schwaches Feld in C sorgt für die Aufrechterhaltung der Dipolorientierung, so daß jetzt in den Bereich B eine wohlsortierte Gesamtheit von Teilchen einläuft. Man wählt (für die hier vorliegende Aufgabe) $\partial H/\partial z$ mit gleicher Orientierung wie in A, also werden alle Teilchen aus dem Strahl eliminiert, denn sie haben die falsche Richtung der vertikalen Geschwindigkeitskomponente. Es werden nur solche Teilchen den Auffänger erreichen, bei denen ein Wechsel der Dipolorientierung im Bereich C vorgenommen worden ist, und das wird wie folgt bewerkstelligt.

Im Bereich C ist ein schwaches homogenes Magnetfeld, die Teilchenbahnen sind dort geradlinig, jedoch präzedieren die Momente, je nach Feldgröße, um die Richtung von H_C. Man schaltet nun einen kleinen elektrischen Zusatzkreis ein, der als wesentlichen Bauteil eine kleine Rahmenantenne enthält und damit ein magnetisches Wechselfeld H_1 mit der Frequenz ν_1 liefert, das senkrecht zu H_C orientiert ist. Es kann in zwei zirkulare Felder zerlegt werden, und ihre Wirkung ist die folgende [1] (s. Fig.35):

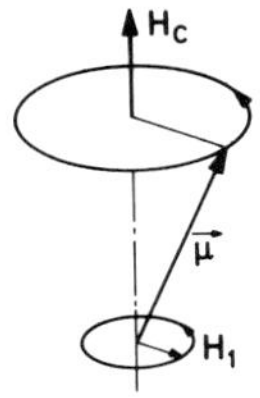

Fig. 35: Zur kernmagnet. Resonanz

Das Feld erzeugt ein zusätzliches Drehmoment $\vec{\mu} \times \vec{H}_1$, und dieses kann in Resonanz gebracht werden, indem man die Frequenz ν_1 gleich der Präzessionsfrequenz macht. Es läuft dann synchron mit $\vec{\mu}$ und ist, klassisch gesprochen, dazu in der Lage, $\vec{\mu}$ ins Feld hineinzudrehen, also μ_{eff} zu ändern. Wir benötigen hier die quantenmechanische Betrachtungsweise. Sie besagt, daß mit Einstrahlung der Resonanzfrequenz, gegeben durch $\nu_1=\delta W_0/h=9{,}19$ GHz Übergänge erfolgen, und zwar hier von $(F,m_F) = (4,0)$ zu $(3,0)$ und umgekehrt. Hin- und Her-Prozesse sind hier erwünscht, weil sie die Atome jetzt mit den jeweils richtigen Momenten versehen (s. Fig.34, kleine Felder), damit wieder Kombinationen von Teilchengeschwindigkeit und magnet. Moment auftreten, die im Bereich B zur Fokussierung in den Detektor führen.

Praktisch verfährt man dabei so: Man moduliert die Frequenz ν_1 mit einer niedrigeren und durchfährt die Resonanz periodisch. Das Ausgangssignal ist der Strom des Detektors, abhängig von der Modulationsfrequenz. Die Fig.36 stellt ein solches Meßresultat dar. Wenn man sich nochmals vergegenwärtigt, wie der Erfolg der Resonanzabsorption zustande kam, obwohl die Besetzung der Anfangszustände doch zunächst völlig gleich war, so sieht man, daß mit dem 1. Teil der Atomstrahl-Apparatur ein geeignetes Ensemble von Teilchen ausgesucht wurde. Es waren solche Teilchen, bei denen Geschwindigkeit und magnet. Moment in gewisser Weise einander zugeordnet waren. In diesem Ensemble wurde dann ein Prüffeld ange-

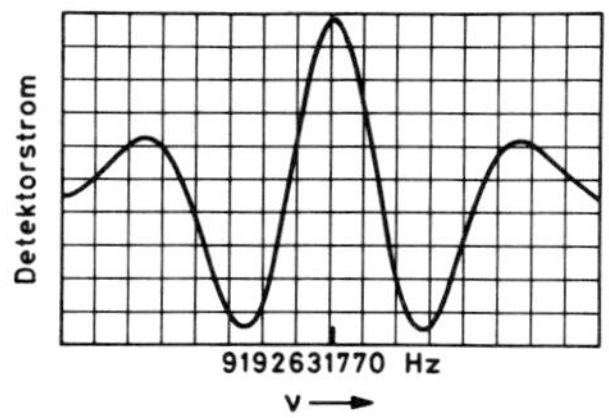

Fig. 36: Resonanzsignal der Atomstrahl-Apparatur von Fig.29

1) Ähnlich wie bei der kernmagnetischen Resonanzmethode.

wandt (elektromagnetisches Feld H_1) und mit ihm die Resonanz aufgesucht.

In der Einrichtung nach Fig.29 ist noch eine besonders geistreiche Vorrichtung eingebaut worden, nämlich zwei phasenstarr gekoppelte H_1-Feldbereiche. Dies führt dazu, daß die Resonanz besonders scharf wird [1].

An der atomphysikalischen Realisierung der Zeiteinheit wird z.Zt. in einer ganzen Reihe von Laboratorien gearbeitet. Für stationäre Einrichtungen nimmt man C-Felder bis zu 3 m Länge. Man hat aber auch transportable Einrichtungen gebaut und kann damit an verschiedenen Orten direkte Vergleiche von Atomuhren vornehmen.

Experimentell wird die hohe Frequenz so hergestellt, daß man von einem Quarzoszillator ausgeht und durch Vervielfachung die Resonanzfrequenz herstellt. Im Grunde hat man mit Feststellung der Resonanzfrequenz den Quarz-Oszillator kalibriert. Diesem werden übliche Uhren über Untersetzer angeschlossen. Da die Cäsium-Apparaturen nicht beliebig lange in Betrieb gehalten werden können, so wird in praxi nur alle 1 bis 10 Tage die Quarzuhr mit dem Frequenz-Standard verglichen.

Die Einstellung der Resonanz, und damit die Definition der Resonanzfrequenz, kann heute mit einer relativen Genauigkeit von $1 \cdot 10^{-11}$ vorgenommen werden. Die Frage der Definition der Atom-Zeitskala ist immer noch in Diskussion. Bisher werden von verschiedenen Radiostationen Zeitsignale verbreitet, die von nationalen Instituten für Einheiten bestimmt werden. In der BRD werden die Radiosignale von der Physikalisch-Technischen-Bundesanstalt und dem Deutschen Hydrografischen Institut gegeben. Die Ungenauigkeit der übermittelten Zeitskala liegt bei 10^{-6}s.

Es gibt noch zwei andere Atomuhren, die ernsthaft in Konkurrenz mit der ^{133}Cs Uhr stehen. Sie haben bisher noch nicht zu der hohen Stabilität geführt, die bei ^{133}Cs erreicht wurde. Es handelt sich um einen HFS-Übergang in ^{87}Rb und um den schon 1960 von Ramsey angegebenen Wasserstoff-Maser (ebenfalls beim HFS-Übergang des Grundzustandes, 1,420405 GHz). Durch Wechselwirkung der Atome mit der Wand oder mit etwa verwendetem Puffergas kamen bisher im-

---

1) N. Ramsey, Molecular Beams, Oxford 1963

mer kleine Frequenzverschiebungen zustande, die nicht ausreichend vermindert werden konnten. Da aber mit der Weiterentwicklung des Lasers noch ein weites Feld offensteht, ist damit zu rechnen, daß in der nahen Zukunft viele vergleichbar genaue Atomuhren zur Verfügung stehen.

7 Die Realisierung der Masseneinheit

7.1 Masse und Kraft

Die Masse tritt erstmals in dem Teilgebiet der Mechanik auf, das Dynamik genannt wird. Sie bestimmt den quantitativen Zusammenhang zwischen Kraft und Beschleunigung (allgemeiner zwischen Kraft und Bewegungsgröße, jedoch brauchen wir hier auf die (relativistische) Veränderlichkeit der Masse bei wachsender Geschwindigkeit oder auf die Massenänderung beim Raketenantrieb nicht einzugehen). Nach dem 2. Newton'schen Axiom ist die Kraft $\vec{F}$ mit der Beschleunigung $\vec{a}$ (= $\ddot{\vec{r}}$) verbunden durch

(1) $$\vec{F} = m\,\vec{a}\,, \quad \text{bzw.} \quad \vec{F} = \frac{d}{dt}\,(m\vec{v})\,,$$

worin m die "Masse" ist. Die Beziehung besagt einerseits, daß bei Wegfall der Kraft ($\vec{F} = 0$) ein Körper sich mit der Beschleunigung null, also gleichförmig geradlinig bewegt ($\vec{v}$ = konst.), andererseits bei Wirkung einer Kraft die Geschwindigkeit nicht plötzlich geändert wird, sondern die zeitliche Veränderung von $\vec{v}$ einer strengen Gesetzmäßigkeit folgt: $d\vec{v}/dt = \vec{F}/m$, und dabei die Masse m eine dem Körper zukommende Eigenschaft ist. Die Gleichung (1) wird benutzt, um entweder nach Definition einer Einheit der Masse die Krafteinheit oder um nach Definition einer Einheit der Kraft die Masseneinheit festzulegen. Beide Wege sind gegangen worden.

Entsprechend unserer Bezeichnungsweise in Ziffer 3 (S.20) erhält man im ersten Fall ein Einheitensystem der Mechanik mit der Basis {Länge, Masse, Zeit} = {lmt}, im zweiten Fall mit der Basis {lFt}, wenn F die Kraft bedeutet. Völlig äquivalent zur {lmt}-wäre auch eine {lWt}-Basis (W die Energie), wie sich anhand der Überlegungen von Ziffer 3 leicht zeigen läßt, wenn man W mit ml^2t^{-2} identifiziert. Im SI-System ist die Einheit der Masse

1 Kilogramm. Dementsprechend hat man das Größensystem der Mechanik auch mit MKS-System bezeichnet. In der theoretischen Physik wird auch heute noch gerne das cm-Gramm-Sekunde-System benutzt, wohlbekannt als cgs-System. Es sollte jedoch durch das SI-System ersetzt werden.- Die {1Ft}-Basis führt mit der Krafteinheit ein Kilopond (1 kp) zum Technischen Maßsystem.

Die Masse ist die einzige Grundeinheit, die an die Existenz eines künstlich geschaffenen materiellen Prototyps gebunden ist, den man frei wählen kann und für den kein Versuch gemacht worden ist, einen "unveränderlichen" Prototyp zu schaffen. Dennoch hat man darauf geachtet, daß der Prototyp leicht darstellbar ist. Der Massenprototyp 1 kg ist ein im Bureau International des Poids et Mesures (BIPM) in Sèvres bei Paris aufbewahrter Zylinder von ca. 39 mm Durchmesser und gleich großer Höhe aus einer Legierung von 90 Teilen Platin und 10 Teilen Iridium. Die gewählte Legierung bürgt für Beständigkeit, Homogenität und besitzt gute Oberflächenpolierbarkeit (ist also leicht zu reinigen), hat wegen der hohen Dichte (21,5 gcm^{-3}) jedoch den Nachteil, daß kleine Abriebe schon zu großen Massenänderungen führen [1].

Der Massenprototyp sollte ursprünglich eine Masse haben, die gleich derjenigen von 1 dm^3 Wasser bei seinem Dichtemaximum (3,98°C) unter dem Druck von 1 phys. Atmosphäre (= 101325 Pa = 760 Torr) ist. Die Dichte wurde aber dann zu 0,999972 gcm^{-3} gemessen, d.h. der Massenprototyp ist um 28 µg zu groß geraten. Das hat auch eine Konsequenz für die Definition der Volumeneinheit, wenn man diese als unabhängige Einheit einführt. Im SI ist die Volumeneinheit eine abgeleitete Einheit: 1 $m^3 = (1\ m)^3$. Man kann aber auch, nachdem einmal der Massenprototyp vorliegt, die Volumenheit 1 ml (1 Milli-Liter) als neue Volumeneinheit definieren, nämlich als Volumen, das von 1,000 g Wasser beim Dichtemaximum unter dem Druck von 1 phys. Atmosphäre eingenommen wird, also

$$1\ ml = \frac{1g}{0{,}999972\ gcm^{-3}} = 1{,}000028\ cm^3 .$$

Diese Volumeneinheit ist eine inkohärente Einheit, weil der Umrechnungsfaktor nicht 1 ist. Die kohärente gesetzliche Einheit ist 1 Liter = 1 dm^3.

Bei der Festlegung des Massenprototyps wurden mehrere Exemplare hergestellt. Durch ein ausgeklügeltes Vergleichsverfahren soll eine Konstanz der Definition von 1 kg auf den Bruchteil 10^{-8}

[1] Sekundäre Standards werden aus Stahl oder Messing gefertigt (Dichte ca. 8 gcm^{-3}).

in mehreren tausend Jahren gewährleistet sein. Die Bundesrepublik Deutschland besitzt den Prototyp Nr. 52. Vergleiche mit dem Standard im BIPM ergaben 1953 den Wert 1 kg + 152 µg, im Jahr 1974 den Wert 1 kg + 187 µg. Man muß also wohl mit Schwankungen von 25 µg rechnen, was einer relativen Genauigkeit von $2{,}5 \cdot 10^{-8}$ entspricht.

Mit der Definition der Masseneinheit ist die kohärente Definition der <u>Krafteinheit</u> das <u>Newton</u>,

$$1\ \mathrm{N} = 1\ \mathrm{kg} \cdot 1\ \mathrm{m\,s^{-2}} = 1\ \mathrm{kg\,m\,s^{-2}}\ .$$

Die Dimension ist dim F = Länge·Masse·Zeit^{-2}. Unmittelbar angeschlossen ist die kohärente Energieeinheit

$$1\ \mathrm{Joule} = 1\ \mathrm{J} = 1\ \mathrm{Nm}\ .$$

Die im <u>technischen Maßsystem</u> definierte Krafteinheit 1 kp ist an die Gravitationskraft im Schwerefeld der Erde angepaßt. Die Gravitationskraft ist (s. auch S.16) außerhalb der Erde

$$(2) \qquad F = m\gamma \frac{m_\oplus}{R^2} = mg\ ,$$

wobei $m_\oplus$ die Erdmasse, R der Abstand vom Erdmittelpunkt, m die "Probemasse" und g (= F/m) die Gravitationsfeldstärke ist (Einheit 1 ms^{-2}, Dimension Länge·Zeit^{-2}). Da die Erde keine Kugel sondern an den Polen abgeplattet ist, nimmt die Gravitationsfeldstärke an der Erdoberfläche systematisch vom Äquator zu den Polen hin zu, ist also abhängig von der geographischen Breite (s. unten). Die Krafteinheit muß also für einen bestimmten Ort definiert werden. Dem entspricht die Einführung der Normbeschleunigung

$$g_n = 9{,}80665\ \mathrm{m\,s^{-2}}\ ,$$

und damit ist die Krafteinheit 1 kp definierbar durch die Kraft, die auf das in Sèvres deponierte Materiestück aufgrund der Normbeschleunigung ausgeübt wird. Diese Krafteinheit ist im Technischen Maßsystem eine Basiseinheit. Würde man im SI bleiben wollen und 1 kp nur als neuen Namen für 9,80665 kg ms^{-2} = 9,80665 N nehmen, dann wäre 1 kp inkohärent im SI gebildet. Die veraltete technische Masseneinheit 1 hyl ist im Technischen Maßsystem kohärent gebildet (1 hyl = 1 kp/1 ms^{-2}), jedoch gilt dann auch

$$1\ \text{hyl} = \frac{1\ \text{kp}}{1\text{ms}^{-2}} = 9{,}80665\ \frac{\text{kg ms}^{-2}}{1\ \text{ms}^{-2}} = 9{,}80665\ \text{kg}\ .$$

Bezüglich des SI wäre damit 1 hyl inkohärent gebildet.

Die systematische Änderung der Gravitationsfeldstärke an der Erdoberfläche beim Übergang vom Äquator zum Pol ist durch die Erdgestalt und durch die Drehgeschwindigkeit (Zentrifugalkraft!) der Erde bestimmt. Die Erde ist in guter Näherung ein Rotationsellipsoid. Die große Halbachse (Äquatorradius) ist $a = 6378{,}388$ km, die kleine Halbachse (Abstand Erdmittelpunkt-Pol) $b = 6356{,}912$ km (Genauigkeit beider Werte ca. 50 m). Damit ist in $b = a(1-\alpha)$ die Größe $\alpha \triangleq 1/297$. Man hat für die Abhängigkeit der Gravitationsfeldstärke von der geographischen Breite β die Formel gefunden

$$(3)\qquad g_0 = 9{,}78049(1 + 0{,}0052884\ \sin^2\beta - 0{,}0000059\ \sin^2\beta)\frac{\text{m}}{\text{s}^2}\ .$$

Dabei ist g_0 die sogenannte "Schwere in Meeresniveau". Das soll heißen, daß man die Erde durch ein Ellipsoid homogener und glatter Oberfläche ersetzt denkt. Bei $\beta = 45^o$ ergäbe sich so $g_0 = 9{,}80629$ ms^{-2} und unterscheidet sich damit ein wenig von der Normbeschleunigung. Die wahren Gravitationsfeldstärken gewinnt man unter Berücksichtigung des Höhenunterschiedes des Beobachtungsortes und unter Berücksichtigung der "Gesteinsplatte" unter dem Beobachtungsort. Das geschieht so: Wir denken uns die Erde als Kugel. Dann ist die Höhenänderung der Gravitationsfeldstärke

$$\frac{\partial g}{\partial h} = \left.\frac{\partial g}{\partial r}\right|_{r = R_\oplus} = -2\gamma\ \frac{m_\oplus}{R_\oplus^3} = -\frac{2}{R_\oplus}\ g(R_\oplus)\ ,$$

also

$$\frac{\partial g}{\partial h} = -3{,}086\cdot 10^{-6}\ \frac{\text{m}}{\text{s}^2}\ \frac{1}{\text{m}}\ .$$

Multiplikation mit h ergibt den "korrigierten Luftwert" von g. Die Korrektur um die Gesteinsplatte ist ein weiterer additiver Term $2\pi\gamma\rho h$, die sog. Bouguer-Korrektur mit $2\pi\gamma = 0{,}419\cdot 10^{-9}\ \text{m}^3/\text{kg s}^2$ (ρ mittlere Dichte der Erdkruste am Beobachtungsort). Experimentell findet man für $\partial g/\partial h$ an der Erdoberfläche Werte zwischen 2,5 und $3{,}5\cdot 10^{-6}\ \text{ms}^{-2}/\text{m}$.

Neben dem Radialgradienten von g gibt es nach (3) auch einen Horizontalgradienten. In 1. Näherung ist

$$\left.\frac{\partial g}{r\partial\beta}\right|_{r = R_\oplus} = 9{,}78049\cdot 2\cdot 0{,}0052884\ \sin\beta\ \cos\beta\ \frac{1}{6{,}38\cdot 10^6\text{m}}\ \frac{\text{m}}{\text{s}^2}$$

Am Pol und am Äquator verschwindet die Größe, bei $\beta = 45^o$ ist

$$\left.\frac{\partial g}{r\partial\beta}\right|_{r = R_\oplus} (\beta = 45^o) \approx 10^{-8}\ \frac{\text{m}}{\text{s}^2}\ \frac{1}{\text{m}}\ .$$

In der Natur findet man Werte zwischen 0 und $1\cdot 10^{-8}\ \text{ms}^{-2}/\text{m}$. Diese Abschätzungen zeigen, daß die Variation von g sehr gut verstanden ist. Die Einführung einer Normbeschleunigung ist damit wohl begründet.

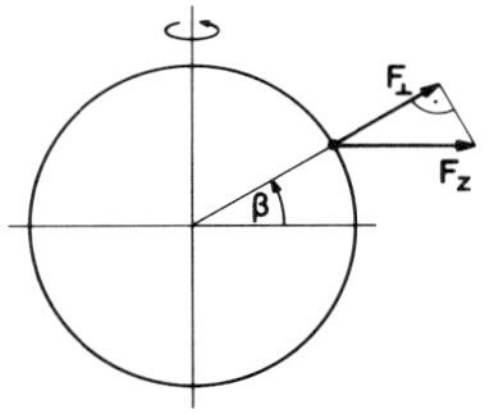

Fig. 37: Zur Berechnung des Zentrifugalbeitrags zur Gravitationsfeldstärke

Es bleibt noch ein Hinweis auf den Einfluß der Eigendrehung, die bekanntlich zu der Abplattung der Erdkugel geführt hat. Die Winkelgeschwindigkeit ist

$$\omega = \frac{2\pi}{86\,400}\ s^{-1}\ .$$

F_z ist parallel zur Äquatorebene gerichtet (Fig.37). Hier interessiert nur die Normalkomponente $F_\perp$ auf die (kugelförmig gedachte) Erdoberfläche. Die Zentrifugalkraft F_z einer im Abstand r mit der Winkelgeschwindigkeit ω und der Bahngeschwindigkeit $v = r\omega$ rotierenden Masse m ist $F_z = mv^2/r = mr\omega^2$. Also hier

$$\frac{F_\perp}{m} = \frac{F_z \cos\beta}{m} = \omega^2 R_\oplus \cos^2\beta = 3{,}36\cdot 10^{-2}\ \frac{m}{s^2}\ \cos^2\beta\ .$$

Der Unterschied der Werte am Äquator und Pol ist also $3{,}36\cdot 10^{-2}$ m/s^2. Die Formel (3) gibt für diesen Unterschied

$$\begin{aligned} g_o(\text{Pol}) - g_o(\text{Äquator}) &= 5{,}16\cdot 10^{-2}\ \frac{m}{s^2} \\ &= \Delta g_o(\text{Gravitation}) + \Delta g_o(\text{Zentrifugal}) \\ &= \Delta g_o(\text{Gravitation}) - 3{,}36\cdot 10^{-2}\ \frac{m}{s^2}\ . \end{aligned}$$

Daraus errechnet sich

$$\Delta g_o(\text{Gravitation}) = 8{,}52\cdot 10^{-2}\ \frac{m}{s^2}\ .$$

7.2 Gewicht, schwere und träge Masse

Im täglichen Leben wird das "Gewicht" in zweierlei Bedeutung gebraucht, nämlich einmal zur Angabe der Masse, zum zweiten zur Angabe der Kraft. Das Gewicht wird aber meist durch Vergleich mit Gewichtsstücken mittels einer Waage bestimmt. Das ist aber genau ein Massenvergleich, denn die Gewichtsstücke besitzen selbst Masse. Beim Gleichgewicht einer einfachen Hebelwaage ist

$$\text{Kraft} \times \text{Hebelarm}\,\big|_{\text{links}} = \text{Kraft} \times \text{Hebelarm}\,\big|_{\text{rechts}}\ .$$

Die Kraft wird durch das Schwerefeld hervorgerufen, also

$$m_l g L_l = m_r g L_r\ ,$$

oder

$$m_l = \frac{L_r}{L_l}\, m_r\ .$$

Das Verhältnis der Waagarme folgt aus dem Waagentyp, also wird tatsächlich ein Massenvergleich ausgeführt. Daher wird im SI unter Gewicht, Last, Belastung (z.B. bei Kränen) die Masse verstanden.

Präzisionsmessungen erfordern noch eine Auftriebskorrektur: Gewichtsstücke und Wägegut haben ein bestimmtes Volumen, aufgrund dessen zwei in der Regel verschiedene Auftriebskräfte in Luft wirken (Volumen × Dichte der Luft). Die Massenangabe auf den üblichen Gewichtsstücken ist schon die wahre Masse, es muß noch um den Auftrieb des Wägegutes korrigiert werden. Aus diesem Grunde hat man vorgeschlagen, Wägungen mit höchsten Ansprüchen an Genauigkeit im Vakuum auszuführen. Das bringt jedoch die Schwierigkeit mit sich, daß aus den Materialien gelöste Gase austreten und zu unkontrollierbaren Massenänderungen Anlaß geben könnten. Man bleibt daher grundsätzlich bei der Wägung in Luft.

Im Schwerefeld kann man jedoch auch die Gewichtskraft mit einer Federwaage vorzeigen. Sie ist $F_g = mg$. Diese Kraft ist, wie schon bemerkt wurde, auf der Erdoberfläche ortsabhängig, während die Masse m im Gültigkeitsbereich der nicht-relativistischen Mechanik eine unveränderliche Eigenschaft eines Körpers, bzw. auch eines atomaren Teilchens ist. Mit der Messung der Gravitationsfeldstärke g an der Erdoberfläche hat man sich vielfach befaßt, weil sie wichtig ist zur Bestimmung dynamischer Konstanten des Planetensystems. Hier interessiert uns insbesondere der Unterschied von schwerer und träger Masse. Die Einheit der (trägen) Masse ist im Zusammenhang mit der Beschleunigung definiert worden. Es ist nicht selbstverständlich, daß diese Eigenschaft eines Körpers auch diejenige ist, die im Gravitationsgesetz einzusetzen ist, welches die Gravitations-Wechselwirkung zweier Körper beschreibt. Man hat zu prüfen, ob die im Gravitationsgesetz auftretende schwere Masse identisch mit der trägen ist. Zur Überprüfung kann man Fallversuche heranziehen. Für den freien Fall gilt an der Erdoberfläche für zwei verschiedene Körper

$$m_{t_1} a_1 = \gamma \frac{m_E m_{s_1}}{R^2} , \quad m_{t_2} a_2 = \gamma \frac{m_E m_{s_2}}{R^2} ,$$

wobei die träge Masse mit m_t, die schwere Masse mit m_s bezeichnet wurde. Division beider Beziehungen liefert

$$\frac{m_{t_1} a_1}{m_{t_2} a_2} = \frac{m_{s_1}}{m_{s_2}} .$$

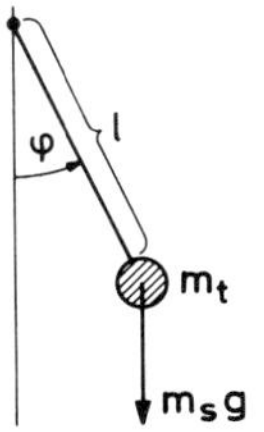

Fig. 38: Zur Ableitung der Pendelbewegung

Man findet $a_1 = a_2$, also gilt

$$\frac{m_{t_1}}{m_{s_1}} = \frac{m_{t_2}}{m_{s_2}} ,$$

d.h. träge und schwere Masse stehen in konstantem Verhältnis. Das ist schon von Newton in einem klassischen Pendelversuch überprüft worden.

Für die Beschleunigung der Pendelmasse gilt (s. Fig. 38)

$$m_t l\ddot{\varphi} = - m_s g \sin\varphi$$

und bei kleinen Ablenkwinkeln ($\sin\varphi \approx \varphi$),

$$m_t l\ddot{\varphi} = - m_s g\varphi .$$

Diese Differentialgleichung hat periodische Lösungen proportional zu $\sin\omega t$ oder $\cos\omega t$ (oder einer Linearkombination aus beiden), wobei die Kreisfrequenz

$$\omega = \sqrt{\frac{m_s}{m_t}\frac{g}{l}}$$ und damit die Schwingungsdauer

$$T = 2\pi\sqrt{\frac{l}{g}}\sqrt{\frac{m_t}{m_s}} .$$

Ob m_t/m_s konstant, oder gar =1 ist, hat Newton wie folgt geprüft (I. Newton, Principia, Berkeley, Calif. 1934): "But it has been long ago observed by others, that (allowance being made for the small resistance of the air) all bodies descended through equal spaces in equal times; and, by the help of pendulums, that equality of times may be distinguished to great exactness. ··· I tried the thing in gold, silver, lead, glass, sand, common salt, wood, water and wheat. I provided two equal wooden boxes. I filled the one with wood, and suspended an equal weight of gold (as exactly as I could) in the centre of oscillation of the other. The boxes, hung by equal threads of 11 feet, made a couple of pendulums perfectly equal in weight and figure, and equally exposed to the resistance of the air: and, placing the one by the other, I observed them to play together forwards and backwards for a long while, with equal vibrations. And therefore the quantity of matter in the gold was to the quantity of matter in the wood as the action of the motive force upon all the gold to the action of the same upon all the wood; that is, as the weight of the one to the weight of the other. ··· And by these experiments, in bodies of the same weight, could have discovered a difference of matter less than the thousandth part of the whole".

Der Vergleich von "Beschleunigungskräften" $m_t a$ mit der Schwerkraft $m_s g$ ist typisch für sämtliche Versuche, die Gleichheit von schwerer und träger Masse nachzuweisen. Darum hat sich

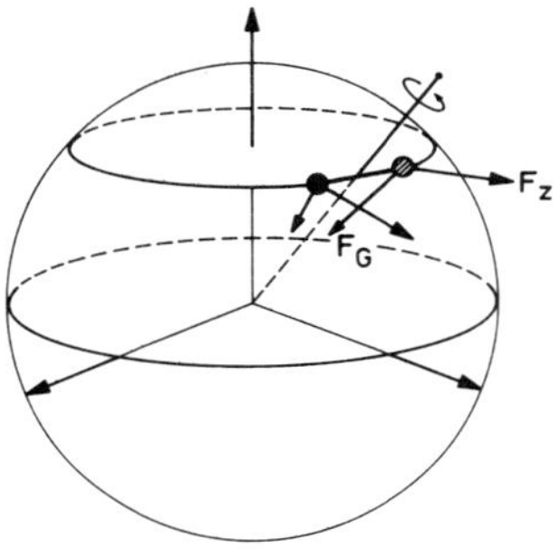

Fig. 39: Eötvös' Experiment zur Bestimmung von m_t/m_s

besonders R. Eötvös verdient gemacht. Von ihm stammen viele Messungen des Gradienten des Schwerefeldes, und mit einer seiner äußerst genauen Waagen maß er auch m_t/m_s. An der Erdoberfläche (z.B. bei 45° Breite) wird mit genauer W-O-Orientierung ein Torsionspendel aufgehängt (s. Fig.39), dessen beide Massen genau ausgewogen wurden, die jedoch aus verschiedenem Material bestehen. Auf jede der beiden Massen wirken gleiche Gravitationskräfte (zum Erdmittelpunkt gerichtet). Auf die beiden trägen Massen wirken die Zentrifugalkräfte horizontal (parallel zur Äquatorebene) und beide Kräfte haben eine Komponente parallel zur Erdoberfläche. Nur dann, wenn diese Kräfte gleich sind, also neben der Gleichheit der schweren Massen auch Gleichheit der trägen Massen besteht, wird das Torsionspendel nicht verdrillt. Beobachtung der Drillung erfolgt mit Spiegel und Lichtzeiger, Erhöhung der Genauigkeit durch Umlegen des Pendels von W-O nach O-W (Mitführung von Lampe und Spiegel). Eötvös verglich 8 verschiedene Materialien mit Platin. Er fand Übereinstimmung von m_t/m_s bis auf 10^{-8}. Neuere Ergebnisse ergaben Übereinstimmung auf 10^{-10}.

7.3 Stoffmenge

Vom Standpunkt der atomistischen Theorie vom Aufbau der Materie bietet sich noch eine andere Auffassung über die "Materiemenge" anstelle der Masse an. Eine Auffassung, die dadurch nahegelegt wird, daß eine Reihe von Phänomenen und Gesetzmäßigkeiten eine besonders einfache Beschreibung oder Formulierung erlauben, wenn man einen Bezug zur Teilchenzahl herstellt. Die Bedeutung der Teilchenzahl als solcher, ganz unabhängig von der Masse eines Teilchens, trat zuerst bei der Zustandsgleichung der (idealen) Gase auf, wo der Gasdruck p der einfachen Formel gehorcht $p = nkT$, (mit n gleich der Anzahl der Teilchen in der Volumeneinheit, k die Boltzmannkonstante, T die absolute oder thermodynamische Temperatur). Individuelle Teilcheneigenschaften sind dabei ohne Bedeutung. Ähnliches wird für den osmotischen Druck und die Dampfdruckerniedrigung von Lösungen gefunden. Man hat auch individuelle Materiedaten zu einer einzigen Zahlenangabe zusammenfassen können, wenn man sich auf die gleiche Materiemenge als gleicher Teilchenzahl bezog (Dulong-Petit'sche Regel über die Wärmekapazität fester Stoffe, Wärmekapazität idealer Gase). So hat schließlich die Stoffmenge, gemessen in mol, Aufnahme als Basisgröße in das SI gefunden.

Unter der Stoffmenge 1 mol versteht man diejenige Menge eines Stoffes, die genau so viel Teilchen enthält, wie in 12,000 g des Kohlenstoff-Nuklids ^{12}C enthalten sind [1]. Diese Anzahl, genannt Avogadro'sche Zahl [2], kann angegeben werden, wenn die Masse eines Atoms von ^{12}C bekannt ist, denn es ist

$$N_A = \frac{12{,}000 \text{ g/mol}}{\text{Masse von einem Atom } ^{12}C} .$$

Es ist dabei absichtlich offengelassen, daß bei Neumessungen der Atommasse [3] von ^{12}C dieser Zahlenwert sich ändern kann. Die Avogadro'sche Zahl erhält die Dimension Stoffmenge^{-1} und die Einheit mol^{-1}. Damit ist es möglich, die makroskopische Masse der Stoffmenge 1 mol in der Form anzugeben

$$M = N_A \cdot \text{Masse eines Atoms} = N_A m_a ,$$

mit

$$[M] = 1 \text{ g mol}^{-1} \text{ (oder 1 kg/kmol)} .$$

M ist die molare Masse. Der derzeitige Bestwert [4] von N_A ist

$$\boxed{N_A = (6{,}0220921 \pm 0{,}0000062)10^{23} \text{ mol}^{-1}}$$

---

1) Über "Nuklide", s. S.79

2) Besser: Avogadro'sche Konstante

3) Die Atommasse von ^{12}C wird nicht direkt gemessen. Sie hängt über die relative Atommasse (S.78) mit der Masse des Wasserstoff-Atoms zusammen und diese tritt in vielen atom- und kernphysikalischen Daten auf. Daher wird die Masse von ^{12}C bis heute stets in umfangreichen Berechnungen eines ganzen Netzes von atomaren und makroskopischen Naturkonstanten mit berechnet; siehe dazu das Zitat B.N. Taylor, et al., S.103

4) W.L. Bendel, Naval Research Laboratory, Memorandum Report 3213, Januar 1976

Liegt eine beliebige Materiemenge der Masse m vor (gemessen in kg oder g), dann kann man sofort die zugehörige Stoffmenge angeben,

$$\nu = \frac{N}{N_A} = \frac{m_a N}{m_a N_A} = \frac{m}{M} ,$$

mit

$$[\nu] = \frac{[m]}{[M]} = 1 \text{ mol} .$$

Individuelle Daten der Materie werden häufig als spezifische Größen angegeben: Es sind Daten, die auf die Masse bezogen sind. Z.B. ist das spezifische Volumen V/m, die spezifische Wärmekapazität Q/m, die spezifische Aktivität eines radioaktiven Strahlers $\dot{N}/m$, usw. Ganz entsprechend werden molare Größen eingeführt: Das sind Größen, die auf die Stoffmenge bezogen sind, also Molvolumen = Volumen pro mol, molare Wärmekapazität = Wärmekapazität pro mol, usw. Damit lautet z.B. die Zustandsgleichung der idealen Gase

$$p = nkT = \frac{N}{V} kT , \quad pV = \frac{N}{N_A} N_A kT ,$$

oder

$$pV = \frac{m}{M} RT = \nu RT ,$$

und

$$p \cdot \frac{V}{\nu} = RT , \quad pV_m = RT ,$$

mit $R = kN_A$ als universeller Gaskonstante und V_m als Molvolumen. Die letzte Beziehung ist die auf 1 mol bezogene Zustandsgleichung. Bei der Wärmekapazität gilt

$$c = \frac{Q}{m} , \quad C = \frac{Q}{\nu} = \frac{Q}{m} M = cM .$$

Für die Darstellung oder Realisierung der Stoffmengeneinheit 1 mol kann man nicht auf die Definitionsbeziehung für N_A zurückgreifen; auf die Atommasse kommen wir noch zurück. Es ist aber gelungen, aus makroskopischen Messungen an einem Si-Einkristall N_A zu bestimmen (R.D. Deslattes, A. Henins, H.A. Bowman, R.M. Schoonover, C.L. Carroll, I.L. Bames, L.A. Machlan, L.J. Moore, W.R. Shields, Phys.Rev.Lett. 33(1974)463). Grundsätzlich geht man wie folgt vor. Ist m die Masse eines Kristalls, V sein Volumen, dann ist die Dichte $\rho = m/V = Nm_a/V$, wenn m_a die Masse der Atome ist. Die Größe V/N ist in diesem Ausdruck das Volumen, das einem Atom zur Verfügung steht, und dieses folgt aus dem Aufbau des

Kristalls. Ist a die Kantenlänge der Einheitszelle, f die Anzahl der Atome pro Einheitszelle, dann ist das fragliche Volumen a^3/f, d.h. man hat die Beziehung

$$m_a = \frac{\rho a^3}{f} ,$$

und so folgt aus der Definition der Molmasse

$$N_A = \frac{Mf}{\rho a^3} .$$

Die Gitterkonstante kann man inzwischen mit einer relativen Meßunsicherheit von $0{,}3 \cdot 10^{-6}$ messen ($a = 543{,}106515$ pm bei 25°C), die Molmasse wird über das Molekulargewicht (siehe unten) massenspektrometrisch bestimmt (die Isotopenzusammensetzung muß gemessen werden), und auch die Dichtemessung konnte mit einer relativen Genauigkeit von $0{,}7 \cdot 10^{-6}$ vorgenommen werden. Damit gelang es, für die Avogadro'sche Konstante

$$N_A = 6{,}0220943 \cdot 10^{23}\ \mathrm{mol}^{-1}$$

(relative Unsicherheit $1{,}05 \cdot 10^{-6}$) anzugeben. Dieser Wert ist deutlich genauer als der bis 1969 gültige Bestwert (B.N. Taylor, et al., Fußnote 3, S.76) und hat Anlaß gegeben zur Neuberechnung einer Reihe von Naturkonstanten (s. Anhang III).

Die Masse der Atome ist sehr klein, ihre Präzisionsbestimmung schwierig. Dagegen ist es relativ einfach beim heutigen Stand der Meßtechnik, relative Atommassen zu messen. Das ist ein interessantes Beispiel dafür, daß es ein ganzes abgeschlossenes Gebiet (hier der relativen Atommassen) gibt, wo Präzisionsmessungen möglich sind, und sofort alle Absolutwerte (Vergleich mit der Masseneinheit 1 kg) bekannt sind, sobald auch nur ein Wert absolut angeschlossen ist. Man hat sich 1960 entschlossen, für diesen $\frac{1}{12}$ der Masse des Kohlenstoff-Atoms ^{12}C zu nehmen. Damit sind dann die relativen Atommassen (früher Atomgewichte genannt)

$$A_r = \frac{m_a}{\frac{1}{12} m(^{12}C)} = \frac{m_a N_A}{\frac{1}{12} m(^{12}C) N_A} = 12\ \frac{M_a}{M(^{12}C)} .$$

Es handelt sich um unbenannte (weil Verhältnis-)Zahlen. Zum Beispiel ist für ^{12}C selbst $A_r = 12 \cdot 12\mathrm{g\ mol}^{-1}/12\mathrm{g\ mol}^{-1} = 12$. Allgemein folgt, daß die molare Masse M_a für jeden Stoff angebbar ist, wenn die relative Atommasse bekannt ist (aus Tabellen)

$$M_a = A_r \frac{1}{12} M(^{12}C) = A_r \frac{g}{mol} .$$

Damit kann aus $\nu = m/M_a$ (S.77 oben) durch eine reine Wägung die Stoffmenge ermittelt werden.

Die wechselseitige Abhängigkeit von Atommasse und N_A sehen wir nochmals an der Definition der atomaren Masseneinheit

$$1 \text{ u} = \frac{1}{12} m(^{12}C) = \frac{1}{12} \frac{M(^{12}C)}{N_A} = \frac{1 \text{ g}}{6{,}0220921 \cdot 10^{23} \text{ mol}^{-1}}$$
$$= 1{,}6605525 \cdot 10^{-27} \text{ kg} .$$

Bei den sogenannten chemischen Elementen hat man gefunden, daß sie in der Regel nicht aus einer einzigen Atomart bestehen. Jedes einzelne Atom ist gekennzeichnet durch die Kernladungszahl Z (Ze ist die Ladung der Z im Kern enthaltenen Protonen) und die Neutronenzahl N im Kern ($A = N + Z$ ist die Massenzahl des Kerns). Die Zahl der Hüllenelektronen, die die Kernladung kompensiert, ist ebenfalls Z. Eine Atomart, gekennzeichnet durch Z und A, nennt man ein Nuklid. Ein chemisches Element enthält also in der Regel mehrere Nuklide. Für ein bestimmtes Element haben alle Nuklide das gleiche Z, können aber verschiedenes N haben (solche Nuklide nennt man Isotope, sie stehen an der gleichen Stelle im Periodischen System der Elemente). Es gibt aber auch Reinelemente, z.B. besteht Aluminium nur aus dem einen Nuklid mit $Z = 13$, $A = 27$ (also $N = 14$), wogegen das chemische Element Zinn aus 10 Isotopen besteht. Das Isotopen-Mischungsverhältnis ist für die irdischen Elemente praktisch konstant an allen Punkten der Erde. Abweichungen davon führen stets zur intensiven Suche nach der Ursache der Abweichung (geolog. Altersbestimmungen). Wegen der Konstanz des Isotopen-Mischungsverhältnisses hat es Sinn, ein mittleres Atomgewicht anzugeben. Man versteht darunter die relative mittlere Nuklidmasse des Elementes,

$$\bar{A}_r = \frac{\bar{m}_a}{\frac{1}{12}m(^{12}C)} = \frac{x_1 m_1 + x_2 m_2 + \cdots + x_n m_n}{x_1 + \cdots x_n} \frac{1}{\frac{1}{12}m(^{12}C)} ,$$

oder mit $\Sigma x_i = 1$

$$\bar{A}_r = x_1 A_{r_1} + \cdots + x_n A_{r_n} .$$

Beispiel: Element Zinn

$$\bar{A}_r = 0{,}0096\cdot 111{,}904835 + 0{,}0066\cdot 113{,}902773 + 0{,}0035\cdot 114{,}903346 + 0{,}1430\cdot 115{,}901745 + 0{,}0761\cdot 116{,}902959 + 0{,}2403\cdot 117{,}901606 + 0{,}0858\cdot 118{,}903314 + 0{,}3285\cdot 119{,}902199 + 0{,}0472\cdot 121{,}903442 + 0{,}0594\cdot 123{,}905272 = 118{,}7338$$

(Angabe in den Atomgewichtstabellen als Ergebnis direkter Messungen am natürlichen Isotopengemisch 118,69; die relative Abweichung von etwa $4\cdot 10^{-4}$ ist z.Zt. kaum vermeidbar wegen des Zusammenwirkens vieler kleiner Abweichungen der Häufigkeiten und Massen).

7.4 Das System der Atommassen [1)]

Die Atommassen bzw. Nuklidmassen haben mit dem Aufbau der Kerntechnik auch im technischen Bereich immer größere Bedeutung gewonnen. Im wesentlichen liegt dies daran, daß die relativistische Äquivalenz von Masse und Energie, $E = mc^2$, es erlaubt, Energie und Masse nebeneinander zu gebrauchen. Insbesondere ist die bei einer Energie-Erzeugungsreaktion gewinnbare Energie durch die Massen der beteiligten Teilchen bestimmt. Auf der anderen Seite kann man aus der Messung von Energien auch Massen bestimmen.

Wie schon oben angegeben, werden die Nuklide durch Kernladungszahl Z und Massenzahl A (= Z + N) gekennzeichnet. Die Zahlen Z, A und N sind ganze Zahlen. Die relativen Nuklidmassen erweisen sich (das war einer der wesentlichen Befunde über den Aufbau der Atomkerne) als fast ganzzahlig. Man nennt

$$\Delta = (A_r - A)u$$

den Massenüberschuß des Nuklids (mass-excess). Die Bindungsenergie eines Nuklids (im wesentlichen diejenige des Kerns) folgt aus dem Vergleich der Masse des fertigen Nuklids mit derjenigen der Summe seiner Bausteine (auch Massendefekt genannt: Die Bindungsenergie ist das Produkt von Massendefekt und c^2). Die Messung der

---

1) J. Mattauch, Maßeinheiten für Atomgewichte und Nuklidmassen, Z.Naturf. 13a(1958)572

Nuklidmassen (und damit der Massenüberschüsse) geschieht mit den Massenspektrografen. Das sind Geräte, in denen ein elektrisch geladenes Ion in einem Magnetfeld und/oder einem elektrischen Feld eine bestimmte Bahn durchlaufen muß, wenn es den Auffänger erreichen soll. Aus den Bahndaten folgt die Ionenmasse (es müssen dafür die übrigen Bestimmungsstücke wie Ionenladung, Ionengeschwindigkeit bzw. Energie natürlich bekannt sein). Die für Atomphysik und Kernphysik wichtigste Beobachtung ist, daß man mit solchen Geräten vor allem einen sehr genauen Massenvergleich ausführen kann und damit gerade die Massenüberschüsse sehr genau bestimmen kann. Man muß dann allerdings für ein bestimmtes Nuklid festlegen, daß sein Massenüberschuß null sei, also für dieses $A_r = A$ gelten soll. Weiter oben haben wir schon die heute akzeptierte Annahme benutzt, daß man diese Festlegung für das Nuklid ^{12}C getroffen hat. Wir erläutern das Verfahren an einem Beispiel (den sogenannten Grunddubletts). In der Bildebene eines Massenspektrografen [1] haben die Massendifferenzen (anstelle der Massen sind die chemischen Symbole geschrieben)

$$^{12}C\,^1H_4^+ - {}^{16}O^+ = 36{,}385\cdot 10^{-3}u$$

$$^2H_3^+ - \frac{1}{2}\,{}^{12}C^{++} = 42{,}306\cdot 10^{-3}u$$

$$^1H_2^+ - {}^2H^+ = 1{,}548\cdot 10^{-3}u$$

ergeben. Wir setzen darin ein $\Delta = (A_r - A)u$, und zwar: $^{12}C \mathrel{\hat=} 12u\,(\Delta = 0)$, $^1H \mathrel{\hat=} 1u + \Delta_H$, $^2H \mathrel{\hat=} 2u + \Delta_D$, $^{16}O \mathrel{\hat=} 16u + \Delta_O$ und erhalten

$$\left.\begin{aligned} 0 + 4\Delta_H - \Delta_O &= 0{,}036385u \\ 3\Delta_D - 0 &= 0{,}042306u \\ 2\Delta_H - \Delta_D &= 0{,}001548u \end{aligned}\right\} \quad \begin{aligned} \Delta_D &= 0{,}014102u \\ \Delta_H &= 0{,}007825u \\ \Delta_O &= -0{,}005085u \;, \end{aligned}$$

und damit

$$m(^1H) = 1{,}007825u, \quad m(D) = 2{,}014102u, \quad m(^{16}O) = 15{,}994915u \;.$$

Man sieht, daß man die relativen Nuklidmassen sehr genau bestimmen kann. Ursprünglich wurde als Anpassungs- und Bezugspunkt nicht das Nuklid ^{12}C genommen, vielmehr hatte man zwei verschie-

---

1) Es ist dabei an einen magnetischen Spektrografen gedacht, in welchem die Teilchenbahn in der Hauptsache durch e/m (Ionenladung durch Ionenmasse) bestimmt ist.

dene Bezugspunkte. Die Chemiker benutzten bei ihren Atomgewichtsbestimmungen als Bezugsmasse die mittlere Masse des chemischen Elementes Sauerstoff, während die Physiker die Masse des Sauerstoff-Nuklids ^{16}O benutzten. Der Umrechnungsfaktor zwischen beiden Systemen war insbesondere deswegen lästig, weil alle spezifischen Größen (bezogen auf die Molmasse) umgerechnet werden mußten. Im Jahre 1960 hat sich die Bezugsmasse ^{12}C dann durchsetzen lassen. Das hatte verschiedene Gründe, wohl der wichtigste ist, daß Kohlenstoff eine ungeheure Zahl von chemischen Verbindungen eingeht, durch welche ein präziser Bezug auch schwerer Nuklidmassen auf ^{12}C möglich wurde (siehe den Bericht von J. Mattauch).

Die massenspektrografische Methode war anfangs die genaueste. Später kamen Präzisionsmessungen von Energietönungen von Kernreaktionen hinzu. Bei einer Kernreaktion trifft ein Teilchen a (Masse m_a) mit der kinetischen Energie E_a auf ein Teilchen A (m_A, E_A), und es entsteht (selten) eine Kernreaktion, d.h. aus a und A entstehen neue Kerne b (m_b, E_b) und B (m_B, E_B), die letztlich eine Neugruppierung der Gesamtzahl der Protonen und Neutronen bedeuten. Anwendung des relativistischen Energiesatzes liefert

$$m_a c^2 + E_a + m_A c^2 + E_A = m_b c^2 + E_b + m_B c^2 + E_B$$

$$(m_a + m_A) c^2 - (m_b + m_B) c^2 = E_b + E_B - (E_a - E_B) = Q.$$

Durch diese Beziehung wird die Energietönung Q definiert, und zwar entweder aus den kinetischen Energien oder aus den beteiligten Nuklidmassen. Die Beziehung kann unter Verwendung der oben definierten Massen-Überschüsse umgeschrieben werden in

$$(\Delta_a + \Delta_A) c^2 - (\Delta_b + \Delta_B) c^2 = Q .$$

Heute hat man ein vielfältig verkoppeltes System von Q-Werten und Massen, außerdem von Zerfallsenergien der radioaktiven Zerfälle und kann damit mittels großer Rechenanlagen ein widerspruchsfreies System von Nuklidmassen berechnen [1)].

---

1) Die Daten einer letzten Rechnung, deren Ergebnisse häufig benutzt werden: J.H.E. Mattauch, W. Thiele, A.H. Wapstra, Nucl.Phys. 67(1965)1.

8 Realisierung der Einheit der elektrischen Stromstärke

Mit der Erforschung der elektrischen und magnetischen Phänomene und durch die aufkommende Elektrotechnik mit einem sich schnell ausweitenden Anwendungsbereich, wurde die messende Naturwissenschaft und Technik vor ganz neue Probleme gestellt. Die fundamentalen Wechselwirkungen zweier elektrischer Ladungen, Magnete oder elektrischer Ströme (Coulomb'sches Gesetz 1785; Ampère, 1820) brachten nur eine einzige Verbindung zu Bekanntem, nämlich zu der in der Mechanik definierten Kraft. So einfach und einleuchtend es war, die Einheit der neuen Größe "Ladung" aus dem Coulomb'schen Gesetz zu definieren, so viel Schwierigkeiten hat dieser Weg für die Aufstellung eines Einheitensystems der Mechanik und des Elektromagnetismus mit sich gebracht. Sie sind erst jetzt - zu jedermanns Nutzen - durch das SI aufgelöst worden. Die lange währende Auseinandersetzung gerade um diesen Teil unseres Einheitensystems hat natürlich dennoch zur Klärung der Begriffe beigetragen, insbesondere auch zur Erkenntnis, daß man sehr wohl besondere abgeschlossene Systeme schaffen kann, mit denen in Teilbereichen perfekt umgegangen werden kann, die dann aber an bestimmten Nahtstellen **eine** Verbindung zu anderen Systemen bekommen müssen. So wird auch heute noch in der theoretischen Physik häufig in der Elektrodynamik mit dem cgs-System gerechnet, und damit auch eine bestimmte Auffassung über die Gleichwertigkeit der Größen $\vec{E}$ (elektrische Feldstärke) und $\vec{D}$ (dielektrische Verschiebung) (ebenso von $\vec{H}$ und $\vec{B}$) verknüpft. Das SI hat demgegenüber ganz eindeutig einer Beschreibungsweise den Vorzug gegeben, die die Konstanten ε_0 (Influenzkonstante) und μ_0 (Induktionskonstante) enthält. Es ist dennoch von Interesse, kurz auf die cgs-Einheiten einzugehen, weil sie deutlich werden lassen, wo die entscheidende Veränderung erfolgt ist. Es sei jedoch betont, daß das SI ganz ohne diesen Rückgriff auf das cgs-System auskommt.

8.1 cgs-System des Elektromagnetismus

Schreibt man das Coulomb'sche Gesetz der Kraftwirkung zwischen zwei Punktladungen Q_1 und Q_2 in der Form

$$(1) \quad F = \frac{Q_1 Q_2}{r^2} \quad ,$$

dann wird die elektrostatische Ladungseinheit $Q_1 = Q_2 = 1$ eLE dadurch definiert, daß bei 1 cm Abstand die Kraft 1 dyn = 1 $gcms^{-2}$ (= 10^{-5} N) ausgeübt werden soll. Es folgt

$$\dim Q = \text{Masse}^{1/2} \cdot \text{Länge}^{3/2} \cdot \text{Zeit}^{-1} ,$$

und im cgs-System ist 1 eLE = 1 $g^{1/2}\ cm^{3/2}\ s^{-1}$. Darauf aufbauend kann man das elektrostatische cgs-System vollständig entwickeln, z.B. ist für die elektrische Feldstärke (E)

$$1\ \text{eEE} = 1\ \text{dyn}/1\ \text{eLE} = 1\ g^{1/2}\ cm^{-1/2}\ s^{-1} ,$$

die elektrische Spannung (Sp)

$$1\ \text{eSpE} = 1\ \text{eEE} \cdot 1\ \text{cm} = 1\ g^{1/2}\ cm^{1/2}\ s^{-1} .$$

die Kapazität (K)

$$1\ \text{eKE} = 1\ \text{eLE}/1\ \text{eSpE} = 1\ \text{cm} ,$$

den elektrischen Strom (Str)

$$1\ \text{eStrE} = 1\ \text{eLE}/1\ \text{s} = 1\ g^{1/2}\ cm^{3/2}\ s^{-2} ,$$

den elektrischen Widerstand (W)

$$1\ \text{eWE} = 1\ \text{eSpE}/1\ \text{eStrE} = 1\ cm^{-1}s .$$

Ganz ähnlich geht man beim magnetostatischen Maßsystem vor, wenn man vom Begriff magnetischer Pole ausgeht. Das ist aber nicht nötig, denn man kann Messungen mit "Magneten" auch mit der Gauß'schen Methode (1833) ausführen: Für einen kleinen magnetischen Dipol (kleines Magnetstäbchen, Dipolmoment M mit der Dimension Polstärke × Abstand) bestimmt man bei Aufhängung als Drehpendel (Torsionspendel) im erdmagnetischen Feld zuerst die Schwingungsdauer, die vom Drehmoment $\vec{M} \times \vec{H}$ abhängt; sodann bestimmt man die Ablenkung einer kleiner Magnetnadel im Feld von Dipol + Erdfeld, woraus M/H folgt. Damit kann man sowohl das Dipolmoment wie die magnetische Feldstärke "absolut" bestimmen, d.h. im Anschluß an Einheiten der Mechanik. Es ergeben sich so für die <u>Polstärke</u> P, die <u>Feldstärke</u> H und das magnetische skalare Potential genau die gleichen Dimensionen und Einheiten wie für die Ladung, für die elektrische Feldstärke und die elektrische Spannung im elektrostatischen Maßsystem:

$$1\ \text{mPE} = 1\ g^{1/2}\ cm^{3/2}\ s^{-1}$$
$$1\ \text{mHE} = 1\ g^{1/2}\ cm^{-1/2}\ s^{-1} , \quad 1\ \text{mSp(m)E} = 1\ g^{1/2}\ cm^{1/2}\ s^{-1} .$$

Neue Überlegungen zu diesen beiden Systemen, die sonst völlig unabhängig voneinander bestehen könnten, werden durch den Elektromagnetismus nötig: Die Oersted'sche Entdeckung (1820), daß jeder elektrische Strom ein Magnetfeld erzeugt und die Faraday'sche Entdeckung (1831), daß zeitlich veränderliche magnetische Flüsse eine elektrische Feldstärke (bzw. Spannung) entwickeln. Beide Phänomene verbinden magnetische mit elektrischen Größen. Die Verbindung von elektrischem Strom und Magnetfeld erfolgt entweder über die magnetische Umfangsspannung

(2) $$\int \vec{H}_m d\vec{s} = 4\pi I_m$$

oder das Biot-Savart'sche Gesetz, wonach das magnetische Feld im Zentrum eines stromdurchflossenen Kreisrings vom Radius a

(3) $$H_m = \frac{2\pi I_m}{a} ,$$

und der Index m andeutet, daß <u>alle</u> Größen im magnetischen System zu messen sind, also die Stromstärke hier neu zu definieren ist (1 Biot = 1 Bi). Das Induktionsgesetz lautet

(4) $$U_m = - \frac{\partial \phi_m}{\partial t}$$

wiederum mit noch zu definierender elektrischer Spannung (im magnetischen System).

Vergleicht man allein die Dimensionen z.B. des elektrischen Stromes I_e und I_m, so sieht man, daß

$$\dim I_e = \text{Masse}^{1/2} \cdot \text{Länge}^{3/2} \cdot \text{Zeit}^{-2}$$
$$\dim I_m = \text{Masse}^{1/2} \cdot \text{Länge}^{1/2} \cdot \text{Zeit}^{-1} ,$$

d.h. es ist

$$\dim I_e = \dim (\text{Geschwindigkeit}) \times \dim I_m ,$$

und der verbindende Faktor ist genau die Lichtgeschwindigkeit c, also

$$I_e = c\, I_m ,$$

woraus auch sofort folgt

$$Q_e = c\, Q_m .$$

Explizit tritt die Lichtgeschwindigkeit in den Maxwell'schen Gleichungen auf

(5) $$\operatorname{rot} \vec{H} = \frac{1}{c}\frac{\partial \vec{D}}{\partial t} + 4\pi \frac{\vec{j}}{c}, \qquad \operatorname{rot} \vec{E} = \frac{1}{c}\frac{\partial \vec{B}}{\partial t},$$

die wellenartige Lösungen haben. Daher wird das Auftreten von c als sinnvoll und diese Formulierung der Gleichungen als zweckmäßig angesehen. Allerdings ist für die Formulierung in (5) ein charakteristischer Wechsel der Einheiten ausgeführt worden: Alle elektrischen Größen werden in eE, alle magnetischen in mE eingesetzt. Dieses kombinierte System nennt man das Gauß'sche Einheitensystem. In diesem lautet dann auch die Beziehung (2) anders

(6) $$\int \vec{H}_m d\vec{s} = \frac{4\pi}{c} I_e \;^{*)} ,$$

ähnlich wird aus (4)

(7) $$U_e = -\frac{1}{c}\frac{\partial \phi_m}{\partial t} .$$

Schließlich wird aus der Beziehung (3)

(8) $$H_m = \frac{1}{c}\frac{2\pi I_e}{a} .$$

8.2 Die internationalen Einheiten von Spannung, Strom und Widerstand

Es stellte sich heraus, daß die magnetostatischen Einheiten von Widerstand und Spannung zu unangenehm hohen Zahlenwerten führten, wenn es sich um Angaben über praktisch vorkommende Widerstände und Spannungen handelte (s. S. 89). Daher wurden geeignete neue Einheiten eingeführt, die man als die praktischen absoluten angesprochen hat, weil sie durch einfache Zahlenfaktoren mit den cgs-Einheiten verbunden waren:

(9) $$1 \text{ Volt} = 1 \text{ V} = 10^8 \text{ mSpE}$$

(10) $$1 \text{ Ampère} = 1 \text{ A} = \frac{1}{10} \text{ mStrE} = \frac{1}{10} \text{ Bi} .$$

---

*) Diese Beziehung gibt die sehr wichtige Möglichkeit, aus elektrischen und magnetischen Messungen die Lichtgeschwindigkeit zu ermitteln.

Jedoch hatte man das Ampère auch schon anders definiert, nämlich als die Stärke eines elektrischen Stromes, der am Widerstand 1 Ohm die Spannung 1 V erzeugte, d.h. man bezog sich schon auf einen Prototyp (auf eine Realisierung) der Widerstandseinheit (Ohm'sches Gesetz: 1827).- Ende des 19. Jahrhunderts hatte man schon eine Verkörperung der praktischen absoluten Einheiten beschlossen (1893, International Congress of Electricians in Chicago), und diese Einheiten sind die sogenannten Internationalen Einheiten, die auch vom Deutschen Reich in dem Gesetz betreffend die elektrischen Maßeinheiten vom 1. Juni 1898 übernommen wurden. Danach war

1 Ohm (1 Ω) der elektrische Widerstand eines Quecksilber-Fadens konstanten Querschnitts von 106,300 cm Länge und der Masse von 14,4521 g bei $0^{\circ}C$.- Die Massenangabe legt den Querschnitt auf 1 mm^2 fest, wenn Quecksilber der natürlichen Isotopenzusammensetzung genommen wird.

1 Ampère (1 A) die Stärke eines elektrischen Stromes, der aus einer wässrigen Silbernitrat-Lösung pro Sekunde 1,118 mg Silber abscheidet.- Die Ladung 1 Coulomb ist dann 1A·1s.

Auch eine Verkörperung der Spannungs-Einheit 1 Volt mittels eines galvanischen Elementes wurde früher eingeführt, aber wieder fallengelassen, weil durch das Ohm'sche Gesetz, $U = I \cdot R$, Spannung, Strom und Widerstand miteinander verknüpft sind. D.h. die Spannung ist eine abgeleitete Größe. Eine einfache Verkörperung ist jedoch von außerordentlichem praktischem Nutzen, weil sehr viele Phänomene der Technik aufgefaßt werden als von einer Spannung verursacht. Die Normung der Spannung und der Vergleich mit einer Normspannung ist daher von großer Bedeutung. Das Cadmium-Normal-Element versieht diese Dienste. Fig.40 enthält eine Skizze eines solchen Elementes. In verschiedenen Laboratorien ist beträchtliche Mühe aufgewandt worden, um die Herstellung möglichst einheitlich zu gestalten und alle Eigenschaften möglichst sorgfältig zu untersuchen. Der letzte Bericht über die Normelemente der PTB wurde von M. Froelich und F. Melchert gegeben [1]. Von besonderem Interesse ist das Temperaturverhalten. Dabei hat man zu beachten, daß auch jede Neudefinition der Temperaturskala (s. Ziffer 9) die entsprechenden Koeffizientenwerte abändert. In der angegebenen Arbeit wird für die Spannung eine Formel für den Bereich $t = 0 \cdots 40^{\circ}C$ angegeben (s. Fig.41).

$$E_t = E_{20} + \alpha(t - 20^{\circ}C) + \beta(t - 20^{\circ}C)^2 + \gamma(t - 20^{\circ}C)^3 + \delta(t - 20^{\circ})^4$$

mit

[1] Metrologia 10(1974)79.

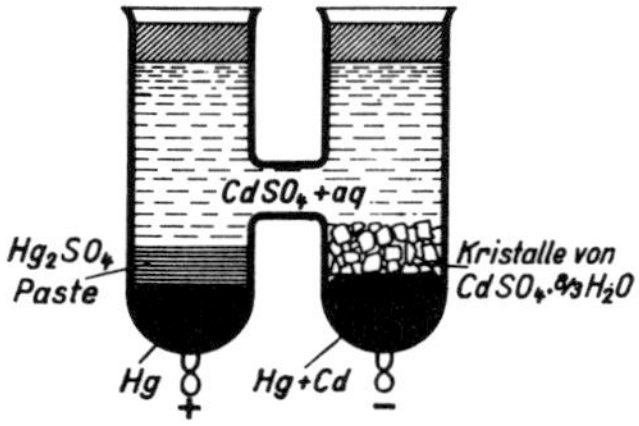

Fig. 40: Querschnitt eines Cd-Normal-Elementes (Höhe ca. 10 cm)

$$(11)\quad \alpha = -39{,}83\cdot 10^{-6}\ \frac{V}{K}\,,\quad \beta = -0{,}93\cdot 10^{-6}\ \frac{V}{K^2}\,,\quad \gamma = +0{,}009\cdot 10^{-6}\ \frac{V}{K^3}\,,\quad \delta = -0{,}00006\cdot 10^{-6}\ \frac{V}{K^4}\,.$$

Sie weicht etwas von der "Internationalen Temperaturformel" aus dem Jahr 1908 ab, in welcher

$$\alpha = -40{,}6\cdot 10^{-6}\ \frac{V}{K}\,,\quad \beta = -0{,}95\cdot 10^{-6}\ \frac{V}{K^2}\,,\quad \gamma = +0{,}01\cdot 10^{-6}\ \frac{V}{K^3}\,,\quad \delta = 0\,.$$

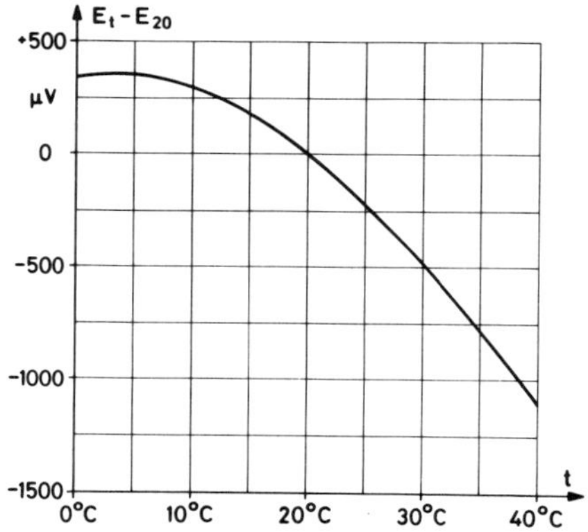

Fig. 41: Verlauf der Spannung $E_t - E_{20}$ eines Normalelementes nach der Beziehung (11)

Der Ausgangswert E_{20} ist ein wenig von der Art der Herstellung des Elementes abhängig. In der zitierten Arbeit werden 14 Elemente durchgemessen und dabei ist $E_{20} = 1{,}018608\cdots 1{,}018644$ V. Man unterscheidet die Elemente auch bezüglich des Elektrolyt-Aufbaus. Das "Internationale Weston-Element" hat einen Elektrolyten, der an $CdSO_4$ gesättigt ist.- Es sei nur nebenbei bemerkt, daß die Normalelemente nur zu Vergleichszwecken dienen, d.h. mit ihnen werden technische Spannungsquellen verglichen. Es darf ihnen kein Strom entnommen werden (Messungen in Kompensationsschaltungen).

Die oben angegebenen Definitionen und Realisierungen ergaben das Internationale <u>Ohm(int.)-</u>, <u>Ampère(int.)-</u> und <u>Volt(int.)-System</u>. Im folgenden wird das heutige MKSA-System als SI-System dargestellt. In ihm werden ebenfalls Ampère, Volt und Ohm definiert, die Einheiten Ω, V, A sind im SI ohne Index zu verwenden. Zuletzt wurden 1948 die Umrechnungsfaktoren angegeben (die dimensionslos sind):

$$(12)\quad \frac{1\Omega(\text{int.})}{1\Omega\ (\text{SI})} = 1{,}00049\,,\quad \frac{1V(\text{int.})}{1V\ (\text{SI})} = 1{,}00034\,,\quad \frac{1A(\text{int.})}{1A\ (\text{SI})} = 0{,}99985$$

(Unsicherheiten $\leq 2 \cdot 10^{-5}$).

Anhand des Gauß'schen Einheitensystems müssen wir hier noch einige Umrechnungen angeben. Vergleich von (6) mit (2) und (7) mit (4) liefert

$$(13) \qquad I_m = \frac{1}{c} I_e , \quad U_m = c\, U_e .$$

Damit ergeben sich eine ganze Reihe von Umrechnungen auch von abgeleiteten Größen. Wir geben sie für einige technisch wichtige Größen an und bedienen uns dabei einer bestimmten Formulierung, die sich als zweckmäßig erwiesen hat. Zunächst folgt aus (9) und (10)

$$(14) \qquad \frac{U}{\text{Volt}} = 10^{-8} \frac{U_m}{\text{mSpE}} , \quad \text{also} \quad U = 10^{-8} \frac{\text{V}}{\text{mSpE}} U_m ,$$

$$(15) \qquad \frac{I}{\text{Ampère}} = 10 \frac{I_m}{\text{mStrE}} , \quad \text{also} \quad I = 10 \frac{\text{A}}{\text{mStrE}} I_m .$$

Ferner lautet (13) in dieser Schreibweise

$$(16) \qquad I_m = \frac{1}{c} \frac{\text{mStrE}}{\text{eStrE}} I_e , \quad U_m = c \frac{\text{mSpE}}{\text{eSpE}} U_e ,$$

worin c als reine Zahl, $3 \cdot 10^{10}$ einzusetzen ist.

Es folgt ferner

$$I = \frac{1}{3} 10^{-9} \frac{\text{A}}{\text{eStrE}} I_e , \quad U = 300 \frac{\text{V}}{\text{eSpE}} U_e .$$

Für den elektrischen Widerstand gilt dann

$$(17) \qquad R = \frac{U}{I} = \frac{10^{-8}\text{V}}{10\text{A}} \frac{\text{mStrE}}{\text{mSpE}} \frac{U_m}{I_m} = 10^{-9} \frac{\Omega}{\text{mWE}} R_m$$

und

$$(18) \qquad R = 10^{-9} \frac{\Omega}{\text{mWE}} c^2 \frac{\text{mSpE}}{\text{eSpE}} U_e \frac{\text{eStrE}}{\text{mStrE}} \frac{1}{I_e} = 9 \cdot 10^{11} \frac{\Omega}{\text{eWE}} R_e .$$

Für die elektrische Kapazität ergibt sich ähnlich

$$(19) \qquad C = \frac{Q}{U} = \frac{10\text{As}}{\text{mLE}} \frac{Q_m}{10^{-8}\text{V}} \frac{\text{mSpE}}{U_m} = 10^9 \frac{\text{F}}{\text{mKE}} C_m$$

und

$$(20) \qquad C = \frac{1}{9} 10^{-11} \frac{\text{F}}{\text{eKE}} C_e .$$

Wenn demnach $C = 1\ pF = 10^{-12}\ F$, dann ist

$$C_e = 9 \cdot 10^{11} \cdot 10^{-12}\ eKE \approx 1\ eKE = 1\ cm\ ;$$

eine metallische Kugel vom Radius 1 cm, zusammen mit sehr weit entfernter äußerer Kugel hat die Kapazität von etwa 1 pF.

Ähnlich verläuft auch die Rechnung für die Induktivität. Es ist

$$(21) \qquad L = 10^{-9}\ \frac{H}{mIndE}\ L_m\ .$$

Aus der Beziehung (21) folgt, daß für $L = 1\ nH = 10^{-9}\ H$ gerade

$$L_m = 1\ mIndE = 1\ cm\ .$$

Schließlich gilt für die elektrische Leistung

$$(22) \qquad P = I \cdot U = 10\ \frac{A}{mStrE}\ I_m\ 10^{-8}\ \frac{V}{mSpE}\ U_m = 10^{-7}\ \frac{W}{mStrEmSpE}\ U_m I_m$$
$$= 10^{-7}\ \frac{W}{eStrEeSpE}\ U_e I_e\ ,$$

Sowohl im magnetischen wie elektrostatischen Maßsystem ist die Leistungseinheit 1 erg s^{-1}, also

$$P = I \cdot U = 10^{-7}\ \frac{W}{erg\ s^{-1}}\ U_e I_e\ , \qquad 1\ W = 10^{7}\ erg\ s^{-1}\ .$$

Man sieht, daß sich hier ein völlig natürlicher Anschluß der elektrischen Maßsysteme an dasjenige der Mechanik ergibt, indem man 1 Ws = 1 J setzt.

8.3 Die SI-Einheiten des Elektromagnetismus

Im SI wird die Stromstärke durch die Kraftwirkung zwischen zwei Strömen definiert: 1 Ampère ist die Stärke eines zeitlich unveränderlichen elektrischen Stromes, der, durch zwei im Vakuum parallel im Abstand von 1 m voneinander angeordnete, geradlinige, unendlich lange Leiter von vernachlässigbar kleinem kreisförmigem Querschnitt fließend, zwischen diesen Leitern elektrodynamisch eine Kraft von $2 \cdot 10^{-7}$ Newton je m Leiterlänge hervorruft (Fig.42). Die Kraft ist sehr klein, aber Kräfte kann man sehr gut messen,

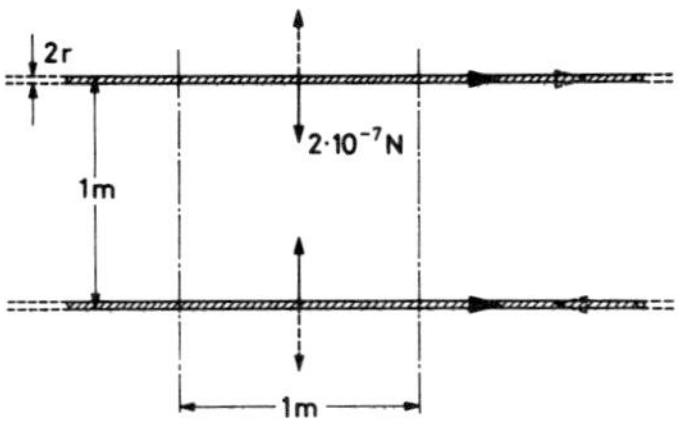

Fig. 42: Skizze zur Definition vom 1 Ampère. Verlaufen die Ströme antiparallel, so ist die Kraft abstoßend (Hin- und Rückleitung)

auch kann die Kraft leicht vervielfacht werden (s. unten).

Grundlage der SI-Definition ist die Ampère'sche Beobachtung (1820), daß zwei stromdurchflossene Leiter aufeinander eine Kraft ausüben, die ihr Vorzeichen wechselt, wenn eine der beiden Stromrichtungen umgekehrt wird. Diese Kraft ist zu deuten als eine Folge des Magnetfeldes, das um jeden stromdurchflossenen Leiter besteht (Oersted), und seiner Wirkung auf die bewegten Ladungsträger im zweiten Leiter (sog. Lorentz-Kraft). Quantitativ wird die Größe des Magnetfeldes beschrieben durch

(23) $$d\vec{H} = \frac{I_1}{4\pi} \frac{d\vec{s}_1 \times \vec{R}}{R^3} ,$$

bzw.

(24) $$dH = \frac{I_1}{4\pi} \frac{ds_1 \sin\alpha}{R^2}$$

(elektrodynamisches Grundgesetz; Laplace). $d\vec{H}$ steht senkrecht auf $\vec{R}$ und $d\vec{s}_1$ (Fig.43).

Die Kraft auf ein Leiterelement $d\vec{s}_2$ an der Stelle $R = 0$, durch das ein Strom der Stärke I_2 fließt, ist

$$d\vec{F} = I_2 \; d\vec{s}_2 \times d\vec{B} = I_2 \mu_o \; d\vec{s}_2 \times d\vec{H} ,$$

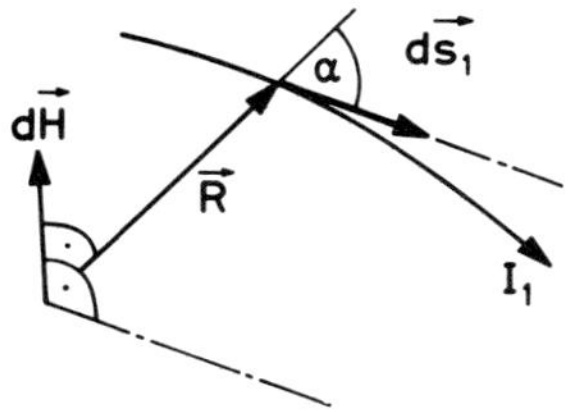

Fig. 43: Lage des Magnetfeldvektors senkrecht zu $\vec{R}$ und $d\vec{s}_1$

woraus folgt

$$d\vec{F} = I_1 I_2 \frac{\mu_o}{4\pi} \frac{d\vec{s}_2 \times (d\vec{s}_1 \times \vec{R})}{R^3} .$$

Wir benutzen die Vektor-Relation $\vec{a} \times (\vec{b} \times \vec{c}) = \vec{b}(\vec{a}\cdot\vec{c}) - \vec{c}(\vec{a}\cdot\vec{b})$ und finden

(25)
$$d\vec{F} = -\frac{\mu_o}{4\pi} I_1 I_2 [\vec{R} \frac{d\vec{s}_1 d\vec{s}_2}{R^3} - d\vec{s}_1 \frac{d\vec{s}_2 \cdot \vec{R}}{R^3}].$$

Es war das Verdienst Maxwells, gezeigt zu haben, daß die Ergänzung aller Ströme zu geschlossenen Stromkreisen von fundamentaler Bedeutung ist. D.h. die Formel (25) kann nur in der Form verwendet werden

$$\vec{F} = -\frac{\mu_0}{4\pi} I_1 I_2 \oint\oint \left[\vec{R}\,\frac{d\vec{s}_1 d\vec{s}_2}{R^3} - d\vec{s}_1\,\frac{d\vec{s}_2\vec{R}}{R^3}\right] . \tag{26}$$

Einfache Beispiele zeigen, daß der 2. Teil bei der Integration den Beitrag null ergibt, und dies kann auch allgemein gezeigt werden (s. z.B. J.C. Maxwell, A Treatise on Electricity and Magnetism, Band II, Dover Publ.Comp. 1954, ferner [1]). Die Folge ist, daß die Formel für die Kraftwirkung zweier Ströme lautet

$$\vec{F} = -\frac{\mu_0}{4\pi} I_1 I_2 \oint\oint \vec{R}\,\frac{d\vec{s}_1 d\vec{s}_2}{R^3} . \tag{27}$$

Sie wird nicht mit der differentiellen Methode abgeleitet, sondern meistens aus dem Ausdruck für den Energieinhalt des Leitersystems (s. R. Becker, Theorie der Elektrizität, Band 1, 20. Aufl., Stuttgart 1972)

$$W_{magn} = W_{magn}(I_1, I_2, a_1, a_2, \cdots) , \tag{28}$$

worin die a_i charakteristische, die Leiteranordnung bestimmende Parameter sind, z.B. der Abstand zweier gerader paralleler Leiter oder die Winkelorientierung einer kleinen Probespule relativ zu einem (homogenen) Magnetfeld einer zweiten feldbestimmenden Spule. Diese magnetische Feldenergie kann für n Stromkreise geschrieben werden als

$$W_m = \frac{1}{2} \sum_{k=1}^{n} \sum_{i=1}^{n} L_{ik}\, I_i I_k , \tag{29}$$

wobei die L_{ik} die Gegeninduktivitäten sind ($i = k$: Selbstinduktion)

$$L_{ik} = \frac{\mu_0}{4\pi} \oint\oint \frac{d\vec{s}_i d\vec{s}_k}{r_{ik}} . \tag{30}$$

Die soeben angesprochenen Parameter $a_1, a_2, \cdots$ treten jetzt in den Ausdrücken für die Gegeninduktivitäten auf. Die Kraftkomponente

---

[1] J.D. Jackson, Classical Electrodynamics, New York 1962

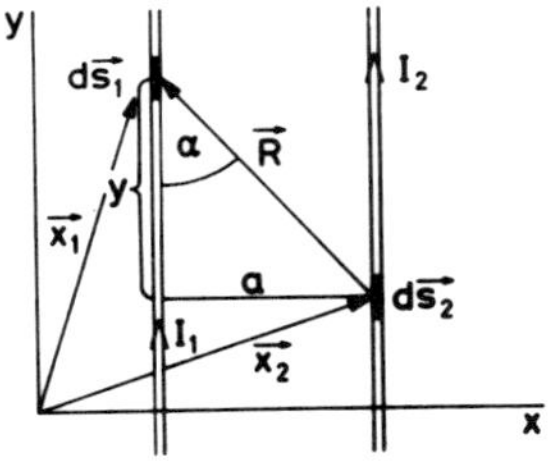

Fig. 44: Zur Ableitung der Kraftwirkung zwischen parallelen Drähten

bezüglich des Parameters a_i ist $\partial W_m/\partial a_i$.

Wir wenden die Formel (27) auf die Kraftwirkung zwischen zwei parallelen Drähten im Abstand a an (s. Fig. 44). Es ist

$$d\vec{s}_1 d\vec{s}_2 = ds_1 ds_2 \quad , \quad \vec{R} = \vec{x}_1 - \vec{x}_2 \quad ,$$

also die Kraft in Richtung $\vec{a}$

$$|\vec{F}| = \frac{\mu_0}{4\pi} I_1 I_2 \int ds_2 \int ds_1 \frac{\sin\alpha}{R^2} \quad .$$

Mit $R^2 = y^2 + a^2$ und $ds_1 = dy$ folgt

$$|\vec{F}| = \frac{\mu_0}{4\pi} I_1 I_2 \int ds_2 \int\limits_{-\infty}^{+\infty} dy \; a(a^2 + y^2)^{-3/2} = \frac{\mu_0}{4\pi} I_1 I_2 \int ds_2 \frac{2}{a} \quad .$$

Die Kraft ist demnach proportional zur Länge $l_2 (=l)$, oder die längenbezogene Kraft (Kraft pro Längeneinheit)

(31) $$\frac{|\vec{F}|}{l} = \frac{\mu_0}{2\pi} \frac{I_1 I_2}{a} \quad .$$

Nach der SI-Definition gilt bei $I_1 = I_2 = 1A$ und $a = 1m$ $|\vec{F}|/l = 2 \cdot 10^{-7}$ Nm^{-1}, also folgt aus (31) gleichzeitig mit der Ampère-Definition auch

(32) $$\boxed{\mu_0 = 4\pi \cdot 10^{-7} \frac{N}{A^2} = 4\pi \cdot 10^{-7} \frac{Vs}{Am}} \quad ,$$

und damit wird μ_0 nicht mehr experimentell bestimmt. Mit der Festlegung der Stromstärke ist auch die Ladung festgelegt durch $Q = \int I dt$, also dim Q = Stromstärke·Zeit und $[Q] = 1$ As. Diese Einheit ist exakt gleich 1 C, und damit ist im Coulomb'schen Gesetz

$$F = \frac{1}{4\pi\varepsilon_0} \frac{Q_1 Q_2}{r^2}$$

die Influenzkonstante ε_0 eine experimentell zu bestimmende Größe. Auf der anderen Seite steht aber noch eine andere wichtige Relation, die μ_0 und ε_0 enthält. Es ist der Zusammenhang mit der Lichtgeschwindigkeit (im Vakuum),

$$c = \frac{1}{\sqrt{\varepsilon_o \mu_o}} .$$

Sollte die Lichtgeschwindigkeit durch Definition festgelegt werden (s. Ziffer 5), dann würde damit auch die Influenz-Konstante ε_o nicht mehr experimentell festgelegt werden können, sondern hätte einen festen Wert durch Definition [1]. Man sieht an dieser Stelle sehr deutlich, daß die Einführung von neuen Festlegungen im Einheitensystem sorgfältig auf seine Konsequenzen untersucht werden muß.

Aus (30) kann man zunächst die Induktivität berechnen, und dann aus $\partial W_m/\partial a$ auch die wirkende Kraft. Die Berechnung von L muß in zwei Teile aufgeteilt werden: Die Selbstinduktivität der Drähte (Integration über das Innere der Drähte) und die Gegeninduktivität. Ist der Drahtradius r_D klein gegenüber dem Drahtabstand a, dann ist

$$L_{12} = \frac{\mu_o}{\pi} \, l \, \ln \frac{a}{r_D}$$

($r_D \ll a$), so daß

$$W_m = \frac{\mu_o}{2\pi} \, l \, I_1 I_2 \, \ln \frac{a}{r_D} .$$

Die wirkende Kraft erhält man durch Differentiation nach dem Parameter a zu

$$\frac{F}{l} = \frac{1}{l} \frac{\partial W_m}{\partial a} = \frac{\mu_o}{2\pi} I_1 I_2 \frac{1}{a} ,$$

was mit dem Ausdruck in Glg. (31) übereinstimmt.

Für die Darstellung des Ampère (Messung der Kraft) sind zwei Anordnungen benutzt worden: Erstens Messung der Kraftwirkung auf eine kleine Spule in einem inhomogenen Magnetfeld, zweitens Messung des Drehmomentes auf eine kleine stromdurchflossene Spule.

---

1) Aus $\mu_o = 4\pi \cdot 10^{-7}$ Vs/Am und $c = 299792458 \ \frac{m}{s}$ folgt

$$\varepsilon_o = \frac{1}{\mu_o c^2} = 8{,}854196 \cdot 10^{-12} \ \frac{As}{Vm} .$$

8.4 Darstellung des Ampère mittels der Kraft auf eine stromdurchflossene Spule [1)2)3)]

Eine große feststehende Spule (Fig.45) von 27,5 cm Länge und 46 cm Durchmesser (NBS-Anlage, [1)]), bzw. 50 cm Länge und 27,5 cm Durchmesser (DAMW-Anlage, [2)]) mit Mittelanzapfung enthält die "Probespule", auf welche die zu messende Kraft ausgeübt wird. Die Probespule ist ebenfalls vertikal ausgerichtet und hat 2,6 cm Länge, 24,5 cm Ø, bzw. 12 cm Länge und 20 cm Ø. Die Windungszahlen sind bei der großen Spule 344, bzw. 453, und diejenigen der Meßspule 41 bzw. 130. Die Meßspule ist am Waagebalken einer empfindlichen Analysenwaage befestigt. Die elektrische Schaltung des Systems erfolgt so, daß der bei der Mittelanzapfung zugeführte Strom sich in zwei gleiche Teile teilt und mit umgekehrtem Sinn durch die beiden Spulenhälften fließt. Zudem wird der Teilstrom I_2 auch durch die bewegliche Spule geschickt. Man kann sich die Wirkungsweise etwa wie folgt vorstellen. In den Teilspulen ① und ② werden entgegengesetzt gerichtete Magnetfelder erzeugt (H_o und H_o' in Fig.46). In der Symmetrieebene bei $z=0$ besteht jedoch keine Vertikal-Komponente des Feldes. In der z-Achse hat die Vertikalkomponente etwa den Verlauf wie in Fig.47. Bei $z=0$ liegt ein endlicher Feldgradient vor. Die Meßspule trägt, wenn sie vom Strom I_2 durchflossen wird, ein magnetisches Moment M und damit entsteht eine vertikal gerichtete Kraft

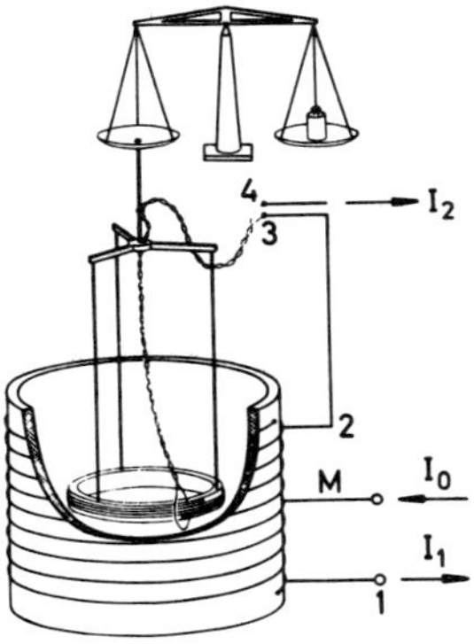

Fig. 45: Skizze der Stromwaage von Driscoll und Cutkosky

$$F = M \left.\frac{dH}{dz}\right|_o ,$$

---

1) R.L. Driscoll, R.D. Cutkosky, J. Research National Bureau of Standards 60(1958)297 [NBS: National Bureau of Standards, USA]

2) D. Bender, W. Schlesok, Metrologia 10(1974)1 [DAMW: Deutsches Amt für Material- und Warenprüfung, DDR]

3) Rayleigh'sche Stromwaage: Lord Rayleigh, Mrs. H. Sidgwick, Phil.Trans. A 175(1885)411

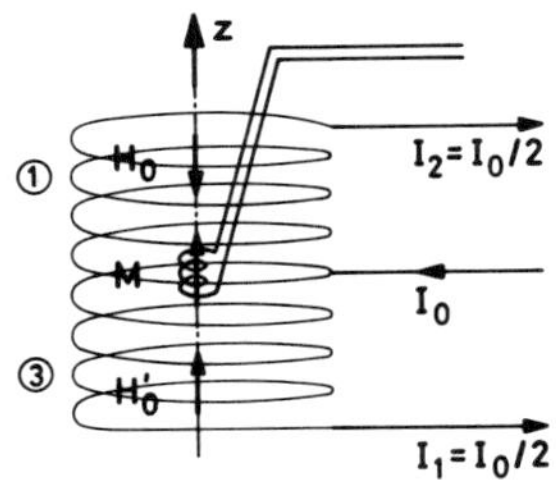

Fig. 46: Spulen- und Feldschema von Fig.45

die gemessen wird.

Zur Berechnung der Kraft benutzt man die Beziehung (27). Die vertikal gerichtete Kraft zwischen ① und ② (Fig.48) ist

$$F_{12} = \frac{\mu_0}{4\pi} I^2 \iint \frac{ds_1 ds_2 \cos(\vec{ds}_1, \vec{ds}_2)}{R^2} .$$

Die Kraft zwischen ② und ③ wirkt in der gleichen Richtung, d.h. die Kräfte addieren sich. Es müssen die Kräfte aller vorkommenden Windungspaare aufaddiert werden. Ist N_1 die gesamte Windungszahl der festen Spule, N_2 diejenige der beweglichen Spule, so wird

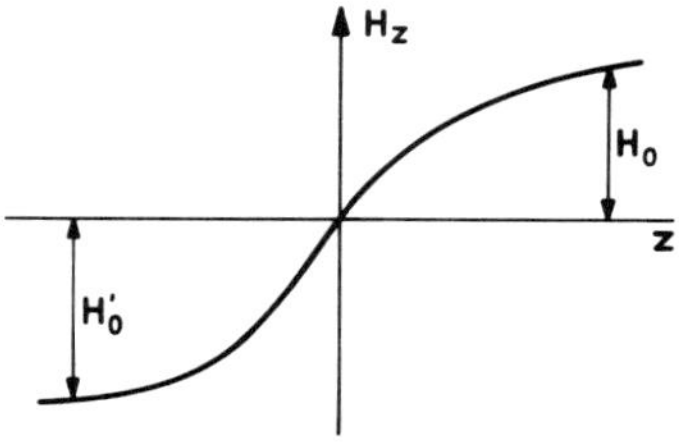

Fig. 47: Schematischer Verlauf der Vertikalkomponente H_z des Feldes in der Anordnung von Fig. 45 und 46

$$F = 2 \frac{\mu_0}{4\pi} N_1 N_2 I^2 f(d,D) ,$$

wobei d und D die Spulendurchmesser sind und f eine elliptische Funktion ist. Die von Snow [1)] erfolgte Berechnung ist im Prinzip eine Berechnung der Gegeninduktivität der Anordnung. In ihr tritt der Parameter z auf, so daß gemäß den Beziehungen (29) und (30) gilt

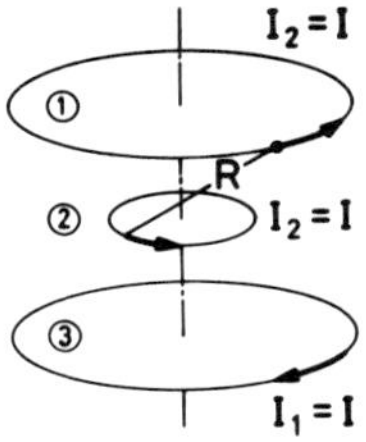

Fig. 48: Zur Berechnung der Kraft in der Anordnung von Fig. 46

$$\frac{\partial W_m}{\partial z} = \frac{\partial}{\partial z} \frac{1}{2} LI^2 = \frac{1}{2} I^2 \frac{\partial L}{\partial z} .$$

Die eigentliche Messung erfolgt mittels einer elektrischen Schaltung gemäß Fig.49 (s. Fußnote 1), S.95). Die Spannungsquelle E zusammen mit den Regelwiderständen und einer Stabilisierungseinrichtung liefert einen konstanten Strom I. Die Widerstände R_1 und R_2 sind gleich groß, d.h.

1) J.C. Maxwell, a.a.O. und Ch. Snow, J. Research National Bureau of Standards 22(1939)239

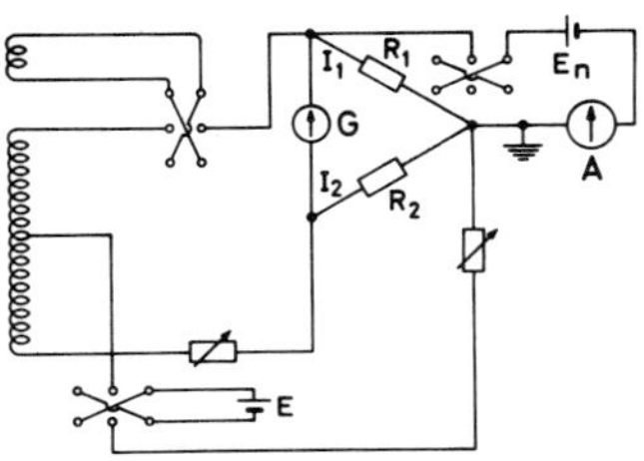

Fig. 49: Ein Schaltschema bei der Messung der Kraftwirkung zweier Ströme. A und G sind beides Nullindikatoren

das Galvanometer G ergibt den Ausschlag null, wenn $I_1 = I_2$. Mit dem Normalelement E_n kann die Spannung an R_1 verglichen und absolut gemessen werden, woraus der Absolutwert des Stromes $I_1 (=I_2)$ folgt, d.h. zunächst bezogen auf den Spannungsstandard in Form des Normalelements. Die verwendete Waage wird bei einem bestimmten Strom I durch Auflage von Gewichtsstücken ins Gleichgewicht gebracht. Anschließend wird die Stromrichtung umgekehrt und gleichzeitig die Gewichtsauflage erhöht (bzw. vermindert), wobei man darauf achtet, daß das dabei abzuhebende oder aufzulegende Gewichtsstück nahezu der Kraftänderung entspricht. An einem Zeigerausschlag können die restlichen Bruchteile abgelesen werden.

In der Arbeit (s. Fußnote 1), S.95) wurde ein in NBS-Einheiten geeichtes Normalelement verwendet, der eingeschaltete Strom war ca. 1 A, die auftretende Kraft 0,014 N. Damit konnte dann der "Ampère-Vergleich" durchgeführt werden und ergab

$$1 \text{ NBS-Ampère} = (1,000008 \pm 0,000006) \text{ Ampère} .$$

Die relative Genauigkeit ist $6 \cdot 10^{-6}$. In der Arbeit der Fußnote 2, S. 95 wird ganz ähnlich ein Vergleich zwischen dem DAMW-Ampère und dem SI-Ampère ausgeführt (bei ca. 1 A war die Kraft 0,066 N) und ergab

$$1 \text{ DAMW-Ampère} = (1,0000018 \pm 0,000008) \text{ Ampère} .$$

Man sieht, daß ganz ähnlich wie beim Normalelement immer nur ein Vergleich mit anderweitig eingestellten "Labor"-Strömen erfolgt.

8.5 Darstellung des Ampère mittels des Drehmomentes auf eine stromdurchflossene Spule

Auch diese Anordnung ist im Grunde schon älter (sog. Waage von Helmholtz [1]) und wird auch im Physik-Unterricht bei der Einführung der magnetischen Feldstärke einer Spule benutzt. Gemäß Fig.50 hat man [2] eine feststehende lange Spule ① (etwa 100 cm Länge, 28 cm Durchmesser), in welche eine bewegliche Waage mit einer Meßspule ② gebaut ist. Die Meßspulenachse steht senkrecht auf der Achse der festen Spule. Die Meßspule hat 11,6 cm Ø und eine Länge von 25 cm.

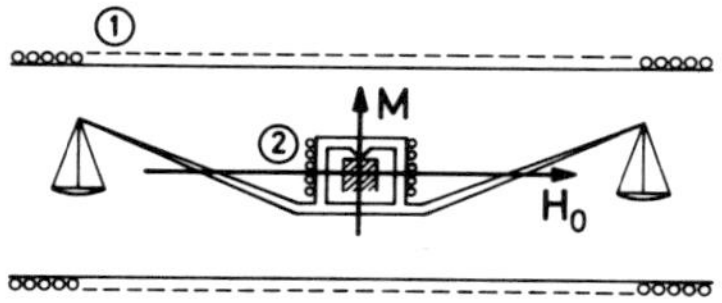

Fig. 50: Stromwaage bei der Anordnung von Driscoll

Im Prinzip ergibt der Strom durch die feste Spule ① ein horizontal orientiertes Magnetfeld H_o, während die Meßspule ein magnetisches Moment trägt. Somit tritt ein Drehmoment $D = M \cdot H_o$ auf, das zu messen ist. Wiederum kann man dieses rechnerisch auch aus der Gegeninduktivität ermitteln. Die magnetische Energie Glg. (29) hängt von dem Drehwinkel α der inneren Meßspule ab, und damit ist

$$\frac{\partial W}{\partial \alpha} = D = \frac{1}{2} I^2 \frac{\partial L}{\partial \alpha} .$$

Man sorgt durch eine ähnliche Schaltung, wie in Fig.49 wiedergegeben dafür, daß mit gleichen und konstanten Strömen durch die beiden Spulen ① und ② gearbeitet werden kann und daß man bei Umpolen eines der beiden Ströme gleichzeitig Gewichtsstücke bewegen kann. Das Drehmoment ergibt sich zu

$$D = \mu_o N_1 N_2 I^2 f(d_1, d_2, L) ,$$

wobei L die Länge von Spule 1, und d_1 ihr Durchmesser ist. Der Durchmesser der Meßspule ist d_2, ihre Länge tritt im Drehmoment nicht auf. In der Anordnung von Driscoll ist $N_1 = 1000$, $N_2 = 140$

---
[1] K. Kahle, Z. Instrumentenkunde 1897, S.97

[2] R.L. Driscoll, J. Research National Bureau of Standards, 60(1958)287

Windungen. Die Funktion f ist der Geometriefaktor, der prinzipiell wieder mit der Gegeninduktivität zusammenhängt.- Bei der Stromstärke von 1 A erforderte die Kompensation des erzeugten Drehmomentes ein Massenstück von ca. 1,5 g. Mit der Waage wird wiederum ein Vergleich zwischen dem NBS-Ampère und dem SI-Ampère ausgeführt. Er ergab

1 NBS-Ampère = 1,000013 A

mit einem relativen Fehler von $8 \cdot 10^{-6}$, der etwas größer als derjenige nach Methode d) ist. Das NBS legte als Mittelwert 1,000010 A fest.

8.6 Der Josephson-Kontakt als Spannungsnormal

Der Josephson-Effekt [1] ist eine typische Erscheinung der Supraleitung, tritt also erst bei sehr tiefen Temperaturen (einigen Kelvin) auf [2]. Er ist für eine Verbindung zweier Supraleiter, die durch eine dünne, etwa 1 nm dicke Isolierschicht getrennt sind (Josephson-Kontakt), vorhergesagt und gemessen worden. Es handelt sich darum, daß ein Gleichstrom (bis zu einer bestimmten Größe) durch den Kontakt fließen kann, ohne daß eine Kontakt-Spannung auftritt, und daß ein hochfrequenter Wechselstrom bei einer von null verschiedenen Kontaktspannung vorhanden ist. Die Frequenz ist durch die Spannung bestimmt. Der Josephson-Effekt bietet damit die Möglichkeit, die Spannungsmessung auf eine sehr genau ausführbare Frequenzmessung zurückzuführen.

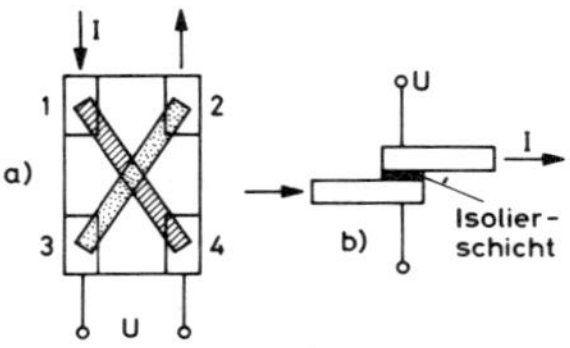

Fig. 51: Schema eines Josephson-Kontaktes

Die Fig.51 enthält das Schema eines Josephson-Kontaktes. Auf einem isolierenden Substrat (etwa Glasplatte 2 × 2 cm) sind vier Indium-Kontakte aufgebracht. Man dampft zunächst einen schmalen Streifen eines supraleitenden Materials (etwa Zinn) von 1···4. Der Streifen wird ober-

1) B.D. Josephson, Physics Letters, 1(1962)251

2) W. Buckel, Supraleitung, Weinheim 1972; Ch. Kittel, Einführung in die Festkörperphysik, München 1968

flächlich oxidiert (Bildung von SnO). Darauf wird ein zweiter Streifen des gleichen Materials von 2···3 aufgedampft. An der Kreuzungsstelle ist der "Kontakt". Die Anschlußstellen 1 und 2 werden zur Stromzuführung benutzt, 3 und 4 dienen der (stromfreien) Spannungsmessung.

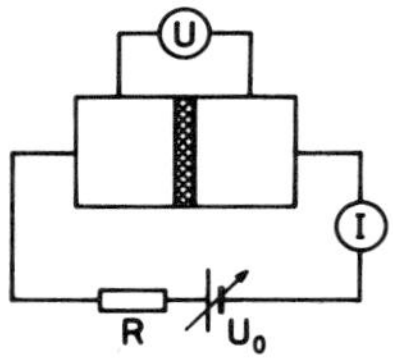

Fig. 52: Schaltschema eines Josephson-Kontaktes

Die Schaltung erfolgt gemäß Fig.52. Ist R groß, so hat man praktisch den Betrieb mit einer strom-konstanten Quelle, deren Strom durch U_0 bestimmt ist. Erhöht man die Betriebsspannung U_0 von null aus, so beobachtet man beim Josephson-Kontakt einen wachsenden "Superstrom", ohne daß eine Kontaktspannung auftritt (U = 0), s. Fig.53. Erst bei Überschreiten des maximalen Superstromes I_s tritt eine Kontaktspannung $U \neq 0$ auf, und der Strom springt auf die Kennlinie 1···1' (unter Berücksichtigung des Spannungsabfalls I·R). Der maximale Superstrom hat die Größenordnung einiger 10 mA. Wird U_0 wieder erniedrigt, dann folgt der Strom der Kurve 1'···1, man hat also eine Hysterese-Erscheinung. Ganz ähnliches Verhalten findet man bei Umkehrung des Stromes (Umkehrung des Vorzeichens von U_0; I_s, 2···2'). Charakteristisch für den Supraleitungskontakt ist der Superstrom und die Schwellenspannung E_g/e, wobei E_g die sog. Energielücke (energy gap) ist, die für die Supraleitung <u>die</u> wesentliche Größe ist. Tabelle 4 enthält einige Daten von Supraleitern. Man hat die Breite dieser Lücke durch Auslösung von Foto-Oberflächenleitung messen können. Die zu benutzende Strahlungs-Wellenlänge folgt aus 1 meV = $h\nu$ zu λ = 1,25 mm, d.h. sie liegt im fernen Ultrarot.

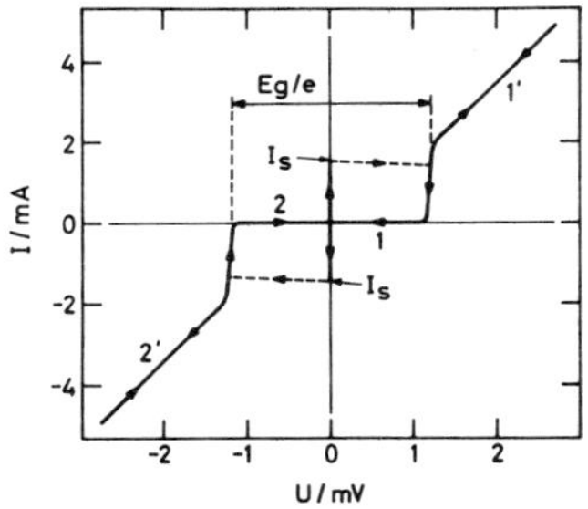

Fig. 53: Strom-Spannungs-Charakteristik eines Supraleitungs-Kontaktes. Erläuterung im Text

Nach den Vorhersagen von Josephson soll in dem Bereich $U \neq 0$ ein hochfrequenter Wechselstrom mit der Frequenz

Leiter	Sprung-temp. / K	E_g/meV
Hg	4,15	1,65
Nb	9,1	3,05
Ta	4,48	1,40
Sn	3,72	1,15
Al	1,18	0,34
Pb	7,19	2,67
In	3,41	1,05

Tabelle 4: Daten einiger Supraleiter

$$\nu = \frac{2e}{h} U$$

im Kontakt bestehen.

Diese Frequenz ist in der Regel sehr hoch, denn es ist $2e/h \approx 500$ THz/V, sie liegt aber für $U = 10\ \mu V$ in dem schon leichter zugänglichen Bereich von GHz. Den Effekt kann man dadurch nachweisen und damit der Messung zugänglich machen, daß man den Kontakt in das Hochfrequenzfeld eines Mikrowellenhohlraumes bringt. Man beobachtet dann eine Strom-Spannungs-Kennlinie mit stufenartigen Stromanstiegen bei Spannungswerten, die den Abstand ΔU haben und von der Frequenz des Mikrowellenfeldes ν_M gerade so abhängen, daß $\nu_M = 2e\Delta U/h$. D.h. immer dann, wenn die Spannung so groß ist, daß die Frequenz des Josephson-Wechselstromes ein ganzzahliges Vielfaches der Mikrowellenfrequenz ist, tritt ein zusätzlicher Gleichstrom auf, der den Sprung in der Kennlinie verursacht. Fig.54 enthält das erste Ergebnis, welches von Shapiro [1] mit einem Sn-SnO-Sn Kontakt erzielt wurde und eine glänzende Bestätigung der Überlegungen Josephsons war.

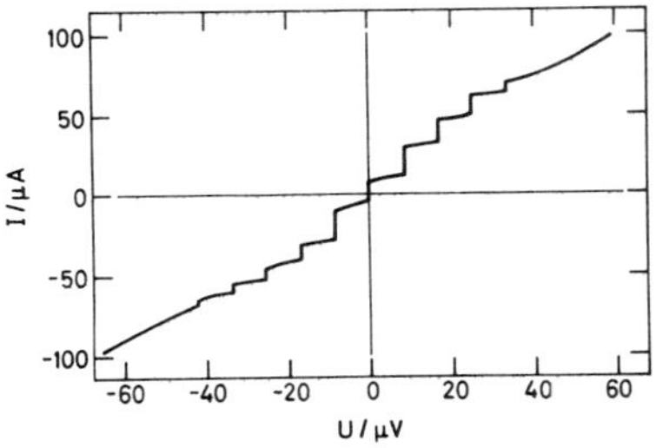

Fig. 54: Stromstufen eines Josephson-Kontaktes. Temperatur 3,04 K, eingestrahltes HF-Feld 4 GHz

Zur Erklärung des Josephson-Effektes muß man die BCS-Theorie der Supraleitung heranziehen, in der gezeigt wird, daß im Gebiet der Supraleitung die Elektronen, die zum Strom beitragen können, paarweise gekoppelt sind (Cooper-Paare), indem je zwei Elektronen antiparallelen Spin haben und entgegengesetzt gleiche Impulse. Diese Konfiguration ist energetisch günstiger als diejenige mit entkoppelten Impulsen. Die Cooper-Paare sind die Träger des Supraleitungsstroms.

---

1) S. Shapiro, Phys.Rev.Lett. 11(1963)80

Alle Cooper-Paare befinden sich im selben quantenmechanischen Zustand, und damit kann das gesamte Cooper-Paar-System durch eine einzige Wellenfunktion beschrieben werden. Wenn man das Quadrat der Amplitude der Wellenfunktion als Dichte der Cooper-Paare n_c auffaßt, dann lautet die Wellenfunktion des Cooper-Paar-Systems $\psi = \sqrt{n_c}\, \exp(i\varphi)$, wobei φ die Phase der Wellenfunktion ist. Die Beschreibung ist ganz ähnlich einem elektromagnetischen Feld, das viele Quanten enthält: Es wird ebenfalls durch eine einzige Welle dargestellt.

Im Fall des Josephson-Kontaktes hat man zwei Cooper-Paar-Systeme, die durch einen Isolator getrennt sind. Der Isolator stellt eine Potentialbarriere für die Ladungsträger dar, infolge des Tunnel-Effekteskann jedoch ein Tunnel-Strom fließen, wenn die Isolierschicht genügend dünn ist. Der Tunnel-Strom kann einmal von einzelnen Elektronen gebildet werden, die jedoch erst nach Aufbruch von Cooper-Paaren (d.h. nach Überwindung der oben schon erwähnten Energielücke E_g) entstehen. Zum anderen - und dies interessiert hier - kann ein Durchgang von Cooper-Paaren durch die Isolierschicht auftreten (Tunnel-Strom von Cooper-Paaren). In quantenmechanischer Beschreibung bedeutet der letzte Fall, daß eine Kopplung beider Cooper-Paar-Systeme vorliegt, die durch den Austausch von Paaren bewirkt wird. Sie bedeutet, wie sich durch quantenmechanische Rechnung zeigen läßt [1], einen festen Phasenunterschied der beiden Wellenfunktionen, und dies wiederum entspricht einem Strom von Paaren. Sind φ_1 und φ_2 die Phasen der beiden Wellenfunktionen, so ist der Superstrom

$$I = I_s \sin(\varphi_2 - \varphi_1) = I_s \sin \Delta\varphi \quad ,$$

wobei I_s der maximale Strom ist, der durch die Stärke der Kopplung bestimmt wird.

Wird eine Spannung U an den Kontakt gelegt, so unterscheiden sich die beiden Cooper-Systeme um die Energie $\Delta E = 2eU$, welcher nach den Regeln der Quantenmechanik die Frequenzdifferenz $\Delta\nu = 2eU/h$ entspricht. Beide Cooper-Systeme schwingen mit fester, aber unterschiedlicher Frequenz. Durch die Kopplung ändert sich die Phasendifferenz (ähnlich wie bei gekoppelten Pendeln) linear mit der Zeit,

$$\Delta\varphi = 2\pi\Delta\nu t = 2\pi \frac{2eU}{h} t \quad ,$$

so daß

$$I = I_s \sin(2\pi \frac{2eU}{h} t) \quad ,$$

d.h. es entsteht ein hochfrequenter Wechselstrom. Aus der vorstehenden Überlegung folgt auch, daß beim Durchgang eines Cooper-Paares durch die Isolierschicht ein Photon der Energie $h\Delta\nu = 2eU$ absorbiert oder emittiert wird.

Die Überlegung, die es möglich macht, Josephson-Kontakte für ein Spannungs-Normal auszunutzen ist diese. Prinzipiell sind e und h Naturkonstanten und der Kontakt ist ein Spannungs-

---

1) Feynman Lectures on Physics, Band 3, New York 1965

Frequenz-Wandler. Die Messung der Frequenz gestattet die Bestimmung der angelegten Spannung absolut, d.h. bezogen auf Naturkonstanten. Die ersten ausgeführten Messungen dienten zunächst der Neubestimmung der Größe 2e/h [1]. Bezogen auf das NBS-Volt ist

$$\frac{2e}{h} = 483{,}5976 \ \frac{\mathrm{THz}}{V_{NBS}} \ ,$$

mit einem relativen Fehler von $2{,}4 \cdot 10^{-6}$. In einer neueren Arbeit von Field, Finnegan und Toots [2] wird die dazu benutzte Einrichtung des NBS beschrieben.

Es wird ein Pb-PbO-Pb-Kontakt auf Glas benutzt. Die Fig.55 enthält das Schaltschema, das zum Spannungsvergleich benutzt wurde. Alle Spannungen werden im Kompensationsverfahren gemessen (Null-Strom-Anzeige mit Verstärker und Galvanometer bei NI). Der große Spannungsteiler dient der Herstellung eines möglichst genauen Spannungs-Teilverhältnisses von 100 : 1 (mit lauter gleichen Einzelwiderständen). Es wird berichtet, daß von Januar bis Juli 1972

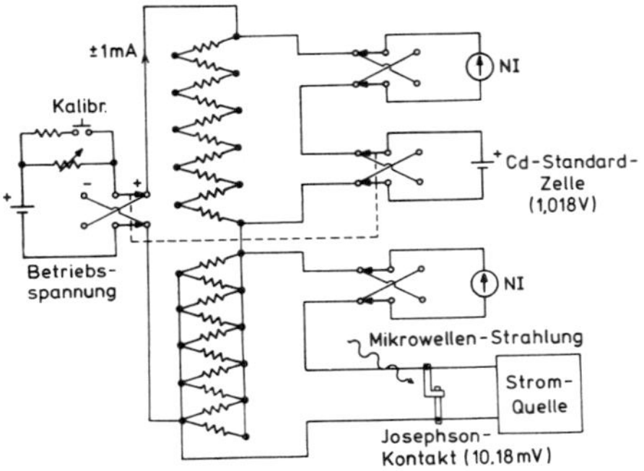

Fig. 55: Vereinfachtes Schaltschema für den Vergleich von Normal-Element und Spannung am Josephson-Kontakt.
NI Nullstrom-Indikator

$$\frac{2e}{h} = 483{,}593420 \pm 0{,}000019 \ \frac{\mathrm{THz}}{V_{NBS}}$$

1) B.N. Taylor, W.H. Parker, D.N. Langenberg, Revs.mod.Phys. 41 (1969) 375 - 496. Man findet hier eine ausführliche kritische Übersicht über die Daten vieler Naturkonstanten. Neuere Zusammenstellungen: E.R. Cohen, B.N. Taylor, J.Phys.Chem. Ref. Data 2 (1973) 663 und W.L. Bendel, NRL Memorandum Report 3213, Januar 1976 (Auszug daraus siehe Anhang III)

2) Metrologia 9 (1973) 155

gefunden wurde (relativer Fehler $0{,}04 \cdot 10^{-6}$). Damit kann man jetzt das Volt mit einer Genauigkeit von etwa 10^{-8} bestimmen, und man hat auch eine relativ leicht transportable Vergleichsanlage in der Hand. Man kann wohl die Erwartung hegen, daß in Zukunft das Basis-Einheiten-System neu überdacht wird, wenn der Josephson-Kontakt sich als von überlegener Stabilität und leichter Reproduzierbarkeit erweist.

8.7 Darstellung abgeleiteter elektrischer Einheiten

Für die Praxis sind Verkörperungen abgeleiteter elektrischer Einheiten von großer Bedeutung. Sie bieten sich insbesondere dann an, wenn die Größe, um die es sich handelt, wesentlich durch geometrische Angaben bestimmt ist. Das trifft insbesondere für die Induktivität zu. Man definiert sie über den Ausdruck, der den magnetischen Fluß in Kreis 1 (Index k) mit dem Strom in Kreis 2 (i) verknüpft,

$$\phi_k = \sum_{i=1}^{n} L_{ik} I_i \ , \qquad k = 1, \cdots, n \ ,$$

oder für den Spezialfall $n = 2$

$$\phi_1 = L_{11} I_1 + L_{12} I_2 \qquad (L_{11}, L_{22} \ \text{Selbstinduktivität})$$
$$\phi_2 = L_{21} I_1 + L_{22} I_2 \qquad (L_{12} = L_{21} \ \text{Gegeninduktivität})$$

Die gesetzliche Definition lautet dementsprechend, daß eine geschlossene Windung, durch die der Strom von 1 A fließt, die Induktivität 1 Henry (1 H) hat, wenn sie im Vakuum den magnetischen Fluß von 1 Weber = 1 Tesla·1 m² = 1 Voltsekunde umschlingt.

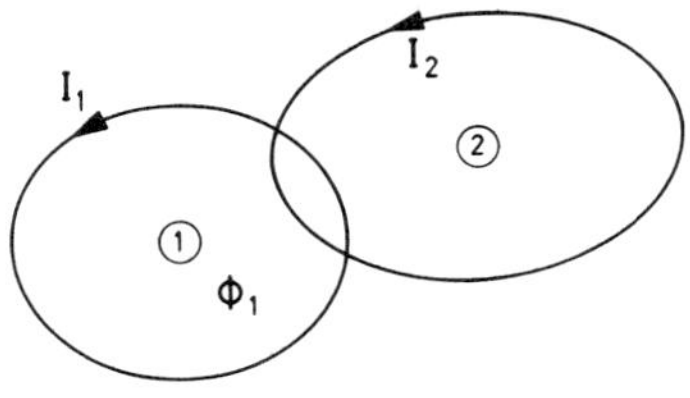

Fig. 56: Zur Definition der Induktivität

Nun ist der Fluß durch den Kreis 1 (Fig.56) gleich dem längs der Randkurve von 1 bestehenden Vektorpotential, integriert über diese, also

$$\phi_1 = \mu_0 \oint \vec{A} \, d\vec{s}_1 \ .$$

Dieses Vektorpotential $\vec{A}$ wird

durch den Strom in Kreis 2 erzeugt

$$\vec{A} = I_2 \int \frac{d\vec{s}_2}{r} ,$$

also bleibt

$$\mu_o I_2 \int \frac{d\vec{s}_1 d\vec{s}_2}{r} = L_{12} I_2 ,$$

somit

$$L_{12} = \mu_o \int \frac{d\vec{s}_1 d\vec{s}_2}{r} .$$

Die Induktivität ist demnach eine nur durch die geometrische Anordnung von Leitern bestimmte Größe (der Faktor μ, Permeabilität, kommt hinzu, wenn die Leiteranordnung in ein magnetisierbares Medium eingebettet ist). Bei einfachen Stromkreisen, z.B. genau vermessenen Zylinderspulen werden relative Genauigkeiten von 1 bis $2 \cdot 10^{-6}$ erreicht.

Ähnlich findet man auch eine nur durch die Geometrie definierbare Darstellung der <u>Kapazität</u>. Die Definitionsbeziehung lautet

$$C = \frac{Q}{U} ,$$

wenn Q die Ladung eines Leitersystems ist, an dem die Spannung U besteht. Die gesetzliche Definition lautet: Ein Kondensator hat die Kapazität 1 Farad (1 F), wenn er durch die Ladung 1 C auf die elektrische Spannung 1 V aufgeladen wird.- Ladung Q und elektrischer Fluß durch eine geschlossene umhüllende Fläche stehen in dem Zusammenhang

$$Q = \varepsilon_o \oint \vec{E} d\vec{A} ,$$

und es ist $U = \int \vec{E} d\vec{s}$, erstreckt über eine Kurve, die von einem Leiter zu einem anderen führt. In einfachen Fällen läßt sich C direkt berechnen

$$C = \varepsilon_o \oint \vec{E} d\vec{A} \, / \int \vec{E} d\vec{s} ,$$

z.B. wird beim Plattenkondensator $C = \varepsilon_o A/d$, wenn d der Plattenabstand ist. Es lassen sich heute Genauigkeiten der Feldbestimmungen von etwa $2 \cdot 10^{-7}$ erreichen und damit ebensolche der Kapa-

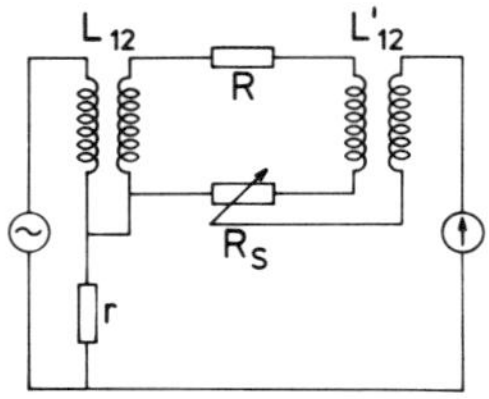

Fig. 57: Vergleich von Induktivitäten mit einem elektrischen Widerstand

zitätsberechnungen.

Schließlich kann zur Verkörperung der Widerstandseinheit auch eine Wechselstrom-Methode benutzt werden, indem man die Induktivität als Vergleichswiderstand (ωL) verwendet. In der nebenstehend skizzierten Campbell-Brückenschaltung lautet die Abgleichbedingung

$$R \cdot r = \omega^2 \, L_{12} \, L'_{12} \, .$$

Man wählt r als induktionsarmen 1 Ω Normalwiderstand. Die Gegeninduktivitäten L_{12} und L'_{12} kann man nach dem oben angegebenen Verfahren wählen. Aus einer anderen Brückenschaltung kann man $q = \frac{r}{R}$ bestimmen. Damit sind zwei unabhängige Messungen ausgeführt, aus denen man r und R absolut bestimmen kann. Es folgt

$$r = 2\pi\nu \sqrt{q \, L_{12} L'_{12} (1+k)} \, ,$$

worin k noch ein Korrekturterm ist, der die Frequenzabhängigkeit von R berücksichtigen soll. Die relative Genauigkeit ist $2 \cdot 10^{-6}$ für das Ohm. Eine ähnliche Rückführung kann auch auf Kapazitäten erfolgen.

9 Die Realisierung der Temperaturskala

Der Begriff Temperatur entstand aus den Sinnesempfindungen "warm" und "kalt" vom Zustand eines Körpers. Die Grundlage für die Bestimmung dieses Zustandes war die Beobachtung, daß zwei sich berührende Körper nach einiger Zeit gleich warm sind, d.h. die gleiche Temperatur annehmen.

Es hat lange gedauert, bis für die subjektiven Eindrücke exakte und einheitliche Meßverfahren festgelegt wurden, ganz im Gegensatz zur Längen-, Gewichts- und Zeitmessung. Die Entwicklung eines Temperaturmeßverfahrens war erst möglich, als man Eigenschaften von Körpern gefunden hatte, die von der Temperatur abhingen, und diese objektiv messen konnte (Länge, Volumen, usw.).

Das quantitative Meßwesen für die Temperatur wurde erst im 17. Jahrhundert entwickelt; erste Versuche zur Vereinheitlichung wurden 1887 unternommen, also erst ca. 100 Jahre nach der Einführung des Meters als einheitliche Längeneinheit.

Daneben verlief der Entwicklungsprozeß des Temperaturbegriffs von den subjektiven Eindrücken "warm" und "kalt" bis zum heutigen Verständnis der thermodynamischen Temperatur, die als "integrierender Faktor", der zur Entropie führt, eine grundlegende Rolle spielt. Die Temperatur mußte zur Behandlung der Thermodynamik als weitere Basisgröße eingeführt werden. In der Praxis wird sie mit Thermometern gemessen und in Graden angegeben. Alle experimentellen Erfahrungen und theoretischen Vorstellungen zeigten, daß es einen absoluten Nullpunkt der Temperatur gibt, und daher braucht man zur Festlegung des Temperaturgrades nur noch einen weiteren Punkt. Dementsprechend hat die 13. Generalkonferenz für Maße und Gewichte im Jahre 1967 festgelegt:

1 Kelvin ist der 273,16^{te} Teil der thermodynamischen Temperatur des Tripelpunktes von Wasser.

Das Einheitenzeichen ist K. Als besondere Bezeichnung für das Kelvin ist der Einheitenname Grad Celsius (Zeichen ^{o}C) zugelassen. Für Temperaturdifferenzen ist das Zeichen grd, besonders auch grd^{-1} bei Größen wie dem thermischen Ausdehnungskoeffizienten nicht mehr erlaubt, es ist durch K bzw. K^{-1} zu ersetzen.

9.1 Frühe Entwicklung des Temperaturbegriffs [1]

Qualitative Verfahren, Temperaturänderungen (Abkühlung und Erwärmung) sichtbar zu machen, sind schon aus dem Altertum bekannt. Philon von Byzanz (300 v.Chr.) und Heron von Alexandrien (130 v.Chr.) benutzten dazu die thermische Ausdehnung der Luft. Fig.58 enthält eine Skizze des Thermoskops von Heron. Eine teilweise mit Wasser und Luft gefüllte Kugel wird der Sonnenstrahlung ausgesetzt. Die Luft dehnt sich aus und drückt Wasser aus der Kugel heraus. Es tropft in das Reservoir und wird bei Abkühlung

---

1) E. Gerland, F. Traumüller, Geschichte der physikalischen Experimentierkunst, Leipzig 1899; Nachdruck Hildesheim 1965

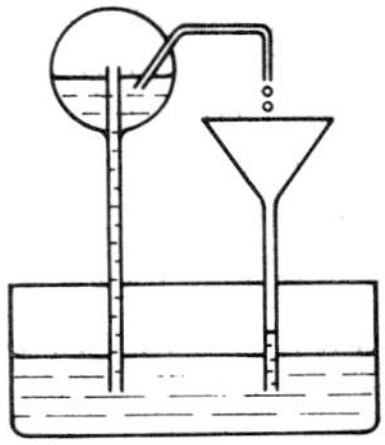

Fig. 58: Das Thermoskop von Heron von Alexandrien

durch das Steigrohr wieder nachgefüllt. Ausfließendes Wasser bedeutet also Erwärmung.- Das Prinzip wurde 1592 durch Galilei wieder aufgegriffen. Die Höhe des Wasserstandes in seinem Thermoskop (Fig.59) ließ darauf schließen, ob die Temperatur hoch oder niedrig war. Über die Anwendung, mit einem solchen Gerät die Wassertemperatur zu messen, wird 1611 berichtet. Im Jahre 1657 wurde unter Ausnutzung der Beobachtung, daß auch Flüssigkeiten sich bei Erwärmung ausdehnen, in Florenz das erste Flüssigkeitsthermometer mit Alkoholfüllung gebaut. Man beachte, daß man damit zu viel kleineren Materialänderungen mit der Temperatur überging, denn die Gase haben den größten thermischen Ausdehnungskoeffizienten.

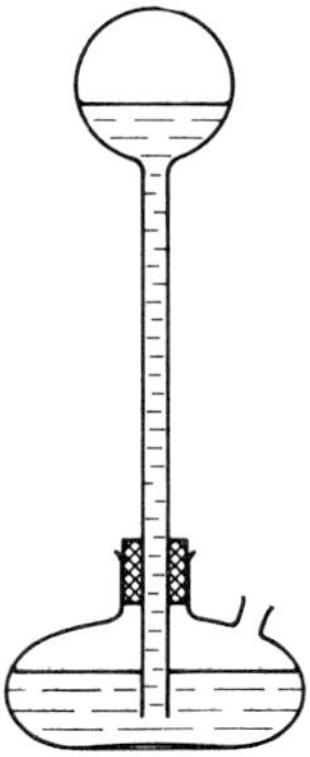

Fig. 59: Galilei's Thermoskop

9.2 Temperaturdefinition von Amontons

Bei den bis dahin benutzten empirischen Verfahren war der Temperaturbegriff noch völlig ungeklärt. Erst die zu Beginn des 18. Jahrhunderts einsetzende Entwicklung der Wärmelehre brachte erste Ansätze zu dessen Verständnis. Der Zusammenhang zwischen Druck und Volumen eines Gases bei festgehaltener Temperatur war 1662 von Boyle und unabhängig 1676 von Mariotte entdeckt worden (Boyle-Mariotte'sches Gesetz: $p \cdot V = \text{const.}$ bei $T = \text{const.}$). Amontons fand dann 1704, daß sich in Paris der Druck eines Gases bei der "größten Sommerhitze" zu dem bei der "größten Kälte" wie 6 : 5 verhielt [1]. Er schlug vor, die Temperatur so zu definieren, daß das Verhältnis zweier Temperaturen gleich dem Verhältnis der entsprechenden Drucke sein sollte oder $p \sim T$. Er erkannte auch, daß bei verschwindendem Gasdruck die Temperatur null herrschen müßte,- ein früher Hinweis auf die Existenz des absolu-

[1] J. de Boer, Metrologia 1(1965)158

ten Nullpunkts [1]

9.3. Die Temperaturskalen von Fahrenheit, Réaumur und Celsius [2]

Das Konzept der Temperaturmessung durch Druckmessung eines Gases wurde jedoch zur damaligen Zeit nicht weiter verfolgt. Stattdessen wurde die Entwicklung von Flüssigkeitsthermometern und dazu passenden Temperaturskalen fortgesetzt. Man hatte erkannt, daß sich bestimmte Vorgänge in der Natur unter sonst gleichen Bedingungen immer bei derselben Temperatur abspielen, z.B. das Schmelzen von Eis oder das Sieden von Wasser bei festgelegtem Druck. Solche Zustände eines Stoffes, bei dem verschiedene Phasen bei konstantbleibender Temperatur miteinander im Gleichgewicht sind, bezeichnet man als Fixpunkte. Sie stellen gut reproduzierbare Eichpunkte für Temperaturskalen dar. Eine Temperaturskala eines Flüssigkeitsthermometers kann dadurch hergestellt werden, daß man die Höhen der Flüssigkeitssäulen bei zwei verschiedenen Fixpunkten markiert und den Bereich dazwischen auf bestimmte Weise unterteilt. Die Differenz zweier Teilstriche wird als "Grad" bezeichnet (Kurzzeichen: ^{o}).

So entwickelte Fahrenheit im Jahre 1714 für ein von ihm gebautes Alkohol-Thermometer eine Temperaturskala, indem er nach einer Idee von Rømer als Fixpunkte die Temperatur des schmelzenden Eises und die des menschlichen Blutes wählte. Das Temperaturintervall wurde in 64 Teile geteilt und der Temperatur-Nullpunkt um die Hälfte dieses Intervalls unter den Eispunkt gelegt; dies entsprach der tiefsten damals bekannten Temperatur, die durch eine Mischung von Salmiak und Eiswasser erzeugt wurde. Damit bekam die Temperatur des schmelzenden Eises den Wert 32°F und die des menschlichen Blutes 96°F. Später ging Fahrenheit zu einem Quecksilberthermometer über und wählte als oberen Fixpunkt den Siedepunkt des Wassers, für dessen Temperatur er unter Beibehaltung seiner ursprünglichen Skala den Wert 212°F setzte.

---

1) Nach dem idealen Gasgesetz entspricht das von Amontons gemessene Druckverhältnis $p_{Sommer} : p_{Winter} = 6 : 5$ bei einer angenommenen Tiefsttemperatur von $t = -15°C$ einer Höchsttemperatur von $t = 37°C$.

2) siehe de Boer, loc.cit.

Eine andere Temperaturskala wurde 1730 von Réaumur eingeführt. Er wählte ebenfalls den Schmelz- und Siedepunkt des Wassers als Fixpunkte. Den Schmelzpunkt legte er auf $0^{o}R$ fest. Da sich das Alkohol-Wasser-Gemisch in seinem Thermometer zwischen beiden Fixpunkten um 8% ausdehnte (dies entspricht einem Volumenausdehnungskoeffizient von $\alpha \cong 1{,}25 \cdot 10^{-3}\ K^{-1}$) und er von seiner Temperaturskala verlangte, daß die Temperatur um $1^{o}R$ gestiegen sein sollte, wenn sich die Flüssigkeit um $1^{o}/oo$ ausgedehnt hat, ergab sich für die Temperatur des Siedepunktes der Wert $80^{o}R$.

Der für die Zukunft entscheidende Schritt stammt von Celsius (1742). Er schlug eine 100 Grad-Unterteilung zwischen dem Schmelz- und Siedepunkt des Wassers vor. Ursprünglich hatte er den Eispunkt zu $100^{o}C$ und den Siedepunkt zu $0^{o}C$ definiert; die heute übliche umgekehrte Bezeichnung soll erst später von Strömer eingeführt worden sein.

Das Prinzip der Flüssigkeitsthermometer ist auch heute noch dasselbe: Als Thermometersubstanzen werden Quecksilber oder Äthylalkohol, bei tiefen Temperaturen auch Pentan, verwendet. Ihre Volumenausdehnungskoeffizienten sind wesentlich größer als der des Materials des Thermometergefäßes (Glas), vergleiche Tabelle 5.

Material	α/K^{-1}
Äthylalkohol	$1{,}10 \cdot 10^{-3}$
Pentan	$1{,}58 \cdot 10^{-3}$
Quecksilber	$1{,}82 \cdot 10^{-4}$
Thermometerglas	$\sim 4 \cdot 10^{-6}$

Tabelle 5: Ausdehnungskoeffizient α verschiedener Thermometermaterialien bei $20^{o}C$

Die geringe Ausdehnung der Flüssigkeiten (zwischen $0^{o}C$ und $100^{o}C$ ca. $5^{o}/oo$ (Hg) bzw. 7% (Äthylalkohol)) wird mit Hilfe der Verschiebung eines Flüssigkeitsfadens in einer evakuierten Kapillare, die an das (große) Vorratsgefäß mit der Thermometerflüssigkeit angeschlossen ist, angezeigt. Voraussetzung für eine gute Genauigkeit des Thermometers ist daher ein gleichmäßiger Durchmesser der Kapillare. Fehlerquellen treten durch thermische Eigenschaften des Glases auf (Nullpunktsdepression durch elastische Nachwirkungen nach einer Erhitzung, Kristallisationsprozesse).

Ein wesentlicher Nachteil der Flüssigkeitsthermometer ist die stoffabhängige Anzeige. Thermometer mit verschiedenen Flüssigkeiten, die bei den Fixpunkten geeicht wurden, haben infolge unterschiedlicher Abhängigkeiten des Ausdehnungskoeffizienten von der Temperatur (Nichtlinearität der thermischen Ausdehnung) bei gleicher Temperatur unterschiedliche Steighöhen der Flüssigkeitsfäden in den Kapillaren. So ist für ein Alkoholthermometer im Vergleich zum Quecksilberthermometer eine nichtlineare Skalenunterteilung des Intervalls zwischen 0^oC und 100^oC notwendig, vgl. Fig.60. Flüssigkeitsthermometer sind daher zur Temperaturdefinition nicht geeignet, denn es ist nicht sinnvoll, eine Basisgröße von den Eigenschaften eines bestimmten Stoffes abhängig zu machen.

9.4 Die Celsius-Temperaturskala des idealen Gases

Die zu Beginn des 19. Jahrhunderts durchgeführten Untersuchungen der thermischen Expansion von Gasen, besonders die Experimente von Gay-Lussac (1802-1816) zeigten wieder den Vorteil von Gasen als Thermometersubstanzen und brachten weitere Fortschritte zur Klärung des Temperaturbegriffes. Die Gay-Lussac'schen Gesetze beschreiben die Temperaturabhängigkeit des Volumens der Gase bei konstantem Druck und des Druckes der Gase bei konstantem Volumen

$$V_t = V_o(1 + \alpha(t - t_o)) \quad , \quad p = \text{konst.}$$

$$p_t = p_o(1 + \beta(t - t_o)) \quad , \quad V = \text{konst.}$$

Bei Zugrundelegung einer Celsius-Temperaturskala ist $t_o = 0^oC$. Die Größe α ist der Volumenausdehnungskoeffizient - er ist erheblich größer als der von festen und flüssigen Körpern - und β der Spannungskoeffizient. Unter Benutzung des Boyle-Mariotte'schen Gesetzes läßt sich zeigen, daß bei Gasen der Spannungskoeffizient β gleich dem Ausdehnungskoeffizient α sein muß. Experimente liefern für die mittleren Ausdehnungskoeffizienten aller Gase nahezu gleiche Werte im Temperaturbereich zwischen 0° und 100^oC. Die Unterschiede werden umso kleiner, je niedriger der Druck ist (s. Fig.61). Im Grenzfall $p = 0$ (Extrapolation einer Meßreihe) ergibt sich für alle Gase

$$\alpha = \beta = \frac{1}{273,15}\ K^{-1} = 0,003661\ K^{-1}\ .$$

Fig. 60: Skalenvergleiche von Hg- und Alkoholthermometer (aus R.W. Pohl, Einführung in die Physik, Band 1, 17. Aufl., Springer Verlag, Heidelberg 1969)

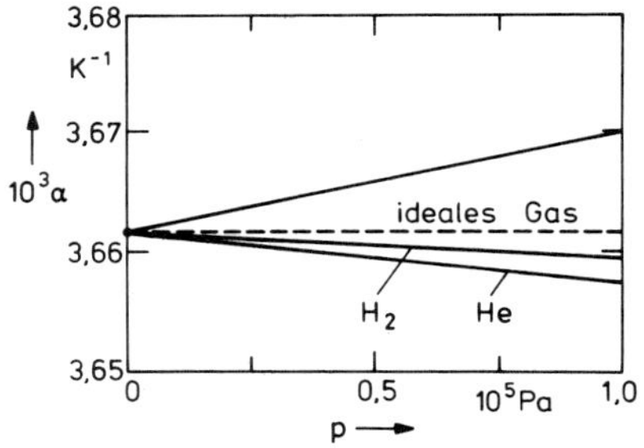

Fig. 61: Druckabhängigkeit des mittleren Ausdehnungskoeffizienten verschiedener Gase (entnommen aus PTB-Mitteilungen, s. Fußnote 3, S.45)

Ein Gas in diesem Grenzzustand bezeichnet man als <u>ideales Gas</u>.

Die Größe des Ausdehnungskoeffizienten und die Tatsache, daß sein Zahlenwert für alle Gase im Grenzfall kleiner Drucke gleich ist, ließ den Vorteil, mit Hilfe der thermischen Ausdehnung von Gasen eine Temperaturskala zu definieren, offenbar werden. Unter Zugrundelegung einer Celsius-Temperaturskala läßt sich danach die Temperatur des idealen Gases mit der Beziehung

$$\frac{p - p_o}{p_o} = \beta t$$

definieren, wobei p_o der Druck bei dem Fixpunkt $t = 0^oC$ ist. Mit Hilfe des zweiten Fixpunktes $t = 100^oC$ wird die Proportionalitätskonstante, der Spannungskoeffizient β aus dem Grenzwert der Beziehung

$$\beta = \frac{p(100^oC) - p(0^oC)}{100^oC \cdot p(0^oC)} \quad \text{mit} \quad V(100^o) = V(0^oC)$$

für p gegen 0 bestimmt. Damit ist die Celsius-Temperaturskala mit Hilfe der thermischen Ausdehnung von idealen Gasen zwischen zwei Fixpunkten festgelegt.

Das Gay-Lussac'sche Gesetz

$$p_t = p_o(1 + \beta t) = p_o\beta(\beta^{-1} + t) = p_o\beta(273{,}15^oC + t)$$

ließ erkennen, wie schon <u>Amontons</u> vermutete, daß bei einer Temperatur von $t = -273{,}15^oC$ der Druck $p = 0$ zu erwarten ist. Dies führte zur Definition einer absoluten Temperatur $T = t + \beta^{-1}$, die bei $t = -273{,}15^oC$ ihren Nullpunkt hat; d.h. die absolute Temperatur des Eispunktes beträgt $T_o = \beta^{-1} = 273{,}15$ K [es wird hier die moderne

Gradbezeichnung Kelvin (K) benutzt, obwohl sie historisch erst später eingeführt wurde]. Die absolute Temperatur erschien also in dieser Definition als eine von der Celsius-Temperatur abgeleitete Größe und hängt von dem experimentell zu bestimmenden Wert β ab, der nur mit einer Genauigkeit von 0,01 bis 0,02 K^{-1} angebbar ist. Bis 1954 wurden demzufolge für T_o Temperaturen zwischen 273,14 und 273,18 K zugrundegelegt.

Es zeigte sich jedoch, daß die absolute Temperatur eine grundlegendere Bedeutung als die einer abgeleiteten Größe hat:

a) Durch Kombination von Gay-Lussac'schem und Boyle-Mariotte'schem Gesetz und mit der Substitution $T = t + T_o$ ergibt sich die Zustandsgleichung des idealen Gases

$$\frac{pV}{T} = \text{const.} \qquad \text{oder} \qquad pV_m = R \cdot T \ ,$$

wobei V_m das molare Volumen (s. Ziffer 7.3) und R die universelle Gaskonstante ist. Danach ist zur Beschreibung des Zustandes eines idealen Gases neben Druck, Volumen und Stoffmenge die absolute Temperatur T die wesentliche Größe.

b) Die absolute Temperatur ist identisch mit der thermodynamischen Temperatur, die aus dem zweiten Hauptsatz folgt (s. S.115). Da sich die thermodynamische Temperatur als stoffunabhängig erweist, rechtfertigt diese Identität die Benutzung des idealen Gases als Thermometersubstanz (Gasthermometer), wobei das Ziel angestrebt wurde, eine stoffunabhängige Definition der Temperatur zu erreichen.

9.5 Die thermodynamische Temperaturdefinition

Die Entwicklung der Thermodynamik in der Mitte des 19. Jahrhunderts machte eine neue, stoffunabhängige Definition der Temperatur möglich.

Carnot hatte 1824 eine Wärmekraftmaschine erdacht, die in zyklischen, reversiblen Zustandsänderungen (einem sogenannten Kreisprozeß) einer beliebigen Arbeitssubstanz aus Wärme mechanische Arbeit gewinnen sollte. Eine Zustandsänderung wird dann reversibel genannt, wenn sie vollständig umgekehrt werden kann und danach alle beteiligten Stoffe und Systeme wieder im Ausgangszustand sind. Diese Voraussetzung bedeutet, daß das System lauter Gleichgewichtszustände durchläuft; ein Idealfall, der nur durch sehr langsame Änderung der Zustandsgrößen angenähert werden kann (keine Reibungsverluste). Die Carnot-Maschine arbeitet zwischen zwei Wärmereservoiren mit den Temperaturen T_1 und T_2 ($T_1 > T_2$). Die Arbeitssubstanz ist zunächst in thermischem Kontakt mit dem Wärmebad der Temperatur T_1 und leistet isotherm Arbeit, durch die dem Bad die Wärme Q_1 entzogen wird. Anschließend erfolgt eine adiabatische Arbeitsleistung, bei der der Arbeitsstoff sich auf T_2 abkühlt. Unter Kontakt mit dem Wärmebad der Temperatur T_2 wird am Arbeitsstoff isotherm Arbeit geleistet und dabei die entsprechende Wärme Q_2 dem Bad zugeführt. Der letzte Schritt ist eine adiabatische Arbeitsleistung an der Arbeitssubstanz, wodurch sie sich wieder auf T_1 erwärmt. Insgesamt ist nur die Wärme $Q_1 - Q_2$ in Arbeit umgesetzt worden; nach dem 1. Hauptsatz gilt $W_{12} = Q_1 - Q_2$. Die Fig.62 zeigt den Kreisprozeß im p-V-Diagramm eines idealen Gases. Die eingeschlossene Fläche ist die Arbeit W_{12}. Allgemeiner ist die Darstellung im Entropie-Temperatur-Diagramm (T-S-Diagramm). Bei der vorgesehenen reversiblen Prozeßführung sind die adiabatischen Teilprozesse ($dQ = 0$) Isentropen ($dS = dQ/T = 0$).

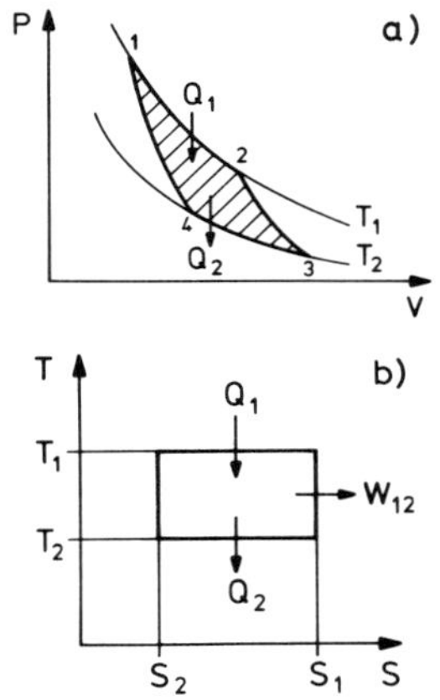

Fig. 62: Zum Carnot'schen Kreisprozeß

Carnot erkannt, daß grundsätzlich nicht die gesamte, dem wärmeren Reservoir entzogene Wärmemenge Q_1 in einem reversiblen Kreisprozeß in mechanische Arbeit verwandelt werden kann. Er stellte auch das Theorem auf, daß der Wirkungsgrad

$$\eta = \frac{W_{12}}{Q_1} = \frac{Q_1 - Q_2}{Q_1} = 1 - \frac{Q_2}{Q_1} = \frac{T_1 - T_2}{T_1}$$

nur von den Temperaturen T_1 und T_2 abhängt und unabhängig von der

Art der Arbeitssubstanz ist. Es gibt keine Maschine, die einen höheren Wirkungsgrad hat als den, der durch die beiden Temperaturen gegeben ist. Dieser Satz ist eine Formulierung des 2. Hauptsatzes der Wärmelehre. Von Thomson (Lord Kelvin) wurde er so ausgesprochen: Es gibt keine thermodynamische periodische Zustandsänderung, deren einzige Wirkung darin besteht, daß einem Wärmespeicher eine Wärmemenge entzogen und vollständig in Arbeit umgesetzt wird. Die Formulierung des 2. Hauptsatzes durch Clausius (1850) bezog sich auf den umgekehrten Carnot-Prozeß, d.h. auf eine Kühlmaschine bzw. Wärmepumpe: Es gibt keine thermodynamische Zustandsänderung, deren einzige Wirkung darin besteht, daß eine Wärmemenge einem kälteren Wärmespeicher entzogen und an einen wärmeren abgegeben wird. Es muß zusätzlich Arbeit aufgewendet werden, damit dieser Prozeß abläuft.- Der 2. Hauptsatz der Thermodynamik ist wie der 1. Hauptsatz (Energiesatz) ein Erfahrungssatz. Mit seiner Hilfe kann das Carnot'sche Theorem bewiesen werden.

Aus der Tatsache, daß der Wirkungsgrad eines Carnot'schen Kreisprozesses nur von den Temperaturen der Wärmespeicher, nicht jedoch vom Arbeitsstoff abhängt, erkannte Thomson 1848 die Möglichkeit, durch diesen Prozeß eine thermodynamische Temperatur zu definieren, die von den Eigenschaften spezieller Thermometer unabhängig ist. Das sei mit den folgenden Überlegungen gezeigt [1].

Es bedeute ϑ eine Temperaturskala, von der nur angenommen wird, daß sie eindeutig ist, und es sei $\vartheta_1 > \vartheta_2 > \vartheta_3$. Man schaltet zwei Carnot-Prozesse so hintereinander, daß die Wärmemenge Q_2, die dem Reservoir ϑ_2 zugeführt wird, gleichzeitig durch den zweiten Prozeß ihm wieder entzogen wird. Es gelten dann die folgenden Beziehungen

$$\eta_1 = \frac{W_{12}}{Q_1} = 1 - \frac{Q_2}{Q_1} = 1 - f(\vartheta_1, \vartheta_2) \quad ,$$

$$\eta_2 = \frac{W_{23}}{Q_2} = 1 - \frac{Q_3}{Q_2} = 1 - f(\vartheta_2, \vartheta_3) \quad ,$$

sowie

---

1) s. R. Becker, Theorie der Wärme, Heidelberg 1966

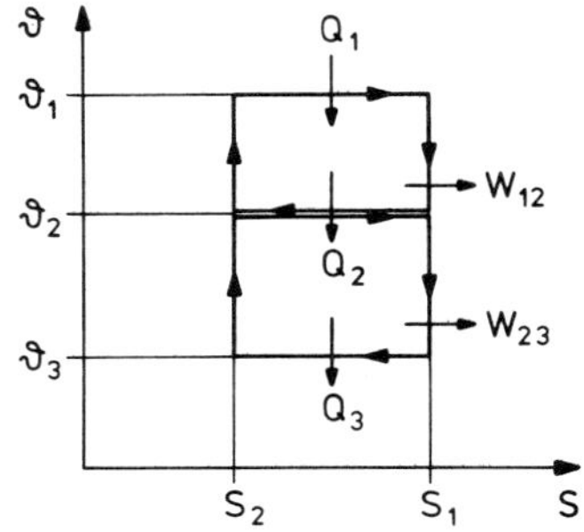

Fig. 63: Zusammenbau zweier Carnot-Prozesse

$$\eta_{13} = \frac{W_{12}+W_{23}}{Q_1} = 1 - \frac{Q_3}{Q_1} = 1 - f(\vartheta_1,\vartheta_3).$$

Aus diesen Beziehungen folgt
(1)

$$f(\vartheta_1,\vartheta_3) = f(\vartheta_1,\vartheta_2)\,f(\vartheta_2,\vartheta_3) \quad .$$

Man logarithmiert und differenziert partiell nach ϑ_1, es bleibt

$$\frac{\partial}{\partial\vartheta_1} \ln f(\vartheta_1,\vartheta_2) = \frac{\partial}{\partial\vartheta_1} \ln f(\vartheta_1,\vartheta_3)$$

und hier sieht man, daß $\ln f(\vartheta_1,\vartheta_j) = A(\vartheta_1) + B(\vartheta_j)$ sein muß, also

$$f(\vartheta_1,\vartheta_j) = a(\vartheta_1)b(\vartheta_j) \quad .$$

Schreibt man damit erneut die Beziehung (1) auf, so folgt

$$a(\vartheta_2) = \frac{1}{b(\vartheta_2)} \quad ,$$

und damit kann man die Funktionen f vollständig mit einem einzigen Funktionstyp schreiben, nämlich

$$f(\vartheta_1,\vartheta_2) = \frac{b(\vartheta_2)}{b(\vartheta_1)} \quad .$$

Der Ausdruck für den Wirkungsgrad einer Carnot-Maschine ist

$$\eta = 1 - f(\vartheta_1,\vartheta_2) = \frac{b(\vartheta_1) - b(\vartheta_2)}{b(\vartheta_1)} \quad ,$$

und es ist $Q_2/Q_1 = b(\vartheta_2)/b(\vartheta_1)$. Man hat nun davon auszugehen, daß nach Festlegung der Anfangstemperatur ϑ_1 die Funktion $b(\vartheta)$ experimentell bestimmt werden kann, indem η gemessen wird. Wir setzen dann fest, daß $b(\vartheta)$ die absolute Temperatur T sein soll, und wir wählen den Skalenfaktor so, daß die Temperatur des Tripelpunktes von H_2O $T_0 = 273{,}16$ K ist, wie oben schon gesagt. Es ist dies die thermodynamische Temperaturskala. Mit ihr folgt $Q_2/Q_1 = T_2/T_1$ und die oben schon angegebene Formel $\eta = (T_1 - T_2)/T_1$ für den Carnot-Wirkungsgrad, nunmehr aber als Definitionsbeziehung für die thermodynamische Temperatur.

Es wurde weiter oben schon das ideale Gas als "idealer Grenzfall" der realen Gase eingeführt. Für sie gilt die empirische Zustandsgleichung

$$pV = \nu RT^*$$

mit der Stoffmenge ν und der Temperatur T^*, die aus dem Expansionskoeffizienten ermittelt wurde und daher im Unterschied zur thermodynamischen Temperatur mit einem Stern bezeichnet ist. Mit dieser Arbeitssubstanz kann man die einzelnen Schritte des Carnot-Prozesses ausrechnen, wobei der 1. Hauptsatz in der Form

$$dQ = dU + pdV$$

benutzt wird. Darin ist dQ die dem Gas reversibel zugeführte Wärmemenge (einem Reservoir entnommene oder zugeführte Wärme), und für die innere Energie gilt, daß sie nur von der Temperatur abhängt,

$$dU = \nu C_v dT \ ,$$

wobei C_v die molare Wärmekapazität ist. Man erhält dann nach Berechnung der einzelnen Prozesse $1 \to 2$, $2 \to 3$, $3 \to 4$, $4 \to 1$ (s.Fig.62)

$$\frac{Q_2}{Q_1} = \frac{T_2^*}{T_1^*} \frac{\ln(V_3/V_4)}{\ln(V_2/V_1)} = \frac{T_2^*}{T_1^*} \ ,$$

weil sich aus der adiabatischen Zustandsänderung $V_3/V_4 = V_2/V_1$ ergibt. Das ist aber die gleiche Beziehung wie diejenige mit den thermodynamischen Temperaturen, d.h. T und T^* sind einander proportional. Die Proportionalitätskonstante wird gleich eins gesetzt.

Ergänzung: Der Stirling-Prozeß. Der Carnot-Prozeß ist nicht der einzige reversible Kreisprozeß mit dem Wirkungsgrad $\eta = (T_1 - T_2)/T_1$. Den gleichen Wirkungsgrad hat der Stirling-Prozeß, der dem Heißluftmotor bzw. der Philips-Gaskältemaschine zugrundeliegt. Bei diesem Kreisprozeß (Fig.64) finden zwischen der isothermen Expansion bei T_1 und der isothermen Kompression bei T_2 zwei isochore Zustandsänderungen statt. Dabei wird die Arbeitssubstanz (es sei ein ideales Gas betrachtet) zunächst beim Volumen V_2 von T_1 auf T_2 abgekühlt, indem sie mit Hilfe eines Verdrängers durch einen Regenerator ohne Volumenänderung hindurch geschoben wird ($2 \to 3$) und dabei an diesen eine bestimmte Wärmemenge abgibt. Während des isochoren Zurückschiebens ($4 \to 1$) durch den Verdränger beim Volumen V_1 wird dieselbe Wärmemenge aus dem Regenerator wieder aufgenommen und zum Aufheizen der Arbeits-

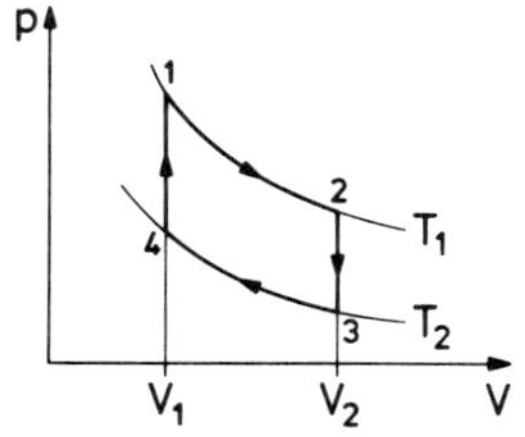

Fig. 64: p,V-Diagramm des Stirling-Prozesses mit einem idealen Gas

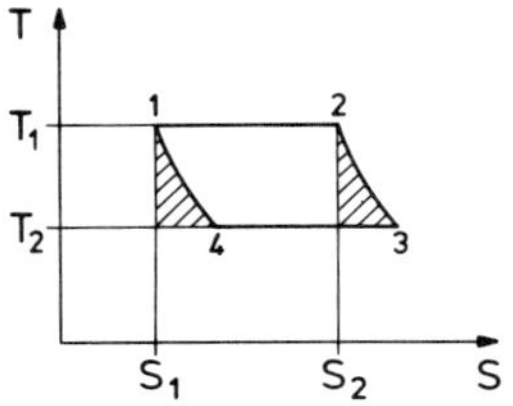

Fig. 65: T.S-Diagramm für den Carnot- und den Stirling-Prozeß

substanz von T_2 auf T_1 benutzt. Im Gegensatz zum Carnot-Prozeß, bei dem in den vergleichbaren Phasen (Adiabaten) weder Wärmemengen zugeführt noch abgeführt werden, wird hier zwar eine Wärmemenge abgegeben, aber gespeichert und anschließend zurückgewonnen. Der Wirkungsgrad wird also wie beim Carnot-Prozeß nur von der bei der Temperatur T_1 aufgenommenen Wärmemenge $Q_1 = \nu RT_1 \ln(V_2/V_1)$ und von der bei der Temperatur T_2 abgegebenen Wärmemenge $Q_2 = \nu RT_2 \ln(V_2/V_1)$ bestimmt; d.h. für ideale Gase gilt

$$\eta_{Stirling} = \frac{Q_1 - Q_2}{Q_1}$$

$$= \frac{\nu R(T_1 - T_2)\ln \frac{V_2}{V_1}}{\nu RT_1 \ln \frac{V_2}{V_1}} = \frac{T_1 - T_2}{T_1}$$

$$= \eta_{Carnot} \ .$$

Diesen Sachverhalt kann man sich auch im T,S-Diagramm (Fig.65) klarmachen. Die im Stirling-Prozeß geleistete Arbeit entspricht einer Fläche, die gleich groß ist wie das Rechteck des entsprechenden Carnot-Prozesses, da die Isochoren im T,S-Diagramm durch gleiche Exponentialfunktionen dargestellt werden, die nur jeweils parallel zur S-Achse verschoben sind (die schraffierten Flächen sind gleich groß). Bei reversibler Prozeßführung gilt nämlich

$$dS = \frac{dQ}{T} = \frac{\nu C_v dT}{T} + \frac{pdV}{T} = \nu C_v \frac{dT}{T} + \nu R \frac{dV}{V} ,$$

und damit beim isochoren Prozeß $(dV = 0)$

$$S - S_2 = \nu C_v \ln(T/T_1) ,$$

oder bei

$$2 \rightarrow 3 \quad T = T_1 \exp[(S - S_2)/\nu C_v]$$

$$4 \rightarrow 1 \quad T = T_1 \exp[(S - S_1)/\nu C_v].$$

D.h. es wird bei gleich großer zugeführter Wärmemenge Q_1 die gleiche mechanische Arbeit geleistet wie beim Carnot-Prozeß, der Wirkungsgrad beider Prozesse ist gleich.

Durch die aus dem Carnot-Prozeß folgende Beziehung

$$\frac{Q_2}{Q_1} = \frac{T_2}{T_1}$$

ist die Temperatur nur bis auf einen willkürlichen Faktor bestimmt. Dieser wurde von Thomson aufgrund der ebenfalls bestehenden Proportionalität zur gasthermometrischen Temperatur so gewählt, daß beide Temperaturen übereinstimmen *). Er verlangte, daß die Differenz der thermodynamischen Temperaturen zwischen dem Gefrier- und Siedepunkt von Wasser 100 Grad beträgt. Mit der Festlegung durch diese beiden Fixpunkte blieb der Nachteil bestehen, daß die Genauigkeit der absoluten gasthermometrischen bzw. jetzt thermodynamischen Temperatur weiter von der experimentellen Bestimmung des Ausdehnungskoeffizienten abhing ($T_o = \alpha^{-1} = 273{,}15$ Grad).

Obwohl es aufgrund der obigen Beziehung naheliegend war - und auch schon von Amontons vorgeschlagen worden war - über den noch zu bestimmenden Faktor so zu verfügen, daß man den Temperaturwert eines Fixpunktes exakt definiert (der zweite Punkt ist der absolute Nullpunkt), wurde diese Temperaturdefinition erst etwa 100 Jahre später eingeführt [1]. Die 10. Generalkonferenz für Maße und Gewichte beschloß 1854: Die thermodynamische Temperatur des Tripelpunktes von Wasser beträgt exakt 273,16 Kelvin (K). Der Einheitenname wurde zu Ehren Thomsons (Lord Kelvins) eingeführt.

Der Tripelpunkt von Wasser ist derjenige Punkt im Zustandsdiagramm, wo flüssiger, fester und gasförmiger Aggregatzustand miteinander gleichzeitig im Gleichgewicht sind. Das Zustandsdiagramm von Wasser ist in Fig.66 skizziert. In ihm sind die drei Aggregatzustände oder Phasen gekennzeichnet. Nach der Gibbs'schen Phasenregel $f = c - p + 2$, die den Zusammenhang zwischen Zahl der Freiheitsgrade f eines Systems (Zahl der unabhängig wählbaren Variablen), der Zahl der Phasen p und der Komponenten c beschreibt, ist für reines Wasser ($c = 1$) die Zahl der Freiheitsgrade $f = 3 - p$. D.h. bei Vorliegen einer Phase können zwei Variable z.B. Druck und Temperatur frei gewählt werden. Sind zwei Phasen miteinander im Gleichgewicht ($p = 2$), so ist $f = 1$; nach Wahl einer Temperatur gibt es nur einen bestimmten Druck, bei dem das System im Gleichgewicht ist. Dieser Fall liegt bei den Kurven im Zustandsdiagramm

---

*) Man beachte, daß dabei immer auf das "ideale Gas" Bezug genommen wird.

1) Vgl. dazu W.F. Giauque, Nature 143(1939)623.

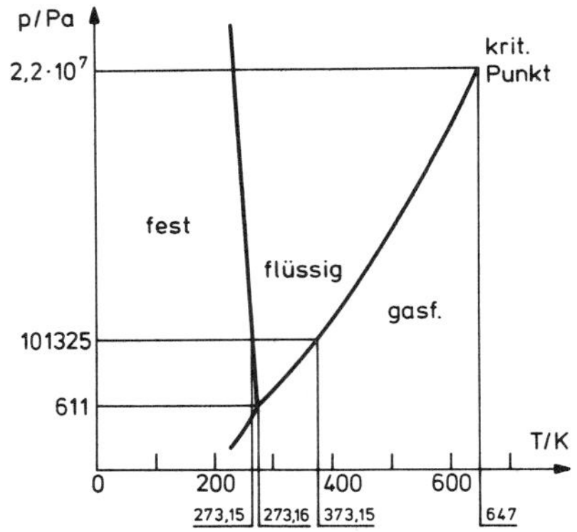

Fig. 66: Zustandsdiagramm von Wasser; nicht maßstabsgerecht

vor, die die Bereiche fest, flüssig, gasförmig voneinander trennen (Dampfdruckkurve, Sublimationsdurckkurve, Schmelzdruckkurve). Am Schnittpunkt der drei Kurven sind alle drei Phasen koexistent ($p = 3$). Das System hat damit keinen Freiheitsgrad mehr ($f = 0$); bei Änderung einer Variablen kommt das System aus dem Gleichgewicht. Die drei Phasen können also nur bei einem ganz bestimmten Wertepaar für Druck und Temperatur gleichzeitig vorliegen, bei Wasser sind dies die Werte $p = 611$ Pa (≙ 4,58 Torr) und $T = 273{,}16$ K (nach Definition). Andererseits ist damit immer bei gleichzeitigem Vorliegen der drei Aggregatzustände exakt dieselbe Temperatur vorhanden. Im Gegensatz dazu ist z.B. bei der Angabe der Siede- oder Schmelztemperatur immer die Angabe des zugehörigen Druckes notwendig. Reproduzierbare Gleichgewichtszustände zwischen den Phasen reiner Substanzen bezeichnet man als Fixpunkte. Der Tripelpunkt von Wasser wurde gewählt, da er leicht herzustellen und innerhalb weniger Milligrad sehr gut reproduzierbar ist.

Der Eispunkt des Wassers liegt bei Normaldruck ($p = 101325$ Pa ≙ 760 Torr ≙ 1 atm) etwa 0,00993 Grad unter dem Tripelpunkt. Innerhalb der experimentellen Genauigkeit bedeutete dies keine Abweichung von dem vorher benutzten Wert der Eispunkt-Temperatur; daher wurde der Nullpunkt der Celsius-Skala exakt zu $T_o = 273{,}15$ K definiert. Der Siedepunkt von Wasser bei Normaldruck ist damit nicht mehr genau zu 373,15 K festgelegt, sondern kann sich durch genauere Messungen etwas verschieben (s. S. 144).

Mit der Festlegung von T_o ergibt sich auch eine neue thermodynamische Definition der Celsius-Temperatur; es gilt $t = T - T_o$, d.h. die Celsius-Temperatur ist jetzt eine abgeleitete Größe.

Die 13. GKMK ging dann 1967 erstmals von einer Definition einer Temperatur<u>skala</u> ab und definierte die <u>Einheit der Temperatur</u> als den 273,16ten Teil der Temperatur des Tripelpunktes von Wasser.

9.6 Die statistische Temperatur-Definition [1)]

Die Entwicklung der kinetischen Gastheorie durch <u>Krönig</u> und <u>Clausius</u> (1857) und die Untersuchungen von <u>Maxwell</u> (1859) und <u>Boltzmann</u> (1868) zur Geschwindigkeits- und Energieverteilung von Molekülen im thermischen Gleichgewicht führten zu einer molekularen Interpretation der thermodynamischen Temperatur. Die Temperatur stellt sich dabei als ein Parameter dar, der die energetische Verteilung der Moleküle eines Systems charakterisiert.

Vervollkommnet wurde diese Interpretation durch die Entwicklung der statistischen Mechanik durch <u>Gibbs</u> (1902). Es gelang <u>Gibbs</u>, die kanonische Wahrscheinlichkeitsverteilung für die Energie eines Systems im thermischen Gleichgewicht aufzustellen. Als Parameter tritt dabei eine Größe Θ auf, die über die Boltzmann-Konstante k mit der thermodynamischen Temperatur zusammenhängt; es gilt

$$\Theta = kT \ .$$

Damit war die Verbindung zwischen statistischer und thermodynamischer Temperatur hergestellt. Diese Übereinstimmung gestattet es z.B. die Virialkoeffizienten, die zur Beschreibung eines realen Gases notwendig sind (Gasthermometrische Messung mit realen Gasen!), mit Hilfe der statistischen Mechanik zu berechnen. Die Zustandsgleichung realer Gase läßt sich in folgender Reihenentwicklung darstellen

$$p \cdot V_m = RT\left(1 + \frac{B(T)}{V_m} + \frac{C(T)}{V_m^2} + \cdots\right) \ .$$

Dabei sind die Virialkoeffizienten B(T), C(T) Funktionen der Temperatur, die aus einer Theorie folgen.

---

1) <u>de Boer</u>, loc.cit.

9.7 Gasthermometrische Messungen

Nach der thermodynamischen Temperaturdefinition müßte zur Temperaturmessung ein Carnot-Prozeß durchgeführt werden; die Temperaturmessung würde dabei auf eine Messung von Wärmemengen zurückgeführt werden. Dies ist jedoch nicht mit genügender Genauigkeit möglich. Exakter ist die Bestimmung der thermodynamischen Temperatur mit Hilfe eines Gasthermometers, was wegen der Äquivalenz von thermodynamischer und gasthermometrischer Temperatur zulässig ist.

Die gasthermometrische Temperatur folgt - wie schon gesagt - aus der Zustandsgleichung idealer Gase. Da die Messung jedoch mit einem realen Gas erfolgt, ist eine Korrektur mit Hilfe der Virialkoeffizienten erforderlich. Berücksichtigt man nur den zweiten Virialkoeffizienten B(T) und benutzt die vereinfachte Formel

$$pV = \nu RT(1 + \nu\frac{B(T)}{V}),$$

so läßt sich der Virialkoeffizient einfach auch experimentell bestimmen. Dazu werden zusammengehörige Werte von p,V und T gemessen, und es wird $pV/\nu RT$ für konstante Temperatur als Funktion von 1/V aufgetragen: Aus der Steigung der zu erwartenden Geraden folgt der Virialkoeffizient bei dieser Temperatur. Wiederholungen des Experimentes bei anderen Temperaturen bestimmen den Verlauf der Funktion B(T). Einige Beispiele sind in Fig.67 eingezeichnet.

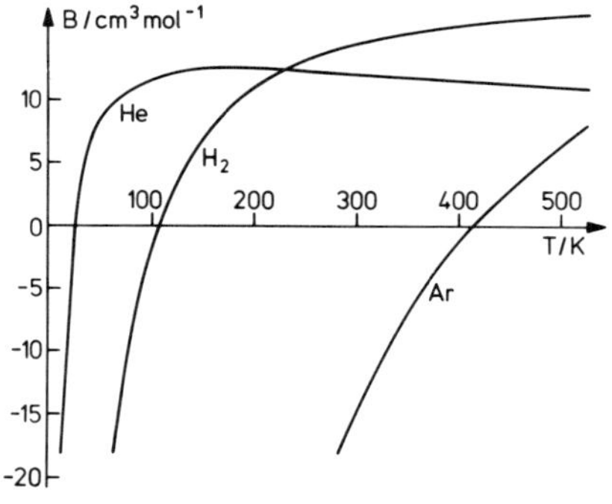

Fig. 67: Zweiter Virialkoeffizient als Funktion der Temperatur für einige Gase

Das Gasthermometer besteht im Prinzip aus einem Thermometergefäß, in das eine bestimmte Gasmenge dicht eingeschlossen ist. Mit diesem Gas konstanter Masse bzw. Stoffmenge - meist Stickstoff, Argon oder Helium, deren thermisches Zustandsverhalten gut bekannt ist - werden Zuständsänderungen durchgeführt. Bei vorgegebener

Temperatur nimmt das Gas, entsprechend der Zustandsgleichung, unter einem bestimmten Druck ein bestimmtes Volumen ein. Eine Temperaturänderung hat eine Druck- und/oder Volumenänderung zur Folge und kann durch diese gemessen werden. Anstatt die Temperatur absolut aus der Zustandsgleichung zu bestimmen, wird die Messung relativ zu einem Bezugspunkt durchgeführt; d.h. ein Zustand wird z.B. in Bezug gesetzt zu dem Zustand bei der Temperatur des Tripelpunktes von Wasser. Man erhält ähnlich wie beim Carnot-Prozeß das Verhältnis zweier Temperaturen. Es werden im wesentlichen die drei folgenden Verfahren benutzt.

9.7.1 Gasthermometer konstanten Volumens

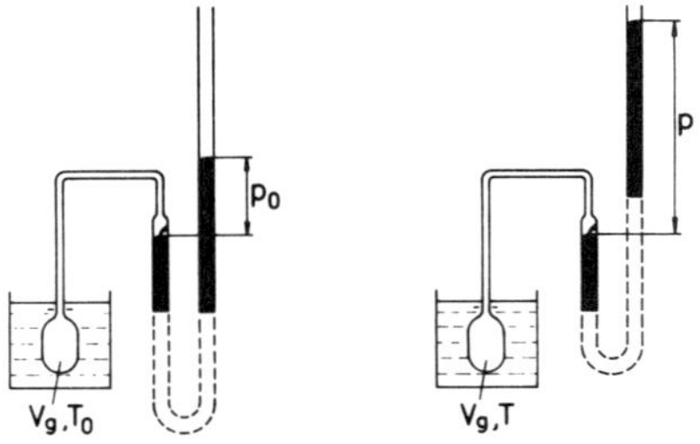

Fig. 68: Meßprinzip eines Gasthermometers konstanten Volumens

Mit V_g = konst. gilt $T = T_o \frac{p}{p_o}$. Der Druck, unter dem das eingeschlossene Gas in den Zuständen mit T und T_o steht, wird durch ein Quecksilbermanometer gemessen, dessen Quecksilbersäule gleichzeitig dazu benutzt wird, das Volumen konstant zu halten (s. Fig.68).

9.7.2 Gasthermometer konstanten Druckes

Bei der Ausgangstemperatur T_o nimmt das Meßgas unter dem Druck p_o das Volumen V_g ein. Wird das Thermometergefäß auf die zu messende Temperatur $T > T_o$ gebracht, so wird die Ausdehnung in ein zusätzliches, kalibriertes Volumen V hinein gestattet (Verdrängung von Quecksilber), um dabei den Druck konstant zu belassen

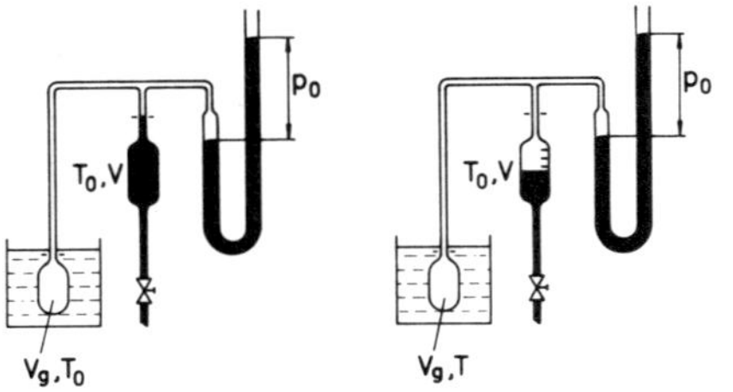

Fig. 69: Meßprinzip eines Gasthermometers konstanten Druckes

(s. Fig.69). Nach Abschluß des Temperaturanstiegs befinden sich ν_1 Mole im Volumen V_g und ν_2 Mole im Zusatzvolumen V, wobei

$$\nu_1 = \frac{p_o V_g}{RT} \quad \text{und} \quad \nu_2 = \frac{p_o V}{RT_o} .$$

Da die gesamte Stoffmenge konstant geblieben ist, gilt $\nu = \nu_1 + \nu_2$, wobei ν durch den Anfangszustand gegeben ist

$$\nu = \frac{p_o V_g}{RT_o} .$$

Es folgt

$$\frac{p_o V_g}{RT} + \frac{p_o V}{RT_o} = \frac{p_o V_g}{RT_o} ,$$

und daraus für die zu messende Temperatur

$$T = T_o \frac{V_g}{V_g - V} .$$

9.7.3 Gasthermometer konstanter Temperatur

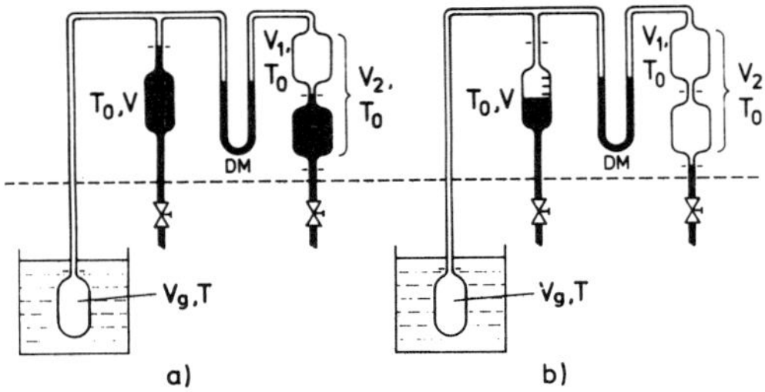

Fig. 70: Meßprinzip beim Gasthermometer konstanter Temperatur, DM Differentialmanometer

Der Nachteil der beiden Methoden a) und b) besteht darin, daß bei Erwärmung des Thermometergefäßes auf die Temperatur T Gas aus der Wandung in das Meßvolumen hinein abgegeben wird (Desorption) und damit die Messung verfälscht wird. Insbesondere bei hohen Temperaturen ist das eine wichtige Fehlerquelle. Bei den Gasthermometern konstanter Temperatur [1] (s. Fig.70) wird dagegen zunächst die Einstellung

---

[1] Moderne Gasthermometer z.B. bei H. Moser, J. Otto, W. Thomas, Z.Phys. 147(1957)59, und H. Moser, Metrologia 2(1965)68

des Gleichgewichts abgewartet (Meßvolumen V_g auf der Temperatur T, Meßgerät auf der Temperatur T_o) und dann die Temperaturmessung vorgenommen, indem man das Meßgas sich in das kalibrierte Volumen V ausdehnen läßt (das Differentialmanometer DM gestattet die Einstellung des Druckes).

Im einzelnen errechnet sich die Temperatur T wie folgt. Mit der Expansion des Gases in das Volumen V wird gleichzeitig das Hilfsvolumen von V_1 auf V_2 vergrößert. Im Hilfsvolumen entsteht nach dem Boyle-Mariotte'schen Gesetz der Druck

$$p = \frac{V_1}{V_2} p_o \qquad (\text{mit } T_o = \text{konst.}) .$$

Druckdifferenz null am Differentialmanometer DM gewährleistet, daß auch das Meßgas unter diesem Druck steht. Im übrigen ist für das Meßgas die Stoffmenge konstant, also gilt

$$\frac{p_o V_g}{RT} = \frac{pV_g}{RT} + \frac{pV}{RT_o}$$

oder

$$\frac{V_g}{T} + \frac{V}{T_o} = \frac{p_o}{p} \frac{V_g}{T} = \frac{V_2}{V_1} \frac{V_g}{T} ,$$

so daß

$$T = T_o \frac{V_g}{V} (\frac{V_2}{V_1} - 1) .$$

Bei bekanntem V_g, V_1 und V_2 ist also T aus dem Ausdehnungsvolumen V zu bestimmen. Die Bezugstemperatur T_o wird in einem Vorversuch ermittelt, bei dem sich das Thermometergefäß auf der Temperatur des Wasser-Tripelpunktes befindet.

Neben dem oben erwähnten Fehler durch Gassorption gibt es noch weitere Fehlerquellen, die sorgfältig berücksichtigt werden müssen - abgesehen vom nicht-idealen Verhalten der Gase -

1) Die Verbindungsleitungen haben Eigenvolumina, in denen die Temperatur nicht genau definiert ist.

2) Die thermische Ausdehnung und Druckausdehnung des Thermometergefäßes verändert das Gasvolumen.

3) Die Diffusion der Gase.

9.8 Andere Thermometer zur Realisierung der thermodynamischen Temperatur

Neben der Realisierung der thermodynamischen Temperatur durch Gasthermometer gibt es noch weitere Methoden, die besonders im Bereich tiefer und hoher Temperaturen eingesetzt werden.

9.8.1 Akustisches Thermometer [1)]

Die Schallgeschwindigkeit in idealen Gasen hängt wie folgt von der thermodynamischen Temperatur ab,

$$(1) \qquad c_o = \sqrt{\frac{C_p}{C_v}\,\frac{RT}{M}}\ .$$

Für das Verhältnis der Wärmekapazitäten wird der auf den Druck $p = 0$ extrapolierte Wert benutzt ($C_p/C_v = \frac{5}{2}$ bei einatomigen Gasen), M ist die Molmasse (s. S.76). Für reale Gase wird eine modifizierte Formel benutzt, die aus der Zustandsgleichung folgt

$$(2) \qquad c = c_o \sqrt{1 + \frac{B(T)}{V_m} + \frac{C(T)}{V_m^2}}\ .$$

In der Praxis wird der Grenzwert für $p \to 0$ bestimmt, indem bei der zu messenden Temperatur Frequenz f und Wellenlänge λ einer Schallschwingung als Funktion des Druckes gemessen werden (p muß hinreichend niedrig sein).- Eine Ultraschallschwingung eines Schwingquarzes versetzt (ähnlich wie im Kundt'schen Rohr) eine Gassäule in Schwingungen (s. Fig.71), wo-

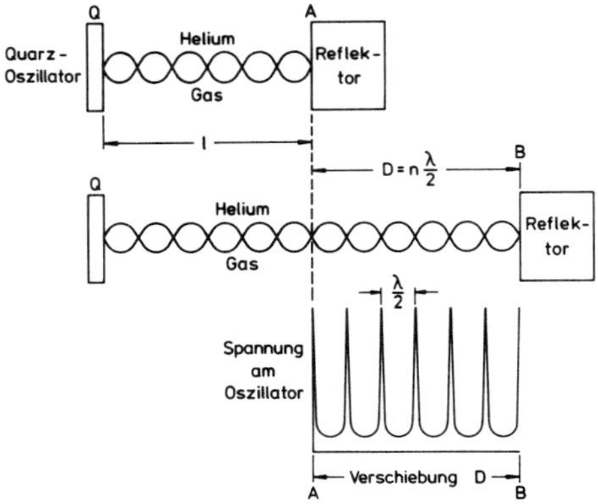

Fig. 71: Prinzipschema zur Messung der Schallwellenlänge beim akustischen Thermometer

1) H. Plumb, G. Cataland, Metrologia 2(1966)127

bei die Länge l der Gassäule so eingestellt werden kann, daß sich stehende Wellen ausbilden (das ist der Fall bei $l = m \frac{\lambda}{2}$). Durch eine geeignete elektrische Schaltung wird dafür gesorgt, daß die Ausbildung einer stehenden Welle ein maximales Spannungssignal abzunehmen gestattet. Die eigentliche Wellenlängenmessung erfolgt, indem eine endliche Verschiebung D des Reflektors vorgenommen wird und die Anzahl der Spannungsmaxima gezählt wird. Aus dem Produkt $c = \lambda \cdot f$ folgt die Schallgeschwindigkeit und damit aus Glg.(1) bzw. (2) die Temperatur. Zur Präzisionsmessung von D kann ein optisches Interferometer benutzt werden.- Das Thermometer wird vorteilhaft im Bereich von $T = 2$ bis 20 K benutzt.

9.8.2 Dampfdruck-Thermometer

Da bei tiefen Temperaturen letztlich alle Gase verflüssigt werden können, und der Dampfdruck stark von der Temperatur abhängt, kann der Dampfdruck zur Messung der Temperatur in solchen Temperaturbereichen verwendet werden, wo flüssige und Gas-Phase koexistent sind, z.B. bei Helium unterhalb von 5,2 K (kritische Temperatur; $p_{krit} = 2{,}39 \cdot 10^5$ Pa $\hat{=}$ 2,26 atm). Der Zusammenhang zwischen Dampfdruck (Sättigungsdruck) p und Temperatur T läßt sich für Drucke unterhalb 1,013 bar in guter Näherung aus der Clausius-Clapeyron'schen Gleichung ableiten,

$$(3) \qquad \frac{dp}{dT} = \frac{1}{T} \frac{Q}{V_d - V_{fl}} \; ,$$

wobei Q die molare Verdampfungswärme ist (vgl. S.17) und V_d und V_{fl} die Molvolumina von Dampf und Flüssigkeit sind. In der Regel kann der Dampf als ideales Gas behandelt werden, und es ist $V_{fl} \ll V_d$. Dann lautet Glg.(3)

$$(4) \qquad \frac{dp}{p} = \frac{Q}{R} \frac{dT}{T^2} \; .$$

Die molare Verdampfungswärme ist selbst temperaturabhängig (sie verschwindet am kritischen Punkt), und diese Abhängigkeit darf nicht vernachlässigt werden. In der Thermodynamik wird gezeigt[1),]

1) z.B. R. Becker, loc.cit. (S.111)

daß für Q die Beziehung gilt

$$\frac{dQ}{dT} = C_p - \Gamma \ ,$$

wobei C_p die molare Wärmekapazität des Dampfes, Γ diejenige der Flüssigkeit ist. Daraus folgt

$$(5) \qquad Q(T) = Q(T_o) + \int_{T_o}^{T} (C_p - \Gamma)\,dT \ ,$$

und Q(T) ist prinzipiell bekannt. Für die Gewinnung einer praktikablen Dampfdruckformel, also die Integration von Glg.(4), benutzt man die Tatsache, daß bei $T_o \to 0$ die Größe C_p exakt gegen $\frac{5}{2}R$, also $C_p - \frac{5}{2}R \to 0$ geht. Da außerdem Γ ebenfalls gegen Null geht, so ist man sicher, daß

$$C_s = C_p - \frac{5}{2}R - \Gamma$$

bei $T_o \to 0$ selbst gegen Null geht. Man kann also in (5) auch $T_o = 0$ als Bezugspunkt nehmen und spaltet den Integranden geeignet auf, so daß

$$Q = Q_o + \frac{5}{2}RT + \int_o^T C_s\,dT \ .$$

Man nennt Q_o die molare Verdampfungswärme "beim absoluten Nullpunkt". Damit läßt sich die Beziehung (4) integrieren zu

$$(6) \qquad \ln\frac{p}{p_o} = -\frac{Q_o}{R}\left(\frac{1}{T} - \frac{1}{T_o}\right) + \frac{5}{2}\ln\frac{T}{T_o} + f(T,T_o) \ .$$

In dieser Beziehung sind charakteristische Anpassungsparameter enthalten ($p_o, T_o, f(T,T_o)$), so daß man gemessene Dampfdruckverläufe gut wiedergeben kann. So kann schließlich aus dem gemessenen Dampfdruck auf die thermodynamische Temperatur geschlossen werden.

Tabellen von Dampfdrucken werden häufig abschnittsweise durch die Näherungsformel approximiert

$$\log_{10}\frac{p}{\text{Torr}} = -\frac{A}{T} + B + C\log_{10}\frac{T}{K} + D\cdot T \ ,$$

wobei A,B,C,D empirische Konstanten sind. Siehe z.B. Landolt-Börnstein, Zahlenwerte und Funktionen aus Physik, Chemie, Astronomie, Geophysik, Technik, II. Band, 2. Teil, Heidelberg 1960. Dampfdruckkurven für ^4He und ^3He in F.W. Kohlrausch, Praktische Physik, Band III, Stuttgart 1968. Ferner für ^4He: R.D. Mc Carty, J.Phys.Chem.Ref.Data, 2(1973)923.

9.8.3 Magnetisches Thermometer

Sehr tiefe thermodynamische Temperaturen ($T \leqslant 1$ K) werden mit Hilfe der adiabatischen Entmagnetisierung erreicht. In diesem Bereich können Temperaturen mittels der Temperaturabhängigkeit der magnetischen Suszeptibilität eines paramagnetischen Stoffes bestimmt werden. Für nicht miteinander wechselwirkende paramagnetische Ionen im Kristallverband (z.B. für Cer-Ionen ein Kristall aus $Ce_2Mg_3(NO_3)_{12} \cdot 24\ H_2O$) gilt das Curie'sche Gesetz für die molare Suszeptibilität

$$(7) \qquad \chi = \frac{1}{3}\,\frac{P_m^2}{R}\,\frac{1}{T} = \frac{C}{T}\ ,$$

wobei P_m die molare Sättigungsmagnetisierung ist (Produkt aus atomarem magnetischem Moment und Avogadro'scher Zahl). Die Curie-Konstante C wird für einen bestimmten Stoff durch Anpassung an eine gasthermometrische Messung gewonnen. Die Methode führte bis zu Temperaturen von 1 mK zu brauchbaren Ergebnissen. Die Abweichungen vom einfachen Curie'schen Gesetz bei Temperaturen unterhalb von 10 mK (herrührend von der Wechselwirkung mit dem lokalen Kristallfeld und der paramagnetischen Ionen untereinander) werden durch eine Reihenentwicklung

$$(8) \qquad \chi = \frac{C}{T}\left(1 + \frac{C_1}{T} + \frac{C_2}{T^2} + \cdots\right)$$

berücksichtigt. Für einen neueren Bericht über magnetische Temperaturmessungen im Bereich von 1 bis 83 K siehe [1)]

9.8.4 Pyrometer

Oberhalb 1500 K ist der Gebrauch von Gasthermometern zur Realisierung der thermodynamischen Temperatur nicht mehr möglich. Hier kann die Strahlung eines schwarzen Körpers herangezogen werden. Ist T die Temperatur des schwarzen Körpers (Emissionsvermögen = Absorptionsvermögen = 1), dann ist nach dem Planck'schen Strahlungsgesetz die Strahldichte [2)]

[1)] T.C. Cetas, Metrologia 12(1976)27

[2)] Die Begriffe der Strahlungsphysik, wie Strahldichte, usw., werden in Ziffer 10 besprochen.

$$(9) \qquad \frac{\partial L(\lambda,T)}{\partial \lambda} = L_\lambda(\lambda,T) = \frac{c_1}{\lambda^5} \frac{1}{\exp(\frac{c_2}{\lambda T}) - 1} ,$$

wobei

$$c_1 = 2hc^2 = 1,191 \cdot 10^{-16} \text{ Nm}^3 , \qquad c_2 = \frac{hc}{k} = 0,014388 \text{ Km} .$$

Als Meßgerät wird ein Spektralpyrometer eingesetzt, mit dem ein enger Wellenlängenbereich der Strahlung über ein Filter und ein optisches System fotoelektrisch registriert wird. Der Fotostrom I ist proportional zum Strahlungsfluß, der auf die Fotozelle fällt und ist damit von der thermodynamischen Temperatur abhängig,

$$(10) \qquad I(T) = \int_0^\infty g L_\lambda(\lambda,T) s(\lambda) d\lambda ,$$

wobei g die optische Apparatekonstante (z.B. Blendenöffnung) und die elektronische Verstärkung des Pyrometers kennzeichnet. Die Größe $s(\lambda)$ kennzeichnet die relative spektrale Empfindlichkeit.

Mit dieser Methode ist wegen der unvermeidbaren Drift des Verstärkersystems keine absolute Messung möglich [1)]. Daher werden nur Verhältnisse von Strahldichten zur Messung herangezogen, wobei man sich auf die reproduzierbare Strahlung eines schwarzen Körpers bekannter Temperatur (z.B. Erstarrungspunkt von Gold bei $T = 1337,58$ K) bezieht:

$$(11) \qquad \frac{I(T)}{I(T_{Au})} = \int_0^\infty L_\lambda(\lambda,T) s(\lambda) d\lambda \Big/ \int_0^\infty L_\lambda^{Au}(\lambda,T_{Au}) s(\lambda) d\lambda .$$

Abschließend ist zu bemerken, daß alle besprochenen Methoden, außer der Messung der Schallgeschwindigkeit, keine geügend genaue absolute Bestimmung der thermodynamischen Temperatur zulassen. So ist bis heute die thermodynamische Temperatur als kontinuierliche Variable nur mit Hilfe von Gasthermometern und akustischen Thermometern realisierbar.

---

1) H. Kunz, Metrologia 5(1969)88

9.9 Die Internationale Praktische Temperaturskala

Die Messung der thermodynamischen Temperatur mit einem Gasthermometer ist für den praktischen Gebrauch zu schwierig und aufwendig. Man bemüht sich daher, bequemere Temperaturmeßmethoden zu entwickeln, deren Ergebnisse den Werten der thermodynamischen Temperatur möglichst nahekommen; d.h. die thermodynamische wird durch eine "praktische" Temperaturskala ersetzt. Dazu wird eine Anzahl von gut reproduzierbaren Fixpunkten ausgewählt, deren thermodynamische Temperaturen mit einem Gasthermometer sorgfältig gemessen und damit festgelegt werden. Mit den Fixpunkten werden bestimmte Temperaturmeßgeräte geeicht, deren Anzeige zwischen den Fixpunkten möglichst gut bekannte Funktionen der thermodynamischen Temperatur darstellen. Diese Funktionen können sowohl aus experimentellen Meßwerten als auch aus theoretischen Überlegungen abgeleitet sein, d.h. andererseits, daß die Anpassung der praktischen Temperaturskala an die thermodynamische nur so gut sein kann, wie der Stand der Meßtechnik bzw. Theorie ist. Verbesserungen in beiden Bereichen haben damit jeweils Revisionen der praktischen Temperaturskala zur Folge.

Die erste international verbindliche praktische Temperaturskala wurde 1927 von der 7. Generalkonferenz für Maße und Gewichte (GKMG) mit der Bezeichnung "Internationale Temperaturskala von 1927" eingeführt. Es war eine Celsiusskala, die Temperatureinheit $1^{o}C$ wurde durch das Intervall zwischen dem Eispunkt ($t = 0^{o}C$) und dem Siedepunkt des Wassers ($t = 100^{o}C$) bestimmt. In dem Bereich von $t = -183^{o}C$ bis $t = 1063^{o}C$ wurde die Skala durch vier weitere Fixpunkte (Siedepunkte von Sauerstoff ($-183^{o}C$) und Schwefel ($445^{o}C$), Schmelzpunkte von Silber ($962^{o}C$) und Gold ($1063^{o}C$)) festgelegt. Zur Temperaturmessung wurden drei Meßgeräte vorgeschrieben: Im Bereich von $-183^{o}C$ bis $660^{o}C$ ein Widerstandsthermometer, von $660^{o}C$ bis $1063^{o}C$ ein Thermoelement, oberhalb $1063^{o}C$ ein Pyrometer.

Diese Temperaturskala wurde von der 9. GKMG durch die "Internationale Temperaturskala von 1948" ersetzt. Die Fixpunkte blieben erhalten, doch wurden die Bedingungen für den Reinheitsgrad der Fixpunktsubstanzen und der Thermometermaterialien verschärft. Die bis dahin bei der Pyrometermessung verwendete Wien'sche Strahlungsformel wurde durch die Planck'sche ersetzt und ein verbesserter Zahlenwert für die Strahlungskonstante c_2 benutzt.

Da 1954 von der 10. GKMG die thermodynamische Temperatur mit der Festlegung des Tripelpunktes von Wasser auf 273,16 K zu einer Basisgröße des Internationalen Einheitensystems erklärt worden war, wurde 1960 von der 11. GKMK die "Internationale Temperaturskala von 1948" umbenannt in "Internationale Praktische Temperaturskala von 1948", abgekürzt IPTS-48. Der Zusatz "praktisch" sollte darauf hinweisen, daß diese Temperaturskala im allgemeinen nicht mit der thermodynamischen zusammenfällt. Der Eispunkt wurde durch den Tripelpunkt des Wasser bei $t = 0{,}01\,^{\circ}C$ und der Siedepunkt des Schwefels durch den Schmelzpunkt des Zinks ($t = 420\,^{\circ}C$) ersetzt.

Inzwischen waren jedoch aufgrund verbesserter Meßverfahren Unterschiede zwischen der IPTS-48 und der thermodynamischen Temperaturskala, besonders im Bereich hoher Temperaturen deutlich geworden. Außerdem ergab sich die Notwendigkeit, den Temperaturbereich zu tieferen Temperaturen zu erweitern. Deshalb entwickelte das Comité Consultatif de Thermométrie (CCT) eine neue verbesserte Temperaturskala, die durch die 13. GKMG als "Internationale Praktische Temperaturskala von 1968" (IPTS-68) verbindlich wurde [1]. Temperaturen der IPTS-68 werden mit einem Index gekennzeichnet (T_{68} bzw. t_{68}). Die Temperaturskala wurde mit Hilfe von 5 Fixpunkten unterhalb von $-183\,^{\circ}C$ bis zur Temperatur des Tripelpunktes von Gleichgewichts-Wasserstoff bei $T_{68} = 13{,}81$ K erweitert. Die Fixpunkte der IPTS-68 sind mit den bei der Festlegung abgeschätzten Unsicherheiten in Tabelle 6 zusammengestellt. Bis auf die Tripelpunkte und einen Wasserstoffsiedepunkt gelten die Fixpunkt-Temperaturen für Normaldruck $p = 101325$ Pa ($\hat{=}$ 1 atm $\hat{=}$ 760 Torr). Der Erstarrungspunkt von Zinn ($t_{68} = 231{,}9681\,^{\circ}C$ mit einer geschätzten Unsicherheit von 0,015 K) dient als Alternative zum Siedepunkt von Wasser.

---

1) Man vergl. dazu den Artikel des Comité International des Poids et Mesures in Metrologia 5(1969)35

Fixpunkt	T_{68} K	t_{68} ^{o}C	Geschätzte Unsicherheit K
Tripelpunkt von Gleichgewichts-Wasserstoff	13,81	-259,34	0,01
Siedepunkt von Gleichgewichts-Wasserstoff beim Druck 3330,6 Pa = 25/76 atm	17,042	-256,108	0,01
Siedepunkt von Gleichgewichts-Wasserstoff	20,28	-252,87	0,01
Siedepunkt von Neon	27,102	-246,048	0,01
Tripelpunkt von Sauerstoff	54,361	-218,789	0,01
Siedepunkt von Sauerstoff	90,188	-182,962	0,01
Tripelpunkt von Wasser	273,16	0,01	genau durch Definition
Siedepunkt von Wasser	373,15	100	0,005
Erstarrungspunkt von Zink	692,73	419,58	0,03
Erstarrungspunkt von Silber	1235,08	961,93	0,2
Erstarrungspunkt von Gold	1337,58	1064,43	0,2

Tabelle 6: Definierende Fixpunkte der IPTS-68 [1)]

Neben den definierenden Fixpunkten gibt es in der IPTS-68 auch noch sekundäre Bezugspunkte, deren Temperaturen mit den Normalgeräten bestimmt wurden und die in Tabelle 7 aufgeführt sind (PTB-Mitteilungen; s. S.45, Fußnote 3).

1) PTB-Mitteilungen; s. S.45, Fußnote 3

Gleichgewichtszustand	Werte der Temperatur in der IPTS-68 T_{68} K	t_{68} °C
Tripelpunkt von Normalwasserstoff	13,956	-259,194
Siedepunkt von Normalwasserstoff	20,397	-252,753
Tripelpunkt von Neon	24,555	-248,595
Tripelpunkt von Stickstoff	63,148	-210,002
Siedepunkt von Stickstoff	77,348	-195,802
Sublimationspunkt von Kohlendioxid	194,674	- 78,476
Erstarrungspunkt von Quecksilber	234,288	- 38,862
Erstarrungspunkt von Wasser	273,15	0
Tripelpunkt von Diphenyläther	300,02	26,87
Tripelpunkt von Benzoesäure	395,52	122,37
Erstarrungspunkt von Indium	429,784	156,634
Erstarrungspunkt von Wismut	544,592	271,442
Erstarrungspunkt von Kadmium	594,258	321,108
Erstarrungspunkt von Blei	600,652	327,502
Siedepunkt von Quecksilber	629,81	356,66
Siedepunkt von Schwefel	717,824	444,674
Erstarrungspunkt des Kupfer-Aluminium-Eutektikums	821,38	548,23
Erstarrungspunkt von Antimon	903,89	630,74
Erstarrungspunkt von Aluminium	933,52	660,37
Erstarrungspunkt von Kupfer	1357,6	1084,5
Erstarrungspunkt von Nickel	1728	1455
Erstarrungspunkt von Kobalt	1767	1494
Erstarrungspunkt von Palladium	1827	1554
Erstarrungspunkt von Platin	2045	1772
Erstarrungspunkt von Rhodium	2236	1963
Erstarrungspunkt von Iridium	2720	2447
Schmelzpunkt von Wolfram	3660	3387

Tabelle 7: Sekundäre Bezugspunkte der IPTS-68

Erläuterungen zu den Begriffen Gleichgewichts- und Normal-Wasserstoff

Im Wasserstoff-Molekül können sich die Spins der beiden Protonen ($j = 1/2$) parallel oder antiparallel einstellen. Daraus resultieren zwei mögliche Spin-Isomere des Wasserstoffs:

Ortho-Wasserstoff	Spins parallel	↑↑	resultierender Spin $I = 1$
Para-Wasserstoff	Spins antiparallel	↑↓	resultierender Spin $I = 0$

Die Parallelstellung der Spins ist mit einer antisymmetrischen Wellenfunktion des Wasserstoff-Moleküls verbunden, die Antiparallelstellung mit einer symmetrischen. Die Anregung der Wasserstoff-Moleküle erfolgt zunächst durch Anregung in Rotationszustände, wobei der antisymmetrische Zustand zu Rotationsniveaus mit ungeraden Drehimpulsquantenzahlen $J = 1,3,5,\cdots$ und der symmetrische Zustand zu Niveaus mit $J = 0,2,4,\cdots$ führt (G. Herzberg, Molecular Spectra and Molecular Structure, Vol. I, 1950). Der symmetrische Zustand ist daher der energetisch niedrigste. Da der Übergang zwischen Ortho- und Parawasserstoff sehr stark unterdrückt ist (vgl. G. Herzberg) - die Halbwertszeit ist in der Größenordnung von Monaten - kann Wasserstoff als Mischung zweier Modifikationen behandelt werden. Im Gleichgewicht stellt sich bei Zimmertemperatur ein Verhältnis von Ortho- zu Parawasserstoff ein, das den statistischen Gewichten - bestimmt durch die Anzahl der magnetischen Unterzustände - entspricht, d.h.
$\frac{\nu_{ortho}}{\nu_{para}} = \frac{2I_{ortho}+1}{2I_{para}+1} = \frac{3}{1}$. Beim Abkühlen gehen beide Modifikationen in ihren niedrigsten Rotationszustand, das Verhältnis $\frac{\nu_{ortho}}{\nu_{para}} = \frac{3}{1}$ bleibt aber zunächst erhalten ("Normalwasserstoff"). Nach einiger Zeit erst stellt sich wieder ein neues thermisches Gleichgewicht ein, bei dem der Anteil des Parawasserstoffs, der energetisch niedrigeren Modifikation, größer geworden ist. Das Verhältnis Ortho- zu Parawasserstoff ist eine Funktion der Temperatur ("Gleichgesichtswasserstoff", $\frac{\nu_{ortho}}{\nu_{para}} = f(T)$) (Fig.72). In der Nähe des absoluten Nullpunktes liegt nur noch Parawasserstoff vor. Erwärmt man wieder, so werden zunächst nur die Rotationen angeregt, der Übergang Para- nach Orthowasserstoff findet nicht statt, so daß man reinen Parawasserstoff auch bei höheren Temperaturen für längere Zeit erhalten kann.

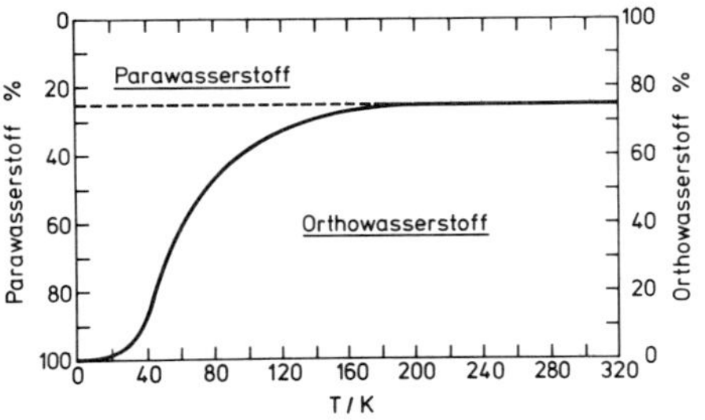

Fig. 72: Temperaturabhängigkeit des Ortho-Parawasserstoff-Gleichgewichts

Die Einstellung des Gleichgewichts wird durch die Anwesenheit von paramagnetischen Substanzen, wie O_2 an Aktivkohle angelagert, oder Eisenhydroxid beschleunigt, da das Übergangsverbot in dem starken inhomogenen Magnetfeld der paramagnetischen Moleküle gemildert wird.

9.10 Normalgeräte der IPTS-68

Im Bereich von 13,81 K bis 630,74°C (≙ 903,89 K, Erstarrungspunkt von Antimon) ist ein Platin-Widerstandsthermometer als Meßgerät vorgeschrieben. Es soll einen Widerstand von 20 bis 30 Ω bei 0°C haben und wird bei der Messung von 1 bis 2 mA Strom durchflossen. Zur Berechnung der Temperatur wird nicht direkt von dem bei dieser Temperatur gemessenen Widerstand $R(T_{68})$ ausgegangen, sondern von dem Widerstandsverhältnis $W(T_{68}) = \frac{R(T_{68})}{R(273{,}15\ K)}$, bei dem die Unterschiede verschiedener Thermometer größtenteils herausfallen. Das Verhältnis darf bei $t_{68} = 100°C$ nicht kleiner als 1,39250 sein. Die gemessenen Widerstandsverhältnisse werden mit Hilfe von Interpolationsformeln zur Temperatur der IPTS-68 in Beziehung gebracht.

Unterhalb von 0°C wird das Widerstandsverhältnis durch eine Bezugsfunktion $W_{CCT}(T_{68})$ und eine Abweichungsfunktion $\Delta W(T_{68})$ ersetzt

$$(12) \qquad W(T_{68}) = W_{CCT}(T_{68}) + \Delta W(T_{68}) \ .$$

Die Bezugsfunktion wurde vom Comité Consultatif de Thermométrie (CCT) für ein ideales Platin-Widerstandsthermometer festgelegt, ihre Werte bei den Fixpunkten sind in Tabelle 8 angegeben. Die Temperatur hängt über folgende Reihenentwicklung mit der Bezugsfunktion zusammen

$$(13) \qquad T_{68} = a_o + \sum_{k=1}^{20} a_k (\ln W_{CCT}(T_{68}))^k \ .$$

Der erste Koeffizient beträgt $a_o = 273{,}15$ K, da $W_{CCT}(213{,}15\ K) \equiv 1$; die anderen Koeffizienten wurden auf 16 Stellen angegeben.

Die Funktion $\Delta W(T_{68})$ beschreibt die Abweichungen des jeweiligen Platin-Widerstandsthermometers vom idealen Widerstandsverhältnis, sie ist durch Potenzreihen von T_{68} definiert, die in verschiedenen Temperaturbereichen - durch Fixpunkte voneinander getrennt - unterschiedliche Form haben (vgl. Tabelle 9).

Fixpunkt	$W_{CCT}(T_{68})$
Tripelpunkt von Gleichgewichtswasserstoff	0,00141206
Siedepunkt von Gleichgewichtswasserstoff bei p = 33330,6 Pa	0,00253444
Siedepunkt von Gleichgewichtswasserstoff	0,00448517
Siedepunkt von Neon	0,01221272
Tripelpunkt von Sauerstoff	0,09197252
Siedepunkt von Sauerstoff	0,24379909
Tripelpunkt von Wasser	1
Siedepunkt von Wasser	1,39259668

Tabelle 8: Widerstandsverhältnisse eines idealen Platin-Widerstandsthermometers

Temperaturbereich	$\Delta W(T_{68})$
13,81 K - 20,28 K	$\sum_{i=1}^{3} a_i T_{68}^i$
20,28 K - 54,361 K	$\sum_{i=1}^{3} b_i T_{68}^i$
54,361 K - 90,188 K	$\sum_{i=1}^{2} c_i T_{68}^i$
90,188 K - 273,15 K	$\sum_{i=1}^{4} d_i T_{68}^i$

Tabelle 9: Potenzreihen für die Abweichungsfunktion $\Delta W(T_{68})$

Die Abweichungsfunktionen müssen an den Übergangspunkten der einzelnen Teilbereiche stetig ineinander übergehen. Damit, und aus Messungen an den Fixpunkten lassen sich die Koeffizienten der Potenzreihen bestimmen.

Um eine Temperatur T_{68} aus einem gemessenen Widerstandsverhältnis $W(T_{68})$ mit Hilfe der Beziehungen (12) und (13) berechnen zu können, muß eine Iteration durchgeführt werden. Zunächst wird angenommen $\Delta W(T_{68}) = 0$, d.h. $W_{CCT}(T_{68}) = W(T_{68})$, dann wird mit (13) eine angenäherte Temperatur berechnet, die in die Potenzreihe von $\Delta W(T_{68})$ eingesetzt wird. Damit ergibt sich aus Glg. (12) ein neues $W_{CCT}(T_{68})$ und mit Glg. (13) eine bessere Näherung für T_{68}, usw. Bei einer geforderten Genauigkeit von 10^{-3} K sind 2 - 3 Iterationsschritte notwendig.

Im Bereich von 0°C bis 630,74°C wird aus dem gemessenen Widerstandsverhältnis zunächst eine Temperatur t' in °C bestimmt durch

$$(14) \qquad t' = \frac{1}{\alpha}[W(t') - 1] + \delta\left(\frac{t'}{100^\circ C}\right)\left(\frac{t'}{100^\circ C} - 1\right)$$

mit

$$W(t') = \frac{R(t')}{R(0^\circ C)} \ .$$

Die Konstanten $R(0^\circ C)$, α und δ werden durch Widerstandsmessungen am Tripelpunkt von Wasser, am Siedepunkt von Wasser (oder am Erstarrungspunkt von Zinn) und am Erstarrungspunkt von Zink bestimmt. Die Temperatur t_{68} erhält man dann aus einer Potenzreihe für t', wobei am Eispunkt von Wasser, am Siedepunkt von Wasser, am Erstarrungspunkt von Zink und am Erstarrungspunkt von Antimon (sekundärer Bezugspunkt) $t_{68} = t'$ gilt, d.h.

$$(15) \quad t_{68} = t' + 0{,}045\left(\frac{t'}{100^\circ C}\right)\left(\frac{t'}{100^\circ C} - 1\right)\left(\frac{t'}{419{,}58^\circ C} - 1\right)\left(\frac{t'}{630{,}74^\circ C} - 1\right) \ .$$

Als Normalgerät für Temperaturmessungen im Bereich von 630,74°C bis 1064,43°C ist ein Platinrhodium (10% Rh)/Platin-Thermoelement vorgeschrieben. Die Temperatur t_{68} einer Lötstelle - wobei sich die andere Lötstelle auf 0°C befindet - ist über die Thermospannung $E(t_{68})$ definiert durch

$$E(t_{68}) = a + b\ t_{68} + c\ t_{68}^2 \ .$$

Die Eichung wird durch Spannungsmessungen bei der durch ein Widerstandsthermometer vorgegebenen Temperatur von 630,74°C und bei den Fixpunkten t = 961,93°C und t = 1064,43°C, den Erstarrungspunkten von Silber und Gold durchgeführt.

Die E(t)-Werte müssen folgenden Bedingungen genügen:

1. $E(t_{Au}) = (10300 \pm 50)\,\mu V$
2. $E(t_{Au}) - E(t_{Ag}) = 1183\ \mu V + 0{,}158(E(t_{Au}) - 10300\ \mu V) \pm 4\ \mu V$
3. $E(t_{Au}) - E(630{,}74^\circ C) = 4766\ \mu V + 0{,}631(E(t_{Au}) - 10300\ \mu V) \pm 8\ \mu V$.

Oberhalb von 1064,43°C wird zur Definition der IPTS-68 das Planck'sche Strahlungsgesetz benutzt. Die Temperatur T_{68} wird bestimmt durch das Verhältnis der Strahldichte eines schwarzen

Körpers, der sich auf dieser Temperatur befindet, zu der eines schwarzen Körpers, der sich auf der Temperatur des Erstarrungspunktes von Gold befindet

$$\frac{\partial L(\lambda, T_{68})}{\partial \lambda} \bigg/ \frac{\partial L(\lambda, T_{68}(Au))}{\partial \lambda} = \frac{\exp[\frac{c_2}{\lambda T_{68}(Au)} - 1]}{\exp[\frac{c_2}{\lambda T_{68}} - 1]} .$$

Der Erstarrungspunkt von Gold (Goldpunkt) ist auf $T_{68} = 1337{,}58$ K und die Strahlungskonstante c_2 auf den Wert $c_2 = 0{,}014388$ K·m festgelegt worden.

9.11 Realisierung der IPTS oberhalb des Goldpunktes

Zur Realisierung der IPTS-68 oberhalb von 1064,43°C benötigt man nach der Definition einen schwarzen Strahler, der auf der Temperatur des Erstarrungspunktes von Gold gehalten werden kann, und ein Gerät, mit dem spektrale Strahldichten verglichen werden können.

Der schwarze Strahler wird durch einen Graphit-Hohlraumstrahler dargestellt, der von schmelzendem und erstarrendem Gold umgeben ist und dessen Öffnung klein gegen seine gesamte Innenfläche ist. Der Emissionsgrad muß sehr nahe bei 1 liegen. In Fig. 73 ist ein schwarzer Strahler am Goldpunkt dargestellt, der am NBS für die Realisierung der IPTS-68 benutzt wird [1].

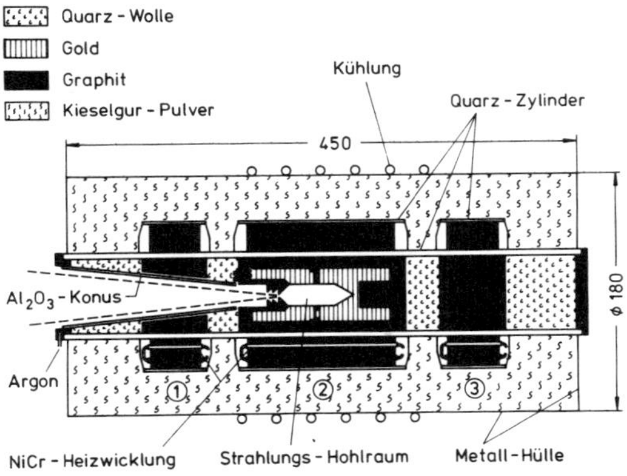

Fig. 73: Schwarzer Strahler am Goldpunkt

1) R.D. Lee, Metrologia 2 (1966) 150

Der Strahlungshohlraum wird von einem dünnwandigen (0,5 mm Wandstärke) Graphit-Röhrchen mit Abstrahlungsöffnung gebildet. Es ist von Gold umgeben. Die Heizblöcke 1,2 und 3 werden so eingeregelt, daß der Schmelzvorgang beim Fixpunkt eine Zeit von wenigstens 0,5 Stunden in Anspruch nimmt.

Als Meßgerät ist ein Pyrometer vorgeschrieben. Mit dem Pyrometer werden Verhältnisse von Strahldichten dadurch bestimmt, daß die Helligkeit der Strahlungsquelle in einem bestimmten engen Wellenlängenbereich mit der Helligkeit des Glühfadens einer im Pyrometer eingebauten Lampe verglichen wird (Isochromaten-Methode [1]). Eine bestimmte Wellenlänge ist in der IPTS-68 nicht vorgeschrieben, man hat sich jedoch aus praktischen Gründen auf die Wellenlänge $\lambda = 650$ nm geeinigt.

Die Strahlungsquelle wird mit Hilfe eines Linsensystems in die Ebene des Glühfadens der Pyrometerlampe abgebildet (Fig.74).

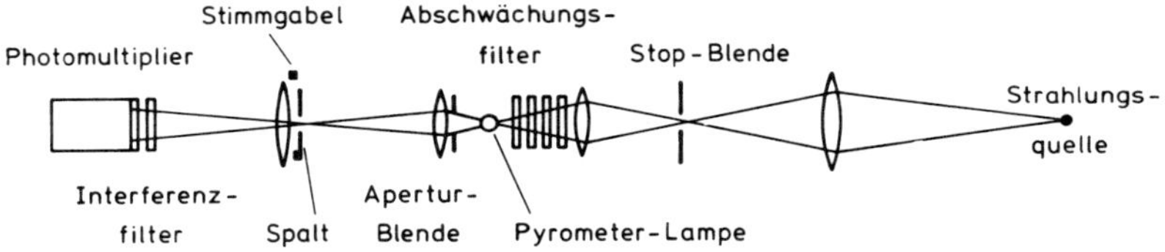

Fig. 74: Pyrometer des NSL [2]. Die Stimmgabel sorgt für Wechsellicht, so daß nur ein schmales Frequenzband bei der elektronischen Verstärkung nötig ist

Der Lampenstrom wird dann so eingestellt, daß der Helligkeitsunterschied zwischen Glühfaden und Bild der Strahlungsquelle verschwindet. Bei einem <u>visuellen Pyrometer</u> wirkt das menschliche Auge als Detektor, wobei die Genauigkeit des Abgleichs durch die Kontrastempfindlichkeit des Auges begrenzt ist. Da eine Photozelle mit anschließender Elektronenvervielfachung für Hellig-

---

1) Neben der Isochromaten-Methode gibt es noch die Isothermen-Methode, bei der die Strahlungsdichten bei zwei verschiedenen Wellenlängen und konstanter Temperatur verglichen werden, und die Gesamtstrahlungsmethode, bei der der gesamte Spektralbereich benutzt wird.

2) T.P. Jones, J. Tapping, Metrologia 8(1972)4

keitsunterschiede empfindlicher ist als das menschliche Auge, werden heute photoelektrische Pyrometer benutzt. Dazu müssen abwechselnd die Photoströme, die durch die Strahlungsflüsse von der Quelle und der Pyrometerlampe erzeugt werden, registriert und durch Regulierung des Lampenstromes abgeglichen werden.

Die durch die Definition gegebene Beziehung für das Verhältnis von Strahldichten gilt nur für eine streng monochromatische Empfindlichkeit des Pyrometers bei einer festen Wellenlänge. Da das Pyrometer in einem endlichen Wellenlängenbereich empfindlich ist, und in diesem Bereich die Spektren der schwarzen Strahler unterschiedlicher Temperatur, die verglichen werden sollen, unterschiedliche Form haben, muß das Verhältnis der Strahldichten ersetzt werden durch das Verhältnis der nachgewiesenen Signale, für das folgende Beziehung gilt

$$\frac{I(T)}{I(T_{Au})} = \frac{\int_0^\infty L_\lambda(\lambda,T)s(\lambda)d\lambda}{\int_0^\infty L_\lambda(\lambda,T_{Au})s(\lambda)d\lambda} ,$$

wobei $s(\lambda)$ die spektrale Empfindlichkeit des Pyrometers ist. Im allgemeinen wird eine effektive Wellenlänge λ_e eingeführt, gemäß

$$\frac{1}{\lambda_e} = \frac{\int_0^\infty \frac{1}{\lambda} L_\lambda(\lambda,T)s(\lambda)d\lambda}{\int_0^\infty L_\lambda(\lambda,T)s(\lambda)d\lambda} .$$

Sie hängt von der spektralen Empfindlichkeit des Pyrometers und von der Form des Spektrums des schwarzen Strahlers ab und gestattet die Benutzung der Formel für das Verhältnis der Strahldichten, d.h.

$$\frac{I(T)}{I(T_{Au})} = \frac{L_\lambda(\lambda_e,T)}{L_\lambda(\lambda_e,T_{Au})} = \frac{\exp(c_2/\lambda_e T_{Au})-1}{\exp(c_2/\lambda_e T) - 1} .$$

Zur Realisierung der IPTS-68 oberhalb des Goldpunktes schlägt man folgenden Weg ein:

a) Zunächst wird das Pyrometer mit der Strahlung eines schwarzen Körpers am Goldpunkt abgeglichen. Dann wird eine Bezugslampe, die einem schwarzen Strahler möglichst nahekommt (Wolframbandlampe, evakuiert für den Einsatz bis 1650 °C oder gasgefüllt für den Einsatz darüber), so eingestellt, daß sie dieselbe Helligkeit aufweist wie die Pyrometerlampe, deren Strom auf den Wert eingestellt ist, der sich beim Abgleich am Goldpunkt ergab. Damit ist die Bezugslampe am Goldpunkt geeicht. Obwohl die weitere Darstellung der Temperaturskala von der Stabilität dieser Lampe abhängt, ist dieses Verfahren genauer als die Eichung des Pyrometers selbst.

b) Danach wird ein beschränkter Temperaturbereich oberhalb des Goldpunktes bis etwa 2000°C erschlossen, indem nach der Definitionsgleichung die Strahldichten von Quellen höherer Temperatur gemessen werden. Dazu wird die am Goldpunkt geeichte Bezugslampe auf solche Temperaturen gebracht, daß ihre Strahldichte bekannte Vielfache der Strahldichte beim Goldpunkt sind.

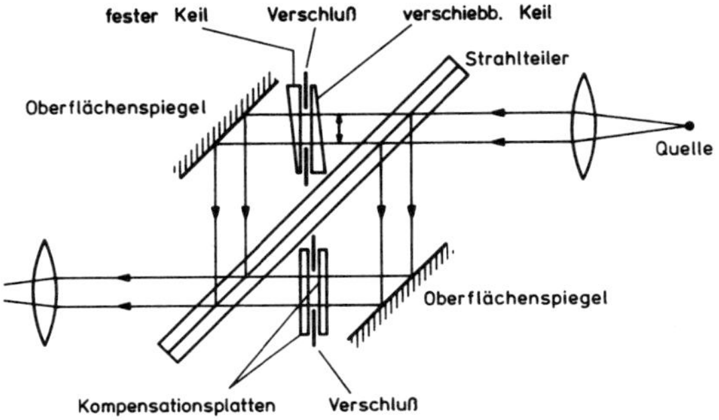

Fig. 75: Doppelstrahlteiler
(s. Fußnote 2, S.140)

Zur Erzeugung dieser Vielfachen kann ein Doppelstrahlteiler benutzt werden (Fig.75). In dem Doppelstrahlteiler wird das Lichtbündel der Quelle mit Hilfe einer halbdurchlässigen, halbreflektierenden Glasplatte in zwei Teilbündel aufgespalten; in den beiden Wegen der Teilbündel befinden sich Verschlüsse, mit denen jeweils ein Teilbündel ausgeblendet werden kann. Mit Oberflächenspiegeln werden die beiden Teilbündel wieder zusammengesetzt und treten dann in das Pyrometer ein. Wird die am Goldpunkt geeichte Bezugslampe über diesen Doppelstrahlteiler mit dem Pyrometer beobachtet, so muß zunächst infolge der geringeren Durchlässigkeit des Doppelstrahlteilers die Pyrometerlampe nachgeregelt werden, bis wieder gleiche Helligkeit nachgewiesen wird. Bei Ausblenden eines Teilbündels registriert das Pyrometer nur noch die halbe Strahldichte. Um die gleiche Strahldichte wie vorher am Goldpunkt registrieren zu können, muß die Bezugslampe auf die höhere Temperatur T_1 gebracht werden, bei der die Strahldichte doppelt so groß ist wie am Goldpunkt. Für diese Temperatur T_1 gilt

$$\frac{\int_0^\infty L_\lambda(\lambda,T_1)s(\lambda)\tau_D(\lambda)d\lambda}{\int_0^\infty L_\lambda(\lambda,T_{Au})s(\lambda)\tau_D(\lambda)d\lambda} = 2 \ ,$$

wobei $\tau_D(\lambda)$ die relative Durchlässigkeit des Doppelstrahlteilers ist, oder mit der effektiven Wellenlänge λ_e

$$\frac{\exp(c_2/\lambda_e T_{Au})-1}{\exp(c_2/\lambda_e T_1) - 1} = 2 \ .$$

Danach wird bei dieser verdoppelten Strahldichte auch der zweite Teilstrahl wieder durchgelassen, so daß zum Helligkeitsabgleich die Pyrometerlampe nachgeregelt werden muß; das Pyrometer ist damit auf die Temperatur T_1 abgeglichen. Durch erneutes Ausblenden eines Teilstrahles und Verdopplung der Strahldichte erreicht man die Temperatur T_2, bei der die Strahldichte um den Faktor 4 höher ist als die am Goldpunkt. Nach n-maligem Wiederholen dieses Vorgangs gelangt man zur Temperatur T_n mit

$$\frac{\exp(c_2/\lambda_e T_{Au})-1}{\exp(c_2/\lambda_e T_n) - 1} = 2^n \ .$$

c) In weiteren Messungen muß die effektive Wellenlänge λ_e bestimmt werden, um aus den gemessenen Verhältnissen der Strahlungsdichten die Temperatur berechnen zu können.

d) In dem Temperaturbereich zwischen 2000°C und 8000°C muß die Strahlung der Bezugslampe durch Absorptionsfilter geschwächt werden, um noch einen Helligkeitsabgleich mit der Pyrometerlampe erreichen zu können. Die spektrale Durchlässigkeit eines Absorptionsfilters kann beschrieben werden durch

$$\tau(\lambda) = \exp(-Ac_2/\lambda) \ .$$

Bei Beobachtung der Strahlungsquelle, die sich auf der Temperatur T befindet, durch das Absorptionsfilter registriert das Pyrometer eine Strahldichte, die einer niedrigeren Temperatur T_a entspricht. Unter Benutzung der effektiven Wellenlänge gilt

$$\frac{\exp(c_2/\lambda_e T) - 1}{\exp(c_2/\lambda_e T_a)-1} = \exp(-Ac_2/\lambda_e) \ .$$

Nähert man die Planck'sche Strahlungsformel durch die Wien'sche an, so erhält man die Beziehung

$$A = \frac{1}{T_a} - \frac{1}{T} ,$$

mit der man die wahre Temperatur T aus der mit dem Absorptionsfilter gemessenen Temperatur T_a berechnen kann.

9.12 Die IPTS unterhalb von 13,81 K

Im Bereich tiefer Temperaturen endet die IPTS-68 bei 13,81 K, darunter wurden noch keine Fixpunkte festgelegt. Für die praktische Temperaturmessung wurden in der IPTS-68 die Helium-Dampfdruck-Skalen empfohlen. Dabei gilt die "^{4}He-Skala 1958" für den Bereich von 0,8 bis 5,2 K und die "^{3}He-Skala 1962" für den Bereich von 0,2 K bis 3,3 K, veröffentlicht in J.Res.Nat.Bur. Standards 64A(1960)1 und 68A(1964)547,559,567,579.

In der S.125 zitierten Arbeit von T.C. Cetas hat dieser vorgeschlagen, im Bereich von 1 K bis 13,81 K die magnetische Temperaturmessung als Fortsetzung der IPTS-68 zu nehmen.

9.13 Neuere Entwicklungen

Mit der IPTS-68 ist die Annäherung der praktischen Temperaturskala an die thermodynamische noch nicht abgeschlossen. Verfeinerte Meßmethoden lieferten inzwischen Hinweise für Ungenauigkeiten bei der Aufstellung der IPTS-68. Für die Original-Literatur sei auf PTB-Mitteilungen, Fußnote 3, S.45 verwiesen. Es wurde 1972/73 mit einem Gasthermometer, bei dem durch sorgfältiges Ausheizen des Thermometergefäßes die Adsorptionseffekte besser ausgeschaltet wurden, der Wassersiedepunkt neu zu 99,970°C bestimmt; das bedeutet eine Abweichung von 0,030 K gegenüber dem früheren Wert, bei dem man eine Unsicherheit von 0,005 K geschätzt hatte. Diese Korrektur hätte für die Definition der thermodynamischen Temperatur weitreichende Konsequenzen gehabt, wenn diese noch auf den beiden Fixpunkten des schmelzenden und siedenden Wassers mit dem Abstand 100°C basiert hätte. Über den Spannungskoeffizienten hätte sich $T_o = 273{,}22$ K ergeben, wonach der Tripelpunkt $T_{tr} = 273{,}16$ K mit $T_{tr} = T_o + 0{,}01$ K um 0,07 K hätte korrigiert werden müssen; ursprünglich hatte man eine Genauigkeit der Tripelpunkt-Temperatur von 0,01 K abgeschätzt. Bei der Festlegung der thermodynamischen Temperatur durch einen Fixpunkt ist eine Korrektur der ganzen Skala nicht notwendig.

Mit der gleichen Methode wurden Abweichungen von den Werten der IPTS-68 am Zinn- und Zinkpunkt gefunden, bei letzteren fast 0,1 K.

Abweichungen von den Helium-Skalen wurden durch Messungen mit akustischen Thermometern und besonders für tiefe Temperaturen entwickelten Gasthermometern festgestellt. So ist z.B. der Wert der ^{4}He-Skala am He-Siedepunkt von 4,12 K um 8 mK zu niedrig.

Mit Spektralpyrometern wurde die IPTS-68 auch unterhalb des Goldpunktes bis herab zu 725°C überprüft; das ist der Bereich, in dem ein Thermoelement als Normalgerät vorgeschrieben ist. Dabei ergaben sich Abweichungen der IPTS-68 von der thermodynamischen Temperatur, die bei etwa 800°C maximal waren und etwa 0,7 K betrugen. Die Differenz zwischen Silber- und Goldpunkt ist nach solchen Messungen um 0,15 K kleiner als nach der IPTS-68.

Auch die sekundären Bezugspunkte der IPTS-68 wurden überprüft, Danach sind folgende Korrekturen notwendig: Kupfererstarrungspunkt: +0,4 K, Platinerstarrungspunkt: -4,1 K, Schmelzpunkt des Wolframs: +35 K.

Die aufgetretenen Differenzen zwischen der IPTS-68 und der thermodynamischen Temperatur führen zur Zeit noch nicht zur Entwicklung einer neuen praktischen Temperaturskala. Das CCT hat jedoch einen Entwurf einer verbesserten Fassung der IPTS-68 ausgearbeitet, in der a) die früher angegebenen geschätzten Unsicherheiten der Fixpunkte weggelassen sind, b) einige sekundäre Bezugspunkte korrigiert sind, c) die Helium-Skalen nicht mehr empfohlen werden. Für den Bereich von 1 K bis 30 K ist eine vorläufige praktische Tieftemperaturskala geplant, die mit Ge-Widerstandsthermometer realisiert werden soll und die auf Messungen mit Gasthermometern, akustischen und magnetischen Thermometern basiert. Ein weiteres Ziel zur Verbesserung der praktischen Temperaturskala ist die Ablösung des Thermoelements als Normalgerät.

10 Die Realisierung der Einheit der Lichtstärke

Sichtbares Licht ist der Teil des elektromagnetischen Spektrums im Wellenlängenbereich von etwa $\lambda = 380 \cdots 780$ nm. Der Grund für die Sonderstellung des Lichtes liegt darin, daß es dadurch charakterisiert werden kann, wie "hell" es dem menschlichen Auge erscheint. Die aufkommende Lichttechnik im 19. Jahrhundert ließ das Bedürfnis nach einem quantitativen Vergleich von Lichtquellen und von Beleuchtungen entstehen. So entstand die Photometrie, aus der die Lichtstärke als Grundgröße in das SI Eingang gefunden hat, mit der Basiseinheit Candela [1].

Der Licht-Wahrnehmungsprozeß des Auges ist sehr komplex. Netzhaut, Sehnerv und Gehirn sind daran beteiligt, und es spielen physikalische, physiologische und auch psychologische Vorgänge eine Rolle. Gleich starke Strahlungsleistungen in verschiedenen Spektralbereichen werden vom Auge nicht als gleich hell empfunden. Das Auge hat eine spektrale Empfindlichkeit, die bei etwa 550 nm Wellenlänge (im grünen Farbbereich) ein Maximum besitzt und zu den Rändern des wahrgenommenen Spektralbereiches absinkt (Fig.78). Um gleiche Helligkeitswahrnehmung zu erreichen, werden bei verschiedenen Wellenlängen unterschiedliche Strahlungsleistungen benötigt. Im eigentlichen Sinn ist daher erst die vom Auge (und vom angeschlossenen menschlichen Wahrnehmungsapparat) selektiv bewertete Strahlung als Licht zu bezeichnen. Damit stellt das Auge den ursprünglichen Detektor für die Messung der Helligkeit dar. Die Größenarten der Photometrie müssen deshalb eine Bewertung durch das Auge enthalten.

Im folgenden werden zuerst die strahlungsphysikalischen Größen und dann die entsprechenden Größen der Photometrie dargestellt.

10.1 Strahlungsphysikalische Größen

Durch die elektromagnetische Theorie des Lichtes, zusammengefaßt in den Maxwell'schen Gleichungen (S.86), wird auch gezeigt, daß mit jedem elektromagnetischen Wechselfeld, gekenn-

[1] Betonung auf der zweiten Silbe

zeichnet durch die elektrische Feldstärke $\vec{E}$ und magnetische Feldstärke $\vec{H}$ ein Transport von Energie (Strahlungsenergie) verbunden ist. Er ist gegeben durch den Poynting-Vektor

$$\vec{S} = \vec{E} \times \vec{H}$$

und hat im SI die Einheit $1\frac{V}{m}\ 1\frac{A}{m} = 1\frac{J}{m^2 s} = 1\frac{W}{m^2}$ (Einheit der Strahlungs-Stromdichte). Diese Formulierung des Energietransportes gilt für das gesamte elektromagnetische Spektrum, auch für den sichtbaren Teil.

Die Stärke einer Strahlung, die von einer Strahlungsquelle ausgeht, kann man dadurch messen, daß man sie auf Materie treffen läßt und z.B. die Erwärmung bestimmt. Man mißt die Energie pro Zeit, die von der Strahlungsquelle dem Empfänger zugesandt wird, d.h. die Strahlungsleistung oder den Strahlungsfluß Φ_e (Poynting-Vektor mal Fläche mit der Einheit 1 Watt). Die strahlungsphysikalischen Größen bezeichnen wir mit dem Index e (= energiebezogen), die photometrischen mit dem Index v (= visuell).

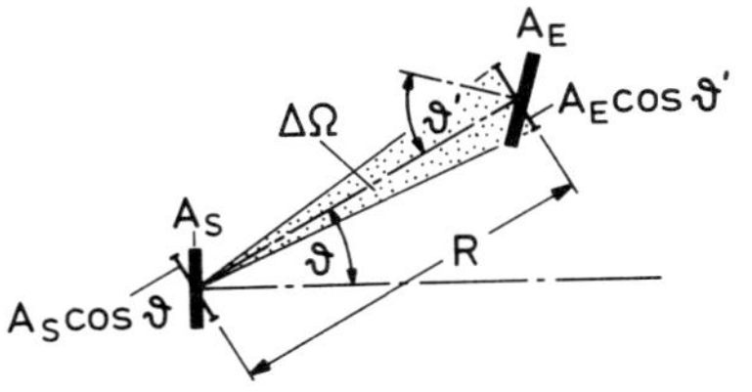

Fig. 76: Zur Definition der Strahlungsstärke. A_S Senderfläche, A_E Empfängerfläche

Die Strahlung gehe entsprechend Fig.76 von einer Senderfläche A_S aus und treffe auf eine orientierte Empfängerfläche A_E, die im Abstand R aufgestellt sei. Der Empfänger wird unter dem Raumwinkel

$$\Delta\Omega = \frac{A_E \cos\vartheta'}{R^2}$$

vom Sender aus gesehen. Die Flächen von Sender und Empfänger sind zunächst als klein gegenüber dem Abstandsquadrat zu denken.

Der Strahlungsfluß Φ_e, der den Empfänger trifft, hängt von der Strahlungsquelle ab, und diese wird durch die Strahlstärke I_e charakterisiert, die durch die Beziehung Strahlstärke gleich Strahlungsfluß durch Raumwinkel eingeführt wird

$$(1) \qquad \Delta\Phi_e = I_e \Delta\Omega \ , \qquad I_e = \frac{d\Phi_e}{d\Omega} \ .$$

Dabei kann die Strahlstärke noch vom Emissionswinkel ϑ abhängen. Die Licht-Strahlungsquellen sind meist flächenhafte Strahler, die dem Lambert'schen Cosinus-Gesetz folgen, bei denen also die Strahlstärke proportional zur scheinbaren Senderfläche $A_S' = A_S \cos\vartheta$ ist [1]. Bei ihnen gilt

(2) $$I_e = L_e A_S \cos\vartheta \; ,$$

und damit ist eine neue, die Natur der Strahlungsquelle charakterisierende Größe, die Strahldichte L_e definiert worden. Als Einheiten folgen aus (1) und (2)

$$[I_e] = 1\frac{W}{sr} \; , \qquad [L_e] = 1\frac{W}{sr\ m^2} \; .$$

Mit der Beziehung (2) gilt dann für den Strahlungsfluß auch

(3) $$\Delta\Phi_e = L_e A_S \cos\vartheta \, \Delta\Omega$$

und die eigentliche, den Strahler beschreibende Größe ist die Strahldichte L_e.

Bezieht man den Strahlungsfluß auf die Senderfläche A_S, so erhält man als flächenbezogene Größe die sog. spezifische Ausstrahlung

(4a) $$M_e = \frac{\Delta\Phi_e}{A_S} = L_e \cos\vartheta \, \Delta\Omega$$

mit der Einheit 1 Wm^{-2}. Für die Lambert-Strahler ist L_e konstant, und für sie folgt bei einer Integration über den vollständigen Halbraum

(4b) $$M_e^o = \int L_e \cos\vartheta \, d\Omega = \pi L_e \; .$$

Totale spezifische Ausstrahlung und Strahldichte der Quelle sind

---

1) Die strahlende Sonne ist ebenfalls ein Lambert-Strahler, und daher erscheint die Sonnenscheibe gleichmäßig hell. Die Fixsterne sind dagegen als Punktstrahler anzusehen, für sie kann nur die Strahlstärke I_e angegeben werden, und es ist der Gesamtfluß $\Phi_e = 4\pi I_e$.

also durch eine einfache Beziehung miteinander verknüpft.

Die der spezifischen Ausstrahlung entsprechende Größe auf der Empfängerseite ist die Bestrahlungsstärke E_e, definiert als auffallende Strahlungsleistung pro Empfängerfläche,

$$(5) \qquad E_e = \frac{\Delta\Phi_e}{A_E} \ .$$

In dieser Größe ist noch ein winkel-(orientierungs-)abhängiger Faktor $\cos\vartheta'$ enthalten. Trägt man die Beziehung (1) in (5) ein, so folgt nämlich [1)]

$$(6) \qquad E_e = \frac{I_e \Delta\Omega}{A_E} = \frac{I_e}{R^2} \cos\vartheta' \Omega_o \ .$$

Die Strahldichte L_e einer Strahlungsquelle ist im allgemeinen nicht für alle Spektralbereiche die gleiche, sondern hängt von der Wellenlänge ab. Es existiert eine spektrale Verteilung der Strahldichte, so daß bei einem Strahler mit kontinuierlichem Spektrum die im Wellenlängenintervall $\Delta\lambda$ ausgesandte Strahlung zu formulieren ist als

$$(7) \qquad \Delta L_e = \int_{\Delta\lambda} L_{e\lambda}(\lambda)\, d\lambda \ .$$

Für einen sog. schwarzen Strahler der Temperatur T gilt die Planck'sche Strahlungsformel (s. S.130)

$$(8) \qquad L_{e\lambda}(\lambda) = \frac{c_1}{\lambda^5} \frac{1}{e^{\frac{c_2}{\lambda T}} - 1} \frac{1}{\Omega_o} \ .$$

Bei einem "Linienstrahler" wird die spektrale Strahlungsdichte durch das entsprechende Linienspektrum bestimmt.

Im Bereich des sichtbaren Lichtes ist das Wellenlängen-Intervall $\Delta\lambda = 380 \cdots 780$ nm in die Beziehung (7) einzutragen, und damit ist der Strahlungsfluß

---

1) Die Formel (6) ist unter Beachtung der Überlegungen über den Raumwinkel angegeben (S. 18) und enthält die Einheit $\Omega_o = 1$ sr, weil in allen vorherigen Formeln stets für $\Delta\Omega$ die Dimension sr mitgenommen wurde und $\Delta\Omega = A/R^2$ nicht als dimensionslos behandelt wurde.

(9) $$\Delta\Phi_e = A_S \cos\vartheta \Delta\Omega \int_{\lambda=380\,nm}^{780\,nm} L_{e\lambda}(\lambda)\,d\lambda = \int_{\Delta\lambda} \Phi_{e\lambda}\,d\lambda \ .$$

10.2 Photometrische Größen [1)]

Die Helligkeit einer Strahlungsquelle wird dadurch bestimmt, daß der Strahlungsfluß, der von ihr ausgeht und ins Auge eintritt, entsprechend der spektralen Hellempfindung durch den physiologischen Sehprozeß bewertet wird. Bezeichnet man den spektralen Hellempfindlichkeitsgrad mit $\gamma(\lambda)$, so ist der bewertete Strahlungsfluß

(10) $$\Phi_e^* = \int_{\Delta\lambda} \Phi_{e\lambda}\gamma(\lambda)\,d\lambda \ .$$

Wenn das Auge eine absolute Angabe über den bewerteten Strahlungsfluß machen könnte, hätte man die Größe Φ_e^* mit der Einheit Watt in der Photometrie benutzen können. Dies ist nicht der Fall, jedoch kann das Auge sehr gut entscheiden, ob zwei Strahler gleich hell erscheinen. Die fundamentale Operation der Photometrie ist damit der Helligkeitsvergleich. Dabei werden zwei von den zu vergleichenden Lichtquellen auf einem Schirm erzeugte benachbarte Lichtflecke einheitlicher Form und Winkelgröße im Blickfeld des Beobachters so abgeglichen, daß die Flächen gleich hell erscheinen (vgl. Fig.82). Dann gilt für die beiden Strahlungflüsse $\Phi_{e\lambda}$ und $\Phi'_{e\lambda}$, die ins Auge eintreten

(11) $$\int_{\Delta\lambda} \Phi_{e\lambda}\gamma(\lambda)\,d\lambda = \int_{\Delta\lambda} \Phi'_{e\lambda}\gamma(\lambda)\,d\lambda \ .$$

Legt man bei gleicher Hellempfindung Gleichheit einer noch zu definierenden photometrischen Größenart zugrunde, so erlaubt die Helligkeitsanpassung entsprechend obiger Beziehung eine Bestimmung von Verhältnissen photometrischer Größen, und das Verhältnis der bewerteten Strahlungsflüsse ist gleich dem Verhältnis von sogenannten Lichtströmen. Analog kann man auch den Verhältnissen anderer strahlungsphysikalischer Größen die Verhältnisse entsprechender photometrischer Größen gleichsetzen. So entspricht der

1) Siehe z.B. G. Wyszecki, Metrologia 2(1966)111, Bergmann-Schäfer, Lehrbuch der Experimentalphysik, Band III, 6. Aufl., Berlin 1974

Strahlstärke die Lichtstärke und der Strahldichte die Leuchtdichte. Eine Zusammenstellung der Größen erfolgt in Tabelle 10. Ziel der Photometrie ist es nun, von den Verhältnissen photometrischer Größen zu absoluten Größen unter Festlegung von Einheiten zu kommen. Zunächst soll jedoch der Prozeß der Helligkeitsanpassung weiter betrachtet werden.

Bei gleicher relativer Spektralverteilung zweier Strahlungsflüsse entspricht gleiche Helligkeit auch der Gleichheit der absoluten Strahlungsenergie. Das Auge dient nur als Nullinstrument und kann durch einen physikalischen Detektor ersetzt werden, dessen spektrale Empfindlichkeit von der des Auges weit abweicht. Bei ungleicher relativer spektraler Verteilung zweier Strahlungsflüsse ist der visuelle Charakter des Helligkeitsabgleichs wesentlich. Dabei ist die grundlegende Forderung der Photometrie, daß unabhängig von der Art der Strahlungsquelle und Spektralverteilung eine Helligkeitsanpassung durch Variieren des absoluten Beitrages der Strahlungsstärke erreicht werden kann. Der Helligkeitsvergleich von Lichtflecken unterschiedlicher Farbe, die sogenannte heterochrome Photometrie ist im direkten Verfahren schwierig durchzuführen. Es wurden deshalb indirekte Methoden entwickelt, wie z.B. die Flimmermethode. Licht zweier verschiedener Wellenlängen wird alternierend in regelmäßigen Abständen dem Auge dargeboten (rotierende Sektorscheibe). Das Auge empfindet dabei ein Flimmern, welches bei Helligkeitsgleichheit verschwindet.

Die Beziehung, welche bei Helligkeitsanpassung gleich bewertete Strahlungsflüsse annimmt (Glg.(11)), setzt die Transitivität, Proportionalität und Additivität des Abgleich-Prozesses voraus. Notwendig dafür ist eine feste Funktion $\gamma(\lambda)$. Der Hellempfindlichkeitsgrad ist jedoch nicht nur für jeden Menschen unterschiedlich, sondern hängt auch noch von den Bedingungen der Beobachtung (Gesichtswinkel) und sogar von der absoluten Helligkeit ab. Dies ist durch die Beschaffenheit des Auges bedingt. In der Netzhaut gibt es zwei Sorten von Empfängerzellen, die Zapfen und die Stäbchen. Die Zapfen liegen besonders dicht in der Netzhautgrube (Fovea), einer zentralen Fläche mit $1{,}5^{\circ}$ Winkelausdehnung, sie sind für das farbige Sehen zuständig, arbeiten bei helladaptiertem Auge und benötigen Leuchtdichten [1)] oberhalb einer bestimmten Grenze ($>10\ cd/m^2$). Die Stäbchen fehlen im Zentrum, sie liegen im peripheren Teil der Netzhaut, sie können keine Farben unterscheiden und arbeiten bei dunkeladaptiertem Auge bei Leuchtdichten $<10^{-3}\ cd/m^2$. Man kann nun solche Bedingungen einstellen,

---

1) Man erwartet hier die Angabe der Beleuchtungsstärke. Diese kann aber mittels der Sätze der geometrischen Optik auf Leuchtdichte an der Netzhaut umgerechnet werden.

daß bei dem Helligkeitsvergleich nur die Zapfen angeregt werden; dies ist der Fall bei genügend kleinem, zentral gelegenem Lichtfleck oberhalb einer bestimmten Leuchtdichte. Einen Helligkeitsvergleich unter diesen Bedingungen nennt man photopische Anpassung. Einen Helligkeitsvergleich bei ausschließlicher Anregung der Stäbchen nennt man skotopische Anpassung. Bei Mitwirkung von Zapfen und Stäbchen spricht man von mesopischer Anpassung.

Wegen der Abhängigkeit des Hellempfindlichkeitsgrades von der Person des Beobachters und den Beobachtungsbedingungen mußte ein idealisierter Standard-Beobachter definiert werden. Für ihn wurden von der Comission International d'Eclairage (CIE) zwei Funktionen für den Hellempfindlichkeitsgrad festgelegt, V(λ) für photopische Anpassung und V'(λ) für skotopische Anpassung. Der Verlauf des Hellempfindlichkeitsgrades V(λ) des photopischen Standard-Beobachters, der 1924 von der CIE angenommen wurde, entstand durch Mittelung der Funktionen γ(λ) einer Vielzahl von Beobachtern. Dazu wurden photopische Helligkeitsvergleiche (d.h. bei helladaptiertem Auge) kleiner Lichtflecke (2° Winkelöffnung) mit der Flimmermethode bei monochromatischer Bestrahlung durchgeführt, wobei die Wellenlänge stufenweise verändert wurde. Die Funktion V(λ) wurde auch vom Comité International des Poids et Mesures (CIPM) angenommen. Der skotopische Standard-Beobachter wurde von der CIE 1951 festgelegt. Die Hellempfindlichkeitsgrade sind im Maximum auf 1 normiert. Das Maximum von V(λ) liegt bei λ = 555 nm, dasjenige von V'(λ) bei λ = 507 nm. Die beiden Funktionen sind in Fig.78 dargestellt. Die mit den beiden Funktionen bewerteten Strahlungsgrößen können zur Unterscheidung die Zusätze photopisch oder skotopisch erhalten.

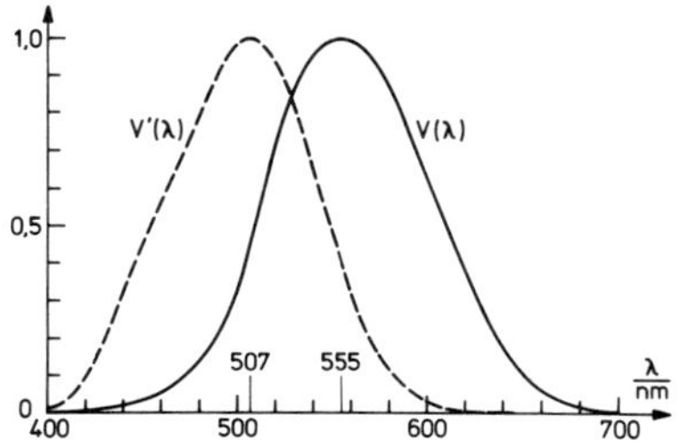

Fig. 78: Spektraler Hellempfindlichkeitsgrad V(λ) und V'(λ) in Abhängigkeit von der Wellenlänge für das hell- und dunkeladaptierte Auge; DIN 5031, Blatt 3. Die Serie der DIN Blätter 5031 ziehe man für weitere technische Normungen heran

Mit der Funktion V(λ) gilt bei gleicher Helligkeit der untersuchten Lichtflecke, die durch die Strahlungsflüsse mit der spektralen Verteilung $\Phi_{e\lambda}$ und $\Phi'_{e\lambda}$ hervorgerufen werden, entsprechend Glg. (11)

$$(12) \qquad \int_{\Delta\lambda} \Phi_{e\lambda} V(\lambda) d\lambda = \int_{\Delta\lambda} \Phi'_{e\lambda} V(\lambda) d\lambda$$

oder

$$(13) \qquad \Phi_e^* = \Phi_e'^* \; .$$

Die äquivalente Aussage der Photometrie lautet: Die photopischen Lichtströme, die ins Auge eintreten, sind gleich

$$(14) \qquad \Phi_v = \Phi'_v \; .$$

Der Lichtstrom Φ_v selbst muß eine ansteigende Funktion des mit $V(\lambda)$ bewerteten Strahlungsflusses sein. Man benutzt die einfachste Möglichkeit, den linearen Zusammenhang

$$(15) \qquad \Phi_v = K_m \Phi_e^* = K_m \int_{\Delta\lambda} \Phi_{e\lambda} V(\lambda) d\lambda \; ,$$

wobei K_m eine Konstante ist, die als Maximalwert des photometrischen Strahlungsäquivalents für Tagessehen bezeichnet wird. Für die anderen photopischen Größen gelten entsprechende Beziehungen wie auch für alle skotopischen, wobei hier die Funktion $V'(\lambda)$ und die Konstante K'_m zu benutzen ist. $K_m V(\lambda)$ wird als <u>spektrales photometrisches Strahlungsäquivalent</u> bezeichnet.

Da die Photometrie durch eigene Größenarten beschrieben wird, ist K_m eine dimensionsbehaftete Größe, sie hat die Einheit: Lichtstrom-Einheit/Watt. Um die Zahlenwerte von K_m und K'_m zu bestimmen, muß nun ein Einheitensystem festgelegt werden, mit einer Basiseinheit, die meßtechnisch durch einen Standard dargestellt werden kann.

Seit Beginn der Photometrie bemühte man sich, eine Normallichtquelle zu entwickeln, deren Lichtstärke als Basiseinheit dienen sollte. So wurde zunächst 1881 empfohlen [1], die Temperaturstrahlung einer Platinoberfläche am Schmelzpunkt mit der Einheit

[1] s. PTB-Mitteilungen, Fußnote 3, S.45 und <u>G. Wyszecki</u>, a.a.O.

"violle" zu benutzen. Daraus entwickelte sich die "Bougie decimale" im Jahre 1896. Die Benutzung war jedoch nicht einheitlich. Daneben wurde die Hefner-Kerze benutzt, die auf der Strahlung einer unter genau definierten Bedingungen brennenden Amylazetat-Flamme beruhte. Im Jahre 1921 wurde von der CIE die "International Candle Power" empfohlen, der 3 Sätze von Glühlampen zugrunde lagen; daneben blieb jedoch die Hefner-Kerze in Gebrauch. Inzwischen war der schwarze Strahler beim Platin-Erstarrungspunkt als Primär-Normal entwickelt worden und 1937 von der Generalkonferenz für Maße und Gewichte erstmals empfohlen und endgültig 1967 von der 13. Generalkonferenz für verbindlich erklärt worden. Danach lautet die Definition für die Lichtstärkeeinheit: 1 Candela (cd) ist die Lichtstärke senkrecht zu $\frac{1}{6} \cdot 10^{-5}$ m^2 der Oberfläche eines schwarzen Strahlers bei der Temperatur des beim Druck von 101325 Pa erstarrenden Platins.

Mit dieser Festlegung wurden die Zahlenwerte für die Lichtstärke, die vorher durch die Einheit Hefner-Kerze (HK) bestimmt waren, nicht allzu sehr geändert; es gilt 1 HK $\approx$ 0,9 cd.

Die von der Lichtstärke-Einheit abgeleiteten Einheiten der anderen photometrischen Größen sind mit den entsprechenden strahlungsphysikalischen Größen in Tabelle 10 zusammengestellt.

Strahlung			Photometrie		
Größe	Zeichen	Einheit	Größe	Zeichen	Einheit
Strahlstärke	I_e	$W \cdot sr^{-1}$	Lichtstärke	I_v	Candela (cd)
Strahlungsfluß	Φ_e	Watt (W)	Lichtstrom	Φ_v	cd·sr=Lumen(lm)
Strahlungsenergie	Q_e	$W \cdot s$	Lichtmenge	Q_v	$lm \cdot s$
Strahldichte	L_e	$W \cdot sr^{-1} m^{-2}$	Leuchtdichte	L_v	$cd \cdot m^{-2}$
Spez. Ausstrahlung	M_e	$W \cdot m^{-2}$	Spez. Lichtausstrahlung	M_v	$lm \cdot m^{-2}$
Bestrahlungsstärke	E_e	$W \cdot m^{-2}$	Beleuchtungsstärke	E_v	$lm \cdot m^{-2}$=Lux(lx)
Bestrahlung	H_e	$W \cdot m^{-2} \cdot s$	Belichtung	H_v	$lm \cdot m^{-2} \cdot s = lx \cdot s$

Tabelle 10: Zusammenstellung strahlungsphysikalischer und photometrischer Größen

Die abgeleiteten Einheiten von Lichtstrom und Beleuchtungsstärke erhalten eigene Namen, $[\Phi_v] = 1$ Lumen und $[E_v] = 1$ Lux.

Mit der Definition der Candela und den Werten der spektralen Dichte des Strahlungsflusses eines schwarzen Strahlers läßt sich der Zahlenwert von K_m bestimmen. Die Leuchtdichte des schwarzen Strahlers hat nach Definition den Wert

$$(16) \qquad L_v = 6\cdot 10^5 \text{ cd m}^{-2} \ .$$

Für die spezifische Lichtausstrahlung gilt

$$(17) \qquad M_v = K_m \int_{\Delta\lambda} c_1 \lambda^{-5} (e^{c_2/\lambda T} - 1)^{-1} V(\lambda)\, d\lambda \ ,$$

wobei diese nach Glg.(4) folgendermaßen mit der Leuchtdichte zusammenhängt

$$(18) \qquad M_v = \pi L_v = \pi\cdot 6\cdot 10^5 \text{ cd}\cdot\text{sr m}^{-2} = \pi\cdot 6\cdot 10^5 \text{ lm}\cdot\text{m}^{-2} \ .$$

Damit ergibt sich für K_m

$$(19) \qquad K_m = \frac{\pi L_v}{M_e^*} = \frac{\pi\cdot 6\cdot 10^5 \text{lm}\cdot\text{m}^{-2}}{\int_{\Delta\lambda} M_{e\lambda} V(\lambda)\, d\lambda}$$

Mit $c_1 = 2h\cdot c^2 = 1{,}191\cdot 10^{-16}$ W m^{-2}, $c_2 = {}^{hc}/_k = 1{,}44\cdot 10^{-2}$ m$\cdot$K und der Temperatur des schmelzenden Platins nach der IPTS 68 $T_{Pt} = 2045$ K ergibt sich

$$(20) \qquad K_m = 673 \ \frac{\text{lm}}{\text{W}} \ .$$

Der Zahlenwert von' K_m hängt also von dem Wert des Platinpunktes und den Konstanten der Planckschen Strahlungsformel ab; d.h. Verbesserungen dieser Werte müssen Änderungen von K_m zur Folge haben. So ergibt sich mit dem neuesten Wert für die Temperatur des Platinpunktes von $T_{Pt} = 2040{,}75$ K und unter Berücksichtigung der Brechzahl der Luft

$$K_m = 688 \ \frac{\text{lm}}{\text{W}} \ ,$$

eine beträchtliche Abweichung von dem geltenden Wert nach (20) [1).]

1) W.R. Blevin, Metrologia 8(1972)146

Für das skotopische Strahlungsäquivalent ergibt sich auf dieselbe Art

$$K'_m = 1725 \; \frac{\text{(skotopische) lm}}{\text{W}} \; .$$

Der höhere Wert ist durch die größere Hellempfindlichkeit des dunkeladaptierten Auges zu erklären.

Für den Fall, daß mit dem Auge oder mit einem Detektor, dessen spektrale Empfindlichkeit an $V(\lambda)$ angepaßt ist, gemessen wird, kann man sich direkt auf das Lichtstärkenormal beziehen und benötigt nicht das photopische Strahlungsäquivalent; man ist daher unabhängig vom Platinpunkt und den Werten der Planckschen Strahlungsformel. Die Abhängigkeit von K_m von diesen Werten ist jedoch dann unangenehm, wenn aus einer vorgegebenen spektralen Dichte einer strahlungsphysikalischen Größe die entsprechende photometrische Größe berechnet werden soll. Da dieser Zustand unbefriedigend ist, gibt es Bestrebungen, den Wert für K_m durch Definition festzulegen. Die photometrische Größe würde dann durch radiometrische Messung der Strahlung mit einem $V(\lambda)$-angepaßten Detektor und Berechnung mit dem festen Wert des Strahlungsäquivalentes bestimmt werden.

10.3 Darstellung der Lichtstärkeeinheit

Zur Darstellung der Candela muß ein schwarzer Strahler bei der Temperatur des schmelzenden Platins realisiert werden. Er wird gebildet durch ein unten geschlossenes Keramik-Röhrchen (etwa 2 mm Ø und 40 mm Länge), das senkrecht in einen mit reinem Platin gefüllten Schmelztiegel eintaucht, vgl. Fig. 79. Röhrchen und Schmelztiegel werden abgedeckt, die Öffnung im Deckel ist etwas kleiner

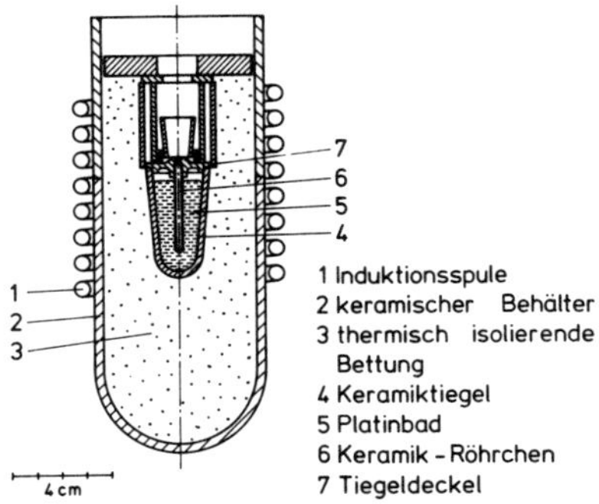

Fig. 79: Platin-Hohlraumstrahler der PTB zur Darstellung der Candela

als der Durchmesser des Röhrchens. Der Schmelztiegel mit dem Platin befindet sich in einem zur thermischen Isolierung mit Thoriumpulver gefüllten Tiegel. Das Platin wird mit der Heizung eines Induktionsofens geschmolzen; beim Abkühlen stellt sich bei der Erstarrung ein Haltepunkt der Temperatur $T_{Pt} = 2045$ K ein. Mit Hilfe eines Umlenkprismas und einer Linse wird die Hohlraumstrahlung, begrenzt durch eine Blende auf eine als Photometer wirkende Fläche abgebildet. Durch Vergleich der dort erzeugten Beleuchtungsstärke mit einer von einer anderen Strahlungsquelle herrührenden kann diese in Einheiten der Candela geeicht werden. Die Meßblende bestimmt die wirksame Strahlerfläche, Unsicherheiten in ihrer Bestimmung beeinträchtigen die Genauigkeit der Darstellung der Lichtstärkeeinheit. Weitere Fehlerquellen sind:

1) Die idealen Verhältnisse eines schwarzen Strahlers werden nicht vollständig erreicht wegen der endlichen Öffnung des Hohlraumes (Emissionsgrad <1).

2) Durch Wärmeleitung und Abstrahlung ist die Hohlraum-Temperatur etwas geringer als die des Platinbades. Das Platin erstarrt nicht homogen.

3) Durch das Abbildungssystem treten Lichtverluste auf. Die dadurch notwendigen Korrekturen betragen etwa 1% der darzustellenden Lichtstärke, sie tragen weitere Unsicherheiten in der Darstellung der Candela bei. Die Candela ist insgesamt mit einer Unsicherheit von 0,2% darstellbar. Jedoch betragen Abweichungen von Messungen in verschiedenen Staatsinstituten ±0,4% vom gemeinsamen Mittelwert, wobei maximale Abweichungen von 0,7% vorkommen. Durch Verbesserung des Hohlraumstrahlers wird eine Genauigkeit von 0,1% angestrebt [1].

10.4 Sekundäre Standards

Die primäre Darstellung der Candela ist zu aufwendig für häufige Anwendungen. Sie wird deshalb meist nur von den Staatsinstituten durchgeführt, um sekundäre Standards, spezielle Glühlampen, an den primären Standard anzuschließen. Da diese bei längerer Betriebsdauer nicht konstant sind, wird eine Gruppe von Lampen be-

---

1) PTB-Mitteilungen, s. Fußnote 3, S.45

nutzt und das Mittel der Lichtstärken aller Lampen als sekundärer Standard angesehen. Sie werden nur kurzzeitig eingesetzt, um ihrerseits wieder Arbeitsstandard zu eichen.

Es gibt zwei Sorten sekundärer Standards: Lichtstärke- und Lichtstrom-Standards.

Als <u>sekundäre Lichtstärke-Standards</u> werden Wolfram-Glühlampen benutzt, die so betrieben werden, daß ihre Strahlung die gleiche relative spektrale Verteilung wie ein schwarzer Strahler der Temperatur $T_{Pt} = 2045$ K, d.h. die Verteilungstemperatur T_{Pt} hat. Die Anpassung an den primären Standard wird wie erwähnt durch Vergleich der beiden Bestrahlungsstärken auf dem Schirm eines Photometers durchgeführt, wobei bei ungleicher Lichtstärke beider Standards durch Abstandsänderung gleiche Bestrahlungsstärken zu erreichen sind (Fig.80). Es gilt dann (vgl. S.161) für die Lichtstärke des sekundären Standards

$$\frac{I_2}{r_2^2} = \frac{L_1 \cdot A \cdot T}{r_1^2} ,$$

wobei $L_1 = 6 \cdot 10^5$ cd m^{-2} die Leuchtdichte des primären Standards, A die Fläche der Blende, T der Transmissionskoeffizient und r_1 und r_2 die Abstände sind.

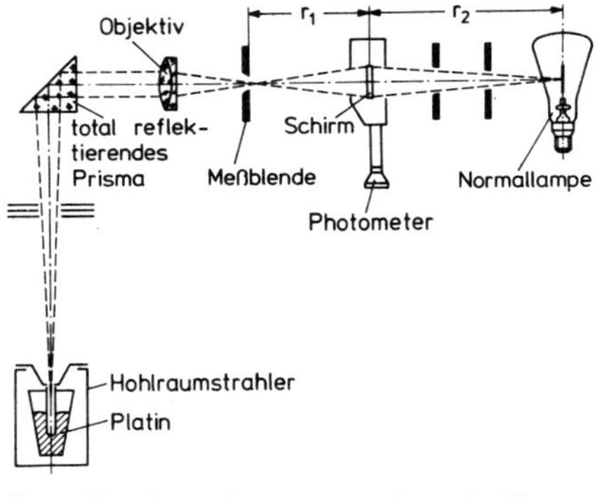

Fig. 80: Anordnung zur Darstellung der Lichtstärkeeinheit (Candela) und Anschluß eines Glühlampen-Sekundärnomals (nach <u>Bergmann-Schäfer</u>, s. Unterschrift zu Tabelle 11, S.159)

Für die Lichttechnik sind auch Lampen erwünscht, deren Strahlung eine spektrale Verteilung hat, die einer höheren Verteilungstemperatur entspricht. Nach der Planckschen Formel wachsen Lichtstärke und Leuchtdichte eines Temperaturstrahlers stark mit der Temperatur an, vgl. Tabelle 11. Es werden deshalb auch Lichtstärkestandards mit Verteilungstemperaturen von 2353 K und 2854 K benutzt. Diese werden gegen eine Lampe, die bei

T(K)	$L(cd\ m^{-2})$
1000	2,7069
1100	23,113
1200	140,12
1300	650,91
1400	2448,4
1500	7768,5
1600	21444
1700	52738
1800	117740
1900	242180
2000	464500
2045	600000
2100	838820
2200	$14377 \cdot 10^2$
2300	$23543 \cdot 10^2$
2400	$37042 \cdot 10^2$
2500	$56255 \cdot 10^2$
2600	$82799 \cdot 10^2$
2700	$11851 \cdot 10^3$
2800	$16543 \cdot 10^3$
2900	$22580 \cdot 10^3$
3000	$30202 \cdot 10^3$

Tabelle 11: Die Leuchtdichte des schwarzen Strahlers als Funktion der Temperatur nach dem Planckschen Gesetz (nach Bergmann-Schäfer, Lehrbuch der Experimentalphysik, Band III (Optik), 6. Aufl., Berlin 1974

$T_{Pt} = 2045$ K arbeitet, unter der problematischen Überwindung des Farbunterschiedes geeicht.

Sekundäre Lichtstrom-Standards werden mit Hilfe von sekundären Lichtstärke-Standards geeicht. Sie arbeiten bei Verteilungstemperaturen von 2353 K und 2788 K. Der totale Lichtstrom der Lampe wird durch Messung der Raumwinkelverteilung der Lichtstärke und Integration über den gesamten Raum bestimmt

$$\Phi_v = \int_0^{4\pi} I_v d\Omega \ .$$

Mit einem so geeichten Lichtstrom-Standard lassen sich weitere Lichtstrom-Lampen mit der integrierenden Kugel (Ulbrichtkugel) anpassen. Die integrierende Kugel arbeitet nach folgendem Prinzip: Der Lichtstrom, den eine in die Kugel, die mit einem weißen, diffus reflektierenden Anstrich versehen ist, gebrachte Lampe aussendet, ist proportional zur Beleuchtungsstärke eines Teils der Kugeloberfläche, insbesondere eines zur Messung benutzten Mattglasfensters. Die direkte Beleuchtung des Fensters durch die Lampe wird durch eine Schattenscheibe Sch verhindert; außerdem dürfen die räumlichen Ausmaße der Lampe die Meßanordnung nicht stören. Die Proportionalität von Φ_{vQ} der Lampe Q und Beleuchtungsstärke des Fensters kann folgendermaßen gezeigt werden, vgl. Skizze in Fig. 81. Der Lichtstrom Φ_v, der von dem Flächenelement dA_1 ausgeht und auf das Fenster F fällt, erzeugt dort die Beleuchtungsstärke

$$E_{v_2} = \frac{\Phi_{v_1}}{F} = \frac{L_{v_1} dA_1 \cos\vartheta_1 \cos\vartheta_2}{r^2} \ ,$$

mit $\Phi_v = L_{v_1} dA_1 \cos\vartheta_1 \Omega$ und

$$\Omega = \frac{F\cos\vartheta_2}{r^2} \ .$$

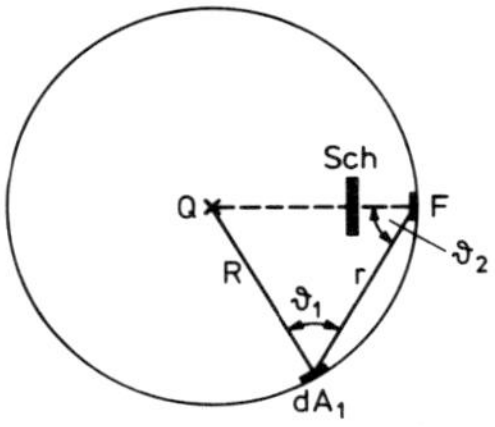

Fig. 81: Zur Ulbrichtkugel

Da $\cos\vartheta_1 = \cos\vartheta_2 = \frac{r}{2R}$ gilt, ergibt sich für die Bestrahlungsstärke

$E_{v_2} = \frac{L_{v_1} dA_1}{4R^2}$, d.h. E_{v_2} ist unabhängig von der gegenseitigen Lage von dA_1 und F. Das Flächenelement dA_1 wird mit der Bestrahlungsstärke E_{v_1} bestrahlt, die wie auch die Leuchtdichte L_{v_1} proportional dem von Q ausgehenden Lichtstrom Φ_v ist. Dies gilt ebenso für alle Flächenelemente dA_n, so daß auf F insgesamt eine Beleuchtungsstärke entsteht, die dem gesamten Lichtstrom Φ_{vQ} proportional ist.

10.5 Photometer

Zur Messung von Lichtstärken werden Photometer eingesetzt, wobei bei visuellen Photometern der Helligkeitsabgleich mit dem Auge, bei physikalischen Photometern mit einem an $V(\lambda)$ angepaßten Strahlungsdetektor durchgeführt wird.

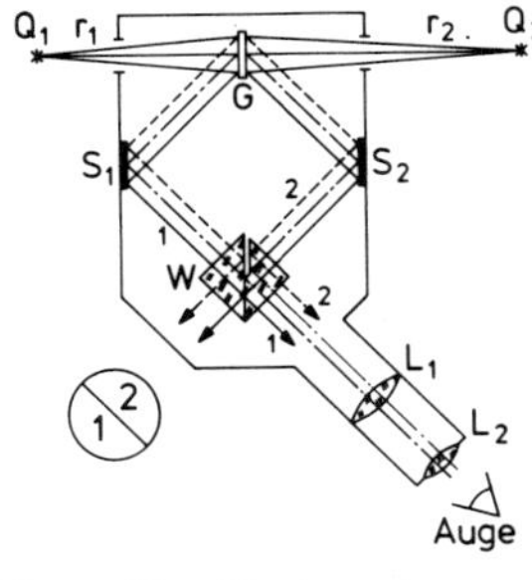

Fig. 82: Photometer nach Lummer-Brodhun

a) Visuelle Photometer

Als visuelles Photometer soll der Photometerkopf von Lummer-Brodhun beschrieben werden (Fig.82). Q_1 und Q_2 sind zwei zu vergleichende Lichtquellen im Abstand r_1 und r_2 von einer Gipsplatte G, die deren zwei Seiten beleuchten. Über zwei Spiegel S_1,S_2 senden die beiden beleuchteten Flächen der Gipsplatte Licht auf den sogenannten Lummer-Brodhun-Würfel W, zwei mit den Hypotenusenflächen aufeinanderliegenden Prismen. Die Hälfte der Grundfläche eines Prismas ist abgeschliffen, so daß hier kein optischer Kontakt zu dem anderen Prisma besteht. Mit Hilfe eines Tubus mit Linse wird mit dem Auge die Berührungsfläche der beiden Prismen beobachtet. Diese stellt sich als geteiltes Feld dar, dessen eine Hälfte Licht von der Lampe Q_1 erhält, das beide Prismen durchläuft, und dessen andere Hälfte Licht von Q_2 erhält, das an der Grundfläche eines Prismas totalreflektiert wird. Durch Verschiebung des Photometerkopfes längs der Verbindungslinie von Q_1 und Q_2 kann auf gleiche Helligkeit des Beobachtungsfeldes eingestellt werden. Weitere Möglichkeiten der Lichtschwächung neben der Abstandsänderung sind der Einsatz einer rotierenden Sektorscheibe oder von Polarisationsfiltern. Es kann dabei eine Meßgenauigkeit von 1% erreicht werden. Es gilt dann

$$\frac{I_1}{r_1^2} = \frac{I_2}{r_2^2} ,$$

dabei ist vorausgesetzt, daß die Reflexion an beiden Seiten der Gipsplatte und die Transmission durch die optischen Teile für beide Teilstrahlen gleich sind.

b) Physikalische Photometer

Bei physikalischen Photometern, die heute fast ausschließlich eingesetzt werden, wird die auftreffende Strahlung in einen elektrischen Strom umgesetzt, dessen Anzeige ein Maß für die auffallende Strahlungsleistung bzw. bei Anpassung an $V(\lambda)$ ein Maß für den Lichtstrom ist.

Dabei wird entweder die in Wärme umgesetzte absorbierte Strahlung mit einem Thermoelement oder einer Thermosäule nachgewiesen oder der innere oder äußere Photoeffekt ausgenutzt (Photoelement, Photozelle, Photovervielfacher, Photowiderstand, Photohalbleiter).

Mit geeichten physikalischen Photometern lassen sich photometrische Größen direkt - ohne Vergleich mit einer Bezugslichtquelle bestimmen. Sie sind oft empfindlicher als das Auge, haben eine größere Meßgenauigkeit und können kontinuierlich arbeiten.

Da ihr spektraler Hellempfindlichkeitsgrad in der Regel von dem des Auges abweicht, müssen sie mit Hilfe von Farbfiltern an $V(\lambda)$ angepaßt werden, was für die unterschiedlichen Detektoren verschieden gut gelingt.

Anhang I

1 Einleitung

Nachdem man ein Meßgerät kalibriert und evtl. von einem Eichamt auch einen Prüfstempel erhalten hat, ist es die wichtigste Erfahrung, daß alle Messungen in der Praxis nur eine begrenzte Genauigkeit haben. Wird die Messung wiederholt, so werden mehr oder weniger voneinander abweichende Ergebnisse gefunden. Man findet eine Streuung der Meßergebnisse. Man rundet auch gelegentlich selbst die Ablesungen auf oder ab und läßt damit zu, daß der "wahre Wert" in einem gewissen Intervall liegt. Wird die Messung an einem anderen Ort, zu einer anderen Zeit und mit anderem Gerät wiederholt, so kann es sich sogar herausstellen, daß ein ganz anderes Meßergebnis gefunden wird, welches man nicht mehr als Streuung bezeichnen kann. Dann entstehen Zweifel, welches Meßergebnis "richtig" ist. Das führt auf die Suche nach Meßfehlern. Meßergebnisse, die Anspruch auf Anerkennung erheben, müssen daher mit einer Genauigkeitsangabe versehen werden, die die Streuung charakterisiert, und das Meßverfahren muß sorgfältig auf systematische Fehler untersucht worden sein. Es versteht sich, daß das Aufspüren von verborgenen Fehlern sehr zeitraubend sein kann. Einige einfache Beispiele mögen die Problematik verdeutlichen.

1) Die Seitenlänge eines Zimmers wird mit einem Schulmaßstab von 30 cm Länge gemessen. Trotz Sorgfalt beim mehrfachen Aneinanderlegen mißt man genau genommen die Länge eines Polygonzuges, der immer eine größere Länge hat als die zu messende Größe. Der Fehler kann durch Benutzung eines anderen Längenmeßverfahrens vermieden werden. Ein weiterer systematischer Fehler kommt in die Messung hinein, wenn der Maßstab nicht stimmt (Kalibrierungsfehler).

2) Die Dicke eines O-Ringes soll mit der Schieblehre gemessen werden. Bei der Messung wird der Ring gegen die feste Backe der Lehre gehalten, die bewegliche bis zur Berührung herangeschoben und dann der Nonius abgelesen. Durch dieses Meßverfahren wird voraussichtlich die Dicke grundsätzlich zu klein gemessen, weil eine kleine Deformation des Gummis nicht zu vermeiden ist.

3) Durch einfache Strom- und Spannungsmessung soll ein elektrischer Widerstand gemessen werden. Die verwendete Schaltung ist in Fig.83 wiedergegeben. Es werde vorausgesetzt, daß keine Kalibrierungsfehler der Meßinstrumente vorhanden sind. Die einfache Division der gemessenen Spannung durch den gemessenen Strom ergibt einen zu kleinen Widerstand, weil im Strom auch derjenige enthalten ist, der durch das Voltmeter fließt. Es ist also mindestens

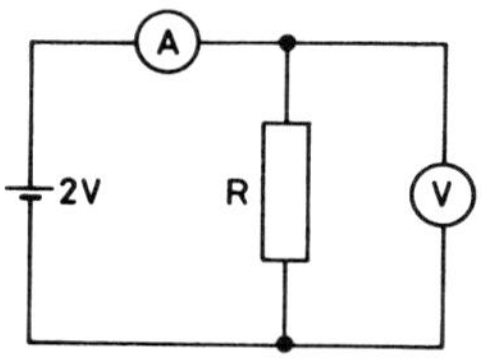

Fig. 83: Strom-Spannungsmethode zur Messung des elektrischen Widerstandes

eine weitere Messung notwendig, um zum Zweck der Korrektur den Innenwiderstand des Voltmeters zu messen.

4) Durch eine Erwärmungskurve soll die spezifische Wärmekapazität eines Stoffes gemessen werden. Bei Zufuhr einer konstanten elektrischen Leistung wird der Temperaturanstieg der Probe beobachtet. Fehler entstehen dadurch, daß die Probe ständig Energie (Wärme) an die Umgebung durch Wärmeleitung und/oder Wärmestrahlung abgibt. Dem ist abzuhelfen, indem die Probe mit einer Hülle umgeben wird, deren Temperatur immer möglichst gleich der der Probe gehalten wird, die also selbst erwärmt werden muß.

Die Fehlerrechnung geht davon aus, daß alle systematischen Fehler beseitigt sind und die vorhandene Streuung der Meßdaten statistisch ist. Das spezifiziert man nicht weiter, sondern unterstellt, daß die Meßdaten nach Maßgabe einer Verteilungsfunktion streuen (man setzt voraus: um den wahren Wert streuen), und dann gestattet es die Fehlerrechnung, quantitative Maße der Genauigkeit zu berechnen und ihre Folgen zu berücksichtigen.

2 Elementare Fehlerrechnung

2.1 Standardabweichung in einer Serie von Einzelmessungen

Es werde die Länge eines Werkstückes mit einer Schieblehre gemessen, die mit einem $\frac{1}{10}$ mm Nonius versehen ist. Dabei ergeben sich bei 30-maliger Wiederholung die Meßwerte der Tabelle 12. Aus den Meßwerten pflegt man das arithmetische Mittel $\bar{l}$ zu berechnen und dieses als Endergebnis anzugeben. Hier ist

$$\bar{l} = \frac{1}{30} \sum_{i=1}^{30} l_i = 5{,}562 \text{ cm} .$$

Die Feststellung dieses einen Wertes anstelle der ganzen Serie von Einzelmessungen ist erstens praktisch und beruht zweitens auf der Vermutung, daß er "genauer" sei als jede einzelne Messung. Solche und ähnliche Vermutungen in eine exakte mathematische Form zu bringen, ist die Aufgabe der Fehlerrechnung.

i	l_i/cm	$v/10^{-3}$cm	$v \cdot v/10^{-6}cm^2$
1	5,56	- 2	4
2	8	+ 18	324
3	5	- 12	144
4	6	- 2	4
5	6	- 2	4
6	9	+ 28	784
7	5	- 12	144
8	4	- 22	484
9	6	- 2	4
10	7	+ 8	64
11	6	- 2	4
12	7	+ 8	64
13	9	+ 28	784
14	60	+ 38	1444
15	56	- 2	4
16	3	- 32	1024
17	7	+ 8	64
18	8	+ 18	324
19	5	- 12	144
20	4	- 22	484
21	5	- 12	144
22	6	- 2	4
23	7	+ 8	64
24	7	+ 8	64
25	5	- 12	144
26	4	- 22	484
27	5	- 12	144
28	6	- 2	4
29	6	- 2	4
30	7	+ 8	64

$\bar{l} = 5{,}562$ cm, $[v] = 0$, $[vv] = 7420 \cdot 10^{-6} cm^2$

$l = (5{,}562 \pm 0{,}003)$ cm

Tabelle 12: Meßdaten und Fehlerrechnung bei einer Längenmessung

Einen wichtigen Schritt weiter bei der Auswertung der Meßergebnisse führt die Auftragung aller Meßwerte in einem Diagramm, aus dem abgelesen werden kann, wie oft ein Meßwert vorgekommen ist. Verbindet man die obersten Punkte durch horizontale Striche, so ergibt sich ein Histogramm als Häufigkeitsverteilung der Meßwerte, und dieses gibt einen visuellen Eindruck vom Ausfall der Messung (Fig.84).

Hätte man anstelle einer Schieblehre mit $\frac{1}{10}$ mm Nonius eine feiner unterteilte Mikrometer-Schraube benutzt (etwa $\frac{2}{100}$ mm), hätte man also die Ablesegenauigkeit verbessert, so hätte man die Abszisse 5-mal feiner unterteilen müssen. Die eingetragenen Punkte hätten dann eine glatte Kurve besser angenähert. Aber, und das ist das wesentliche Ergebnis: Die "Breite" der Kurve bzw. des Histogramms wäre unverändert geblieben. Die Breite ist charakteristisch für die Genauigkeit der Messung bzw. des Meßverfahrens. Erst wenn das Meßverfahren (grundlegend) abgeändert wird, kann man eine wesentlich bessere Genauigkeit erwarten (etwa mittels eines interferometrischen Verfahrens). Das wird sich dadurch darstellen, daß

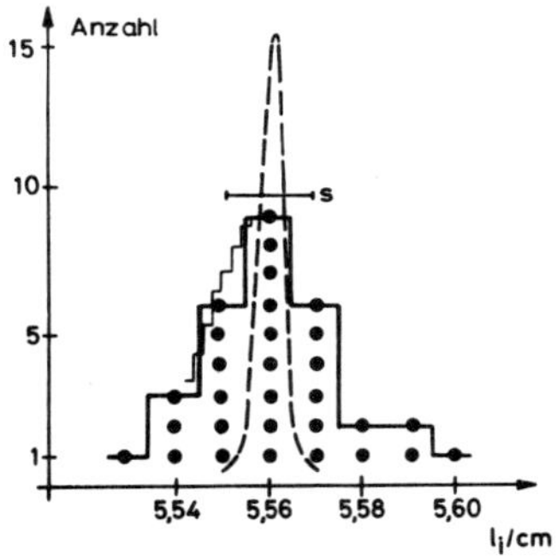

Fig. 84: Histogramm einer Messung mit der Schieblehre. --- eine genauere Messung

das Histogramm viel schärfer ausfällt (s. Fig.84). Man würde sagen, daß die neue Messung "besser" ist als die vorherige. Die Verbesserung kann dabei mehrere Ursachen haben, z.B. auch die, daß man auf bessere Einstellung konstanter Umweltsbedingungen achten konnte (Temperatur, Luftdruck, usw.). Unsere Betrachtung zeigt aber auch, daß man die Ablesegenauigkeit dem Meßverfahren anpassen soll. Z.B. hat es keinen Sinn, die Länge eines Menschen mit dem Kathetometer zu messen, ein in cm geteilter Maßstab dürfte zu der auszumessenden Länge besser passen.

Als Maß für die Breite des Histogramms und damit als Maß für die Streuung der Meßwerte um das arithmetische Mittel definiert man die <u>Standardabweichung</u>,

(1) $$s = \sqrt{\frac{1}{n-1} \sum_{i=1}^{n} (l_i - \bar{l})^2} .$$

Sie wird auch mittlerer quadratischer Fehler genannt.

Anstelle der Standardabweichung können auch andere Streuungs- oder Genauigkeitsmaße Verwendung finden, z.B. die <u>durchschnittliche Streuung</u>

(2) $$\delta = \frac{1}{n} \sum_{i=1}^{n} |l_i - \bar{l}| .$$

Entsprechend sind die <u>relativen Streuungs-</u> bzw. <u>Genauigkeitsmaße</u> definiert durch

(3) $$\frac{s}{\bar{l}} \quad \text{und} \quad \frac{\delta}{\bar{l}} .$$

Sie können in Prozent angegeben werden.

Wie man sieht, spielt das arithmetische Mittel in der Fehlerrechnung eine zentrale Rolle.

2.2 Das arithmetische Mittel

Man geht davon aus, daß die Gruppierung der Meßwerte in der Umgebung des Wertes 5,56 cm (in unserem Beispiel) darauf beruht, daß die wahre Länge ebenfalls in der Nähe dieses Wertes liegt. Eine gute Annäherung an den wahren Wert vermutet man, wenn man einen Ersatzwert so bestimmt, daß die Standardabweichung der Messung bezüglich des Ersatzwertes ein Minimum ist. Das ist das von C.F. Gauß angegebene Verfahren der "kleinsten Quadrate" (genauer: Minimum der Summe der Fehlerquadrate). Es sei x der gesuchte Ersatzwert. Mit Gauß führen wir ein

$$v_i = l_i - x$$

und bezeichnen mit dem Klammersymbol [ ] die Summe von i = 1 bis n, also z.B.

$$[v] = \sum_{i=1}^{n} v_i \,, \qquad [vv] = \sum_{i=1}^{n} v_i^2 \,.$$

Es soll demnach [vv] ein Minimum sein. Der Reihe nach ist

$$v_1 v_1 = l_1^2 - 2l_1 x + x^2$$
$$v_2 v_2 = l_2^2 - 2l_2 x + x^2$$
$$\vdots$$
$$v_n v_n = l_n^2 - 2l_n x + x^2 \,,$$

also $[vv] = [ll] - 2x[l] + nx^2$.

Das Minimum dieses Ausdrucks bezüglich x ergibt sich durch Nullsetzen der ersten Ableitung. Man findet

$$(4) \qquad x = \frac{l}{n} = \frac{l_1 + l_2 + \cdots + l_n}{n} = \bar{l} \,.$$

Die Bedeutung des arithmetischen Mittels liegt darin, daß es die

Standardabweichung zu einem Minimum werden läßt. Man zeigt leicht, daß dann $[v] = 0$ ist, was als Kontrolle für die richtige Berechnung des arithmetischen Mittel nützlich ist.

Letztlich bleibt noch die Vermutung zu prüfen, daß das arithmetische Mittel "genauer" sei als eine Einzelmessung, d.h. daß es vielleicht im Mittel weniger vom wahren Wert abweiche, als es die Einzelmessungen tun. Die Untersuchung dieser Frage ist tieferliegend als es die bisherigen Überlegungen sind (Ziff. 2.4).

2.3 Gauß'sches Fehlerfortpflanzungsgesetz

Es beschäftigt sich mit der Übertragung von Fehlern von Einzelgrößen in das Endergebnis. Zum Beispiel sei der spezifische Widerstand (Resistivität) eines Stoffes zu bestimmen aus

$$\rho = R \frac{A}{l} ,$$

wobei R (Widerstand), A (Querschnitt) und l (Länge) gemessen worden seien, und für diese Werte eine Fehlerangabe in Form der Standardabweichungen s_R, s_A, s_l vorliege. Wie groß ist dann s_ρ?

Bei nur einer Variablen legt die geometrische Interpretation die Formel $s_y = f'(x) s_x$ nahe (Fig. 85). Mit den bisherigen Ergebnissen ergibt sich dies wie folgt. Für x liegen die Meßwerte $l_1, \cdots, l_n$ vor mit $\bar{x} = \frac{1}{n}[l]$. Zu jedem l_i berechnet man das zugehörige y_i als $y_i = f(l_i)$. Nun ist $l_i = \bar{x} + v_i$, also in erster Näherung (hinreichend kleines v_i vorausgesetzt)

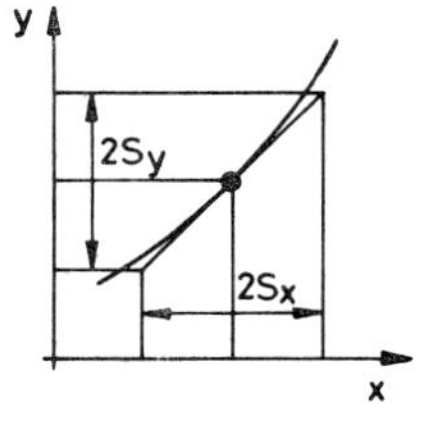

Fig. 85: Zum Gauß'schen Fehlerfortpflanzungsgesetz

$$y_i = f(v_i + \bar{x}) \approx f(\bar{x}) + v_i \frac{df}{dx} = \bar{y} + v_i \frac{df}{dx} .$$

Damit ist $\Delta y_i = y_i - \bar{y} = v_i \frac{df}{dx}$, also

$$[\Delta y \Delta y] = (\frac{df}{dx})^2 [vv]$$

und somit

$$(5) \qquad s_y = \frac{df}{dx} s_x .$$

Im Fall <u>mehrerer Veränderlicher</u> erfolgt die Rechnung ganz ähnlich. Es sei $z = f(x,y,\cdots)$. Die Beobachtungswerte seien x_i und y_i usw. Damit kann berechnet werden

$$z_1 = f(x_1,y_1,\cdots) = f(\bar{x}+v_1,\ \bar{y}+w_1,\cdots)$$
$$= f(\bar{x},\bar{y},\cdots) + \frac{\partial f}{\partial x} v_1 + \frac{\partial f}{\partial y} w_1 + \cdots \quad .$$

Daraus folgt

$$\Delta z_i = z_i - \bar{z} = \frac{\partial f}{\partial x} v_i + \frac{\partial f}{\partial y} w_i + \cdots$$

und - bei Vernachlässigung doppelter Produkte und Glieder höherer Ordnung -

$$[\Delta z \Delta z] = f_x^2 [vv] + f_y^2 [ww] + \cdots \quad .$$

Es folgt daraus unmittelbar das <u>Fehlerfortpflanzungsgesetz</u> in der Form

$$(6) \qquad s_z = \sqrt{f_x^2 s_x^2 + f_y^2 s_y^2 + \cdots} \quad .$$

Die <u>Anwendung</u> auf $\rho = R \cdot A/l$ als Meßaufgabe führt zu folgenden Ausdrücken

$$\left(\frac{\partial \rho}{\partial R}\right)^2 = \frac{A^2}{l^2}\ , \qquad \left(\frac{\partial \rho}{\partial A}\right)^2 = \frac{R^2}{l^2}\ , \qquad \left(\frac{\partial \rho}{\partial l}\right)^2 = \frac{R^2 A^2}{l^4}\ .$$

Daraus folgt für s_ρ der Ausdruck

$$s_\rho = \sqrt{\frac{A^2}{l^2} s_R^2 + \frac{R^2}{l^2} s_A^2 + \frac{R^2 A^2}{l^4} s_l^2}\ .$$

Zum Beispiel seien die folgenden Daten vorgelegt: $R = (10 \pm 0{,}2)\Omega$, $A = (1 \pm 0{,}01)\mathrm{mm}^2$ und $l = (1 \pm 0{,}001)\mathrm{m}$. Dann ist $\rho = 10 \Omega \mathrm{mm}^2 \mathrm{m}^{-1}$ und $s_\rho = 0{,}23$, so daß das Endergebnis lautet

$$\rho = (10 \pm 0{,}23)\ \frac{\Omega \mathrm{mm}^2}{\mathrm{m}} = (10 \pm 0{,}23)\, 10^{-6} \Omega \mathrm{m}\ .$$

Das Gauß'sche Fehlerfortpflanzungsgesetz kann auch benutzt werden um abzuschätzen, unter welchen Bedingungen sich Einzelfehler besonders stark auswirken. Bei der Wheatstone'schen Brückenschaltung zur Bestimmung von Widerständen wird manchmal mit dem

Schleifdraht gearbeitet. Ist x die abgegriffene Länge, l die Gesamtlänge, R_o der Vergleichswiderstand, dann ist der gesuchte Widerstand

$$R = R_o \frac{x}{l-x} .$$

Fehler in R_o und x tragen wie folgt zum Gesamtfehler bei:

$$\left(\frac{\partial R}{\partial R_o}\right)^2 = \frac{x^2}{(l-x)^2} , \qquad \left(\frac{\partial R}{\partial x}\right)^2 = \left(\frac{l}{(l-x)^2}\right)^2 R_o^2 ,$$

d.h.

$$s_R = \sqrt{\frac{x^2}{(l-x)^2} s_{R_o}^2 + R_o^2 \left(\frac{l}{(l-x)^2}\right)^2 s_x^2}$$

und

$$\frac{s_R}{R} = \sqrt{\frac{s_{R_o}^2}{R_o^2} + \left(\frac{l}{x(l-x)}\right)^2 s_x^2} .$$

Ablesefehler an den Enden der Meßstrecke ($x = 0$ und $x = l$) wirken sich also besonders stark aus. Am günstigsten stellt man R_o so ein, daß man $x = l/2$ abgreifen muß.

Als letztes Beispiel der Anwendung nehmen wir an, daß y einem Potenzgesetz folge, $y = x^a$. Dann ist $s_y = ax^{a-1} s_x$ und der relative Fehler ist

$$\frac{s_y}{y} = a \frac{s_x}{x} ,$$

d.h. der relative Fehler ver"a"facht sich. Ganz entsprechend wird bei $y = \sqrt[a]{x}$ der relative Fehler um den Faktor a verkleinert.

2.4 Standardabweichung des arithmetischen Mittels

Wir fassen das arithmetische Mittel auf als eine Größe, die Funktion der Einzelwerte l_i ist, von denen jeder die gleiche Standardabweichung s habe. Aus

$$\bar{l} = \frac{1}{n}(l_1 + l_2 + \cdots + l_n)$$

folgt

$$\frac{\partial \bar{l}}{\partial l_i} = \frac{1}{n} ,$$

also

$$s_{\bar{l}} = \sqrt{\frac{1}{n^2} s^2 + \cdots + \frac{1}{n^2} s^2} = \frac{s}{\sqrt{n}} .$$

Für die Größe s ist der in Ziff. 2.1 definierte Wert einzusetzen, weil er tatsächlich auch die Streuung beschreibt, die einer Einzelmessung zuzuordnen ist. Eine genauere statistische Begründung findet sich in Ziff. 3.2. Trägt man s ein, so folgt

$$(7) \qquad s_{\bar{l}} = \sqrt{\frac{[vv]}{n(n-1)}} .$$

Die Standardabweichung des arithmetischen Mittels wird also mit wachsendem n immer kleiner (allerdings nur umgekehrt proportional zu $\sqrt{n}$). Vorteilhaft ist es demnach, die Standardabweichung der Stichprobe von vornherein möglichst klein zu halten.

Das gewonnene Ergebnis darf man hier noch nicht so interpretieren, daß etwa das arithmetische Mittel näher am wahren Wert liege als eine Einzelmessung. Vom wahren Wert wurde bisher fast gar nicht gesprochen, und in der Ableitung der Glg. (7) kam er nicht vor. Es handelt sich vielmehr darum, daß bei Wiederholung von Serien von je n Messungen die Mittelwerte selbst eine Streuung aufweisen. Diese ist kleiner als die Streuung der Einzelergebnisse. Wir werden später eine "Verteilungsfunktion" für verschiedene statistische Größen bilden, u.a. auch für das arithmetische Mittel, dann erst zeigt sich der Hintergrund der Aussage, daß das arithmetische Mittel genauer ist als eine Einzelmessung.

2.5 Gewogenes Mittel

Das Ergebnis für das arithmetische Mittel führt auch auf eine Vorschrift über die Verarbeitung von Meßergebnissen verschiedener Genauigkeit. Es möge etwa eine Gruppe von Experimentatoren eine Länge mit der Schieblehre gemessen haben, eine andere dagegen mittels eines optischen Verfahrens. Es soll aus beiden Meßergebnissen ein Mittel gewonnen werden. Es sollen also Messungen verschiedener Genauigkeit kombiniert werden. Das geschieht durch Einführung von Gewichten w_i, wobei eine Messung großer Genauigkeit mit einem hohen Gewicht zu versehen ist. Das arithmetische Mittel erhält dann die Formulierung

(8) $$\overline{x} = \frac{\Sigma w_i x_i}{\Sigma w_i} = \frac{[wx]}{[w]} = \frac{[wx]}{w_o} ,$$

wobei w_o bezüglich der Frage der relativen Gewichtsverteilung als Konstante zu gelten hat. Nach dem Gauß'schen Fehlerfortpflanzungsgesetz ist dann die Standardabweichung des arithmetischen Mittels

(9) $$s_{\overline{x}}^2 = \frac{1}{w_o}(w_1^2 s_1^2 + \cdots + w_n^2 s_n^2) = \frac{[w^2 s^2]}{[w]} .$$

Man sucht die relativen Gewichte so zu bestimmen, daß $s_{\overline{x}}^2$ minimal wird. Aus (9) folgt

$$s_{\overline{x}}^2 = \frac{1}{w_o}(w_1^2 s_1^2 + \cdots + (w_o - w_1 - \cdots - w_{n-1})^2 s_n^2) .$$

Minimalisierung bedeutet für alle i $\partial s_{\overline{x}}^2 / \partial w_i = 0$, also

$$2 w_i s_i^2 - 2 w_n s_n^2 = 0$$

oder

(10) $$w_i : w_n = \frac{1}{s_i^2} : \frac{1}{s_n^2} ,$$

d.h. die Gewichte sind proportional den Kehrwerten der Standardabweichungen zu wählen.

2.6 Ausgleichsgerade

Fehlerrechnung nennt man manchmal auch Ausgleichsrechnung. Man versteht dann unter dem arithmetischen Mittel einen die "Fehler" ausgleichenden (nämlich, so daß $[v] = 0$) Meßwert. Sehr anschaulich ist diese Redeweise, wenn es sich um die meßtechnische Untersuchung eines Zusammenhanges handelt, der theoretisch als linearer Zusammenhang gegeben ist oder von dem man vermutet, er sei linear. Zum Beispiel ist beim Federpendel der Zusammenhang zwischen schwingender Masse m und dem Quadrat der Schwingungsdauer linear (f = Federkonstante)

$$T^2 = 4\pi^2 \cdot \frac{m}{f} .$$

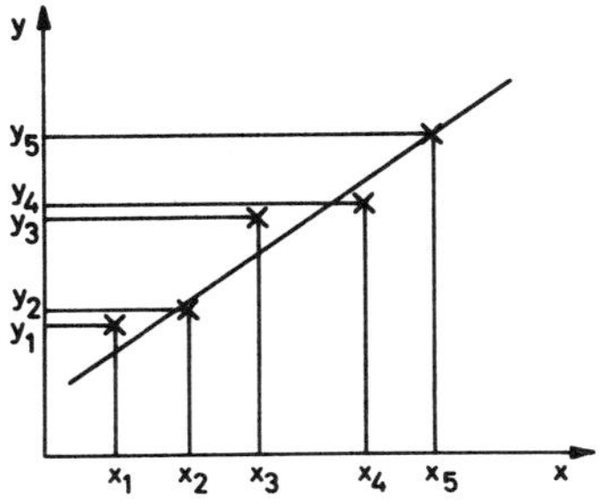

Fig. 86: Zur Ausgleichsgerade

Ein anderer linearer Zusammenhang ist der Logarithmus des Dampfdruckes in Abhängigkeit vom Kehrwert der absoluten Temperatur (s. Ziffer 2.3, S.17). Durch geschickte Umformung kann man einer ganzen Reihe von Zusammenhängen die mathematische Form des linearen Gesetzes geben. Man wird dann erwarten, daß bei Auftragung der Meßergebnisse y_i, x_i sich eine Punktreihe ergibt, die die Gerade erkennen läßt. Mit einem Lineal kann man vielfach schon näherungsweise durch die Punkte eine Ausgleichsgerade legen. Für erhöhte Ansprüche an Genauigkeit ermittelt man rechnerisch die Daten der Ausgleichsgerade.

Der lineare Zusammenhang sei $y = mx + c$. Wir nehmen an, daß die unabhängige Variable x ohne Fehler exakt einstellbar ist (sonst ist das Problem deutlich schwieriger, s. Ziffer 2.7). m und c werden nach dem Gauß'schen Verfahren bestimmt, indem das Minimum der Summe der Fehlerquadrate aufgesucht wird. Man geht also von dem Ausdruck aus

$$(11) \qquad S = \sum_{i=1}^{n} (y_i - mx_i - c)^2 \ .$$

Partielle Differentiation nach m und c liefert

$$\frac{\partial S}{\partial m} = -2 \sum_{i=1}^{n} x_i (y_i - mx_i - c) = -2[xy] + 2m[xx] + 2c[x]$$

$$\frac{\partial S}{\partial c} = -2 \sum_{i=1}^{n} (y_i - mx_i - c) = -2[y] + 2m[x] + 2nc \quad .$$

Nullsetzen ergibt die Normalgleichungen (mit $\overline{x} = \frac{1}{n}[x]$ und $\overline{y} = \frac{1}{n}[y]$)

$$(11a) \qquad [xx]m + n\overline{x}c = [xy]$$

$$(11b) \qquad \overline{x}\, m + c = \overline{y} \ .$$

Man erhält für die interessierenden Größen

$$(12)\qquad m = \frac{[xy] - n\bar{x}\,\bar{y}}{[xx] - n\bar{x}^2}\,, \qquad c = \frac{\bar{y}[xx] - \bar{x}[xy]}{[xx] - n\bar{x}^2}\,.$$

Ohne weitere Rechnung sei noch angegeben, wie groß die Standardabweichung von m und c ist: Man berechnet zuerst den Wert von S für den gefundenen Wert von m und c. Er werde S_{min} genannt. Dann ist

$$(13a)\qquad s_m^2 = \frac{S_{min}}{(n-2)([xx] - n\bar{x}^2)}$$

$$(13b)\qquad s_c^2 = \left(\frac{1}{n} + \frac{\bar{x}^2}{[xx] - n\bar{x}^2}\right)\frac{S_{min}}{n-2}$$

Stellt sich heraus, daß die Größe m von Glg.(12) verschwindet, dann bedeutet dies, daß die Meßresultate y unabhängig von x sind. Das wird exakt auch so gefaßt: Verschwinden des Zählers besagt $\frac{1}{n}[xy] = \overline{x\cdot y} = \bar{x}\cdot\bar{y}$, und dies ist die in der Statistik bestehende Beziehung, wenn zwei Größen x und y statistisch unabhängig (oder unkorreliert) sind.

Die relative Einfachheit der gefundenen Ausdrücke (12) und (13) läßt es geboten erscheinen, vorliegende Probleme und Theorien zu linearisieren, oder die Darstellungsweise entsprechend zu wählen.

Beispiele sind auch der radioaktive Zerfall: Die Aktivität klingt mit wachsender Zeit exponentiell ab, $A = A_0\exp(-\lambda t)$; $\log(A/A_0)$ in Abhängigkeit von der Zeit gibt eine abfallende Gerade, deren Steigung die Zerfallskonstante zu bestimmen erlaubt. Ein weiteres wichtiges Beispiel ist die Linearisierung der Darstellung des β-Spektrums eines radioaktiven β-Strahlers am oberen Ende des Spektrums, bekannt als Kurie-plot zur Bestimmung der β-Grenzenergie und der Neutrino-Ruhmasse.

2.7 Ausgleichsgerade, beide Variable mit Fehlern behaftet

Es gibt nur wenig Fälle in der Physik, wo die unabhängige Variable exakt bekannt ist. Das ist z.B. der Fall, wenn die unabhängige Variable eine Quantenzahl ist, etwa bei der Abhängigkeit einer Eigenschaft eines Atomkerns von der Quantenzahl des Kernspins. Meistens kann aber die unabhängige Variable nur mit einem gewissen Fehler eingestellt und abgelesen werden (z.B. die Temperatur bei der Messung eines elektrischen Widerstandes). Grundsätzlich hat man jedenfalls damit zu rechnen, daß zu jedem Wert x_i auch eine Standardabweichung s_i, und außerdem, wie bisher, zu y_i die Standardabweichung t_i gehört. Die Auffindung eines Zusammenhangs zwischen y und x nennt man Regressionsanalyse des vorgelegten Datenmaterials. Kann man annehmen, daß der Zusammenhang linear ist, dann versucht man, eine Regressionsgerade aus den Meßwerten zu entwickeln.

Die gemessenen Paare von Funktionswerten und Standardabweichungen seien

$$x_i \text{ und } s_i \ , \quad y_i \text{ und } t_i \ .$$

Es sind einerseits ausgeglichene Werte X_i und Y_i zu bestimmen, andererseits die Zahlenwerte m und c in der Beziehung

$$Y_i = mX_i + c \ .$$

Das Verfahren gründet sich auf eine Verallgemeinerung des "Minimums der Summe der Fehlerquadrate". Es soll berücksichtigt werden, daß Meßpunkte mit kleiner Standardabweichung genauer sind als andere, also ein höheres Gewicht zu erhalten haben. Die Gewichte werden entsprechend der Beziehung (10) von S.172 gewählt. Demnach sucht man das Minimum von

$$(14) \qquad S = \sum_i [(X_i - x_i)^2 \frac{1}{s_i^2} + (mX_i + c - y_i)^2 \frac{1}{t_i^2}] \ .$$

Es wird aus den Nullstellen der partiellen ersten Abteilungen gewonnen. Zunächst folgt aus $\partial S/\partial X_i = 0$

$$\frac{1}{s_i^2}(X_i - x_i) + \frac{1}{t_i^2}m(mX_i + c - y_i) = 0 \ .$$

Multiplikation mit $s_i^2 t_i^2$ und ordnen führt auf

$$(t_i^2 + s_i^2 m^2)X_i - t_i^2 x_i + s_i^2(c - y_i) = 0$$

oder

(15) $X_i = W_i(t_i^2 x_i + s_i^2(y_i - c))$

mit den effektiven Gewichten [1]

(16) $W_i = (t_i^2 + m^2 s_i^2)^{-1}$.

Sie sind, ganz ähnlich wie nach dem Fehlerfortpflanzungsgesetz, gegeben durch t_i^2 und $(dy/dx)^2 s_i^2$. Mit diesem Ausdruck für X_i bleibt dann für S der Ausdruck

(17) $S = \sum_i W_i (c + mx_i - y_i)^2$.

Hier ist noch $\partial S/\partial c = 0$ anzuwenden. Das führt auf

$$c + m\overline{X} = \overline{Y}$$

mit

(18a) $\overline{X} = \sum_i W_i x_i / \sum_i W_i$, $\overline{Y} = \sum_i W_i y_i / \sum_i W_i$.

Setzt man

(18b) $x_i' = x_i - \overline{X}$, $y_i' = y_i - \overline{Y}$,

dann ist

(19) $S = \sum_i W_i (m_i' - y_i')^2$.

Schließlich ist auch noch $\partial S/\partial m = 0$ zu setzen. Das ergibt

$$\sum_i [2W_i x_i'(mx_i' - y_i') - W_i^2 2ms_i^2 (mx_i' - y_i')^2] = 0 \ .$$

Wir setzen

(20) $z_i = W_i(t_i^2 x_i' + ms_i^2 y_i')$

und erhalten

$$m\sum_i W_i z_i x_i' = \sum_i W_i z_i y_i' \ ,$$

also

[1] Vorauszusetzen ist, daß nicht sowohl t_i wie s_i verschwindet.

(21a,b) $$m = \frac{\sum_i W_i z_i y_i'}{\sum W_i z_i x_i'} , \qquad c = \overline{Y} - m\overline{X} .$$

Diese Formulierung stellt zwar eine einfache Beziehung für m dar, jedoch ist m auch noch in den W_i enthalten! Von Williamson [1] ist daher eine iterative Lösung vorgeschlagen worden, die in wenigen Schritten zu einer Bestimmung von m (und c) führt. Man beginnt mit einem geschätzten Wert von m (oder sogar auch mit $m = 0$), berechnet damit die W_i und schließlich aus (21) ein neues m. Mit diesem beginnt man von vorne. Kriterien für die Richtigkeit des Verfahrens sind, daß die Vertauschung von x_i und y_i die Lage der Ausgleichsgerade nicht ändert und daß $m(X,Y) = (m(Y,X))^{-1}$. In der zitierten Arbeit von Williamson findet man auch noch Formeln für die Standardabweichung von m und c. Man hat dazu wieder zunächst einige Hilfsgrößen zu berechnen:

(22) $$\overline{Z} = \sum_i W_i z_i / \sum_i W_i , \qquad z_i' = z_i - \overline{Z}$$

und

(23) $$Q^{-1} = \sum_i W_i [x_i' y_i' \frac{1}{m} + 4 z_i' (z_i - x_i')] .$$

Dann ist

(24) $$s_m^2 = Q^2 \sum_i W_i^2 (x_i'^2 t_i^2 + y_i'^2 s_i^2)$$

und

(25) $$s_c^2 = \frac{1}{\sum_i W_i} + 2[\overline{X} + 2\overline{Z}]\overline{Z}Q + (\overline{X} + 2\overline{Z})^2 s_m^2 .$$

Das angegebene Verfahren eignet sich sehr gut für die Anwendung mit Hilfe eines elektronischen Rechners, der Iterationen sehr schnell ausführen kann.

Zur Illustration sei ein Beispiel wiedergegeben, in welchem systematische Abänderungen der Fehler von x und y eingeführt wurden, um ihren Einfluß auf Achsenabschnitt c und Neigung m der Ausgleichsgeraden $y = mx + c$, sowie auf die Standardabweichungen von m und c sichtbar werden zu lassen. Die untersuchten Fälle sind die folgenden (Tabellen 13, 14): Zunächst wird die Aus-

---

1) J.H. Williamson, Canad.Journ. of Physics 46(1968)1845. Siehe auch D.R. Barker, L.M. Diana, Am.J.Physics 42(1974)224

i	x_i	y_i	
1	0,95	0,95	$s_i = 0$
2	1,95	1,60	
3	3,00	1,85	$t_i = 0$
4	3,90	2,35	
5	5,00	3,10	$c = 0,514 \pm 0,10$
6	6,10	3,65	
7	6,95	3,80	$m = 0,492 \pm 0,026$

Tabelle 13: Ausgleichsgerade ohne Berücksichtigung von Fehlern in x und y

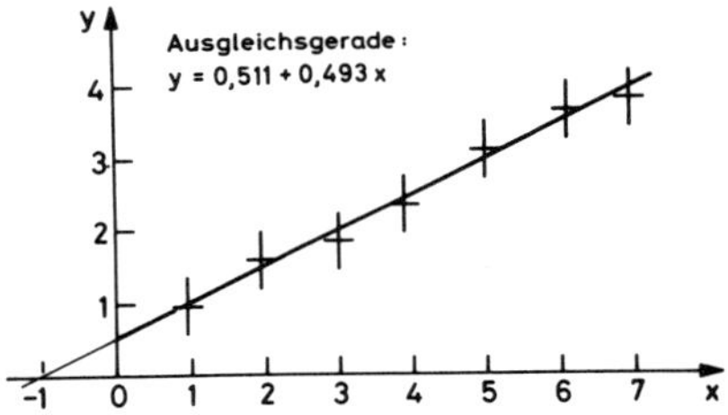

Fig. 87: Meßwerte und Ausgleichsgerade für Daten aus Tabelle 14, Fall II

gleichsgerade gemäß Ziffer 2.6 berechnet, d.h. es werden die Fehler von x und y gleich null gesetzt, in die Koeffizienten m und c geht nur die Streuung der Meßpunkte ein. In den anderen Fällen wurden die Standardabweichungen für x wie y berücksichtigt. Es wurde zur Rechnung das Verfahren von Williamson benutzt. Die Figur 87 enthält eine Auftragung der angenommenen Meßwerte, Standardabweichungen der Werte von x und y sowie der Ausgleichsgerade gemäß den Angaben in Fall II der Tabelle 14. Übereinstimmend geht aus allen Zahlenrechnungen hervor, daß die Werte von c und m nur geringe Schwankungen aufweisen, wenn man die Standardabweichungen der Einstellgrößen x und Meßgrößen y berücksichtigt. Dagegen werden davon die Standardweichungen von c und m deutlich beeinflußt, d.h. für die Lage der Ausgleichsgerade ergibt sich ein größerer Spielraum.

i	x_i	y_i	I	II	III
1	0,95	0,95	$s_i = 0,2$	$s_i = 0,2$	$s_i = 0,4$
2	1,95	1,60			
3	3,00	1,85	$t_i = 0,2$	$t_i = 0,4$	$t_i = 0,2$
4	3,90	2,35			
5	5,00	3,10	$c = 0,509 \pm 0,174$	$c = 0,511 \pm 0,313$	$c = 0,505 \pm 0,208$
6	6,10	3,65			
7	6,95	3,80	$m = 0,493 \pm 0,009$	$m = 0,493 \pm 0,016$	$m = 0,494 \pm 0,010$

Tabelle 14: Ausgleichsgeraden unter Berücksichtigung von Fehlerangaben bezüglich x und y

Die innere Konsistenz der angewandten Auswertungsverfahren prüft man, indem man formell die Größen x und y vertauscht. Dann muß sich die gleiche Ausgleichsgerade ergeben. Das ist bei allen angegebenen Fällen zutreffend. Zum Beispiel ergibt sich im Fall II der Tabelle 14

$$\bar{m} = 2{,}029 \ , \quad \bar{c} = -1{,}037$$

und damit gerade (wie zu erwarten) der Kehrwert von m, und der Schnittpunkt der Ausgleichsgerade II mit der x-Achse.

3 Einige theoretische Grundlagen der Fehlerrechnung

3.1 Relative Häufigkeit, Wahrscheinlichkeit, Wahrscheinlichkeitsdichte, Normalverteilung

Wir kehren nochmals zu dem Beispiel der Längenmessung in Ziffer 2.1 zurück. Die dort in Fig.84 stark ausgezeichnete Kurve bestimmt bei jedem Abszissenwert die Häufigkeit, mit der dieser Meßwert vorkommt. Die Summe der Häufigkeiten ist gleich der Gesamtzahl der Messungen,

$$\sum_i H_i = n \ .$$

Man führt die relative Häufigkeit durch die Definition

$$h_i = \frac{1}{n} H_i$$

ein. Für sie gilt dann natürlich

$$\sum_i h_i = 1 \ .$$

Die relativen Häufigkeiten sind also auf 1 normiert. Wird eine zweite Meßserie ausgeführt, etwa wieder 30 Messungen enthaltend, so stellt man fest, daß die relativen Häufigkeiten andere Zahlenwerte bekommen. Die Erfahrung zeigt, daß aber mit Vermehrung der Gesamtzahl der Meßwerte die relativen Häufigkeiten selbst immer geringere Schwankungen aufweisen. Wir kommen damit zu der Hypothese, daß mit wachsender Zahl der Messungen jede einzelne der relativen Häufigkeiten sich einem bestimmten Grenzwert annähert.

Diesen nennt man die Wahrscheinlichkeit für das Auftreten des Meßwertes. Jedenfalls geht die mathematische Theorie davon aus, daß ein Wert

$$p_i = \lim_{n\to\infty} h_i(n)$$

existiert. Wir befassen uns nicht weiter mit dieser ganz grundlegenden Problematik, sondern nur noch mit ihren Konsequenzen. Die gewonnenen Wahrscheinlichkeiten p_i sind, ebenso wie die relativen Häufigkeiten, auf 1 normiert. Das Histogramm der Fig.84 gibt den Sachverhalt korrekt wieder, wenn eine nur begrenzte Ablesegenauigkeit vorliegt. Verbesserung der Ablesegenauigkeit führt zu einer Glättung des Histogramms. Würde man die Ablesegenauigkeit unendlich verfeinern, dann würde sich eine glatte Kurve ergeben. Sie wird anschaulich in folgendem Sinne benutzt: $p(x)\Delta x$ ist die Wahrscheinlichkeit dafür, daß ein Meßresultat im Intervall Δx liegt. Damit ist wieder rückwärts der Übergang zur begrenzten Ablesegenauigkeit gefunden: Aus der Kurve $p(x)$ kann man alle Wahrscheinlichkeiten entnehmen, die dadurch definiert sind, daß die Meßgröße x in dem endlichen Intervall $\Delta x = x_1,\cdots,x_2$ liegt

$$P(x_1 \leqslant x \leqslant x_2) = \int_{x_1}^{x_2} p(x)dx \; .$$

Man nennt $p(x)$ die Wahrscheinlichkeitsdichte. Die Unterscheidung von Wahrscheinlichkeit und Wahrscheinlichkeitsdichte ist dann notwendig, wenn die unabhängige Variable kontinuierlich ist. Das gilt z.B. für die Länge, oder die Zeit, usw. Man sagt auch: Das Merkmal "Länge", "Zeit", $\cdots$ ist eine kontinuierliche Variable. Anders ist es dagegen bei Fragen nach der Wahrscheinlichkeit für das Vorkommen der Zahl "2" beim Würfeln. Die Zahlen $1,2,\cdots 6$ sind dabei diskrete Variable als Merkmale für einen Wurf. Der Schlüssel für eine gemeinsame Behandlung der verschiedenen Merkmalsarten ist die eben skizzierte Modifizierung des Begriffs der Wahrscheinlichkeit. Man versteht darunter nunmehr die Wahrscheinlichkeit, daß ein Merkmal einen Wert zwischen dem zulässigen Minimalwert (der auch $-\infty$ sein kann) und dem gesetzten Wert X hat. Damit ist

$$P \equiv P(x_{min} \leqslant x \leqslant X) \; .$$

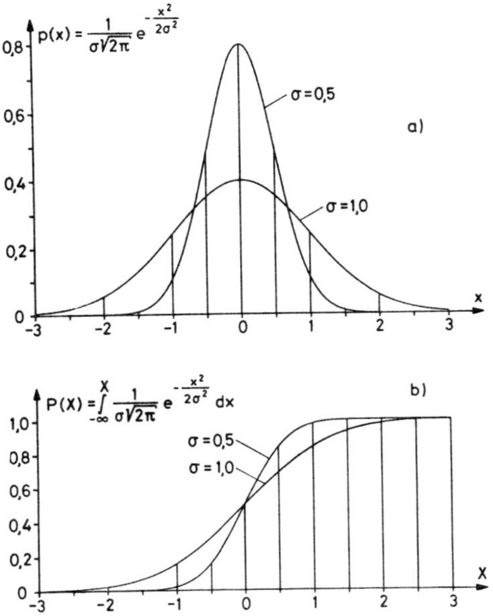

Fig. 88: Wahrscheinlichkeitsdichte p(x) und Wahrscheinlichkeit P(X) für die Normalverteilung

Die <u>Wahrscheinlichkeitsdichte</u> ist die Größe

$$p(X) = \frac{dP}{dX} \; .$$

Damit ist P eine Integralgröße. In der Mathematik sind mehrere Integralbegriffe geprägt worden, mit denen auch Funktionen behandelt werden können, die nicht stetig oder differenzierbar sind, so daß auch sehr allgemeine Wahrscheinlichkeitsfelder behandelt werden können.

Die Wahrscheinlichkeit soll die Eigenschaft haben, daß

$$P(x_{min}) = 0, \quad P(x_{max}) = 1,$$

d.h.

$$P(x_{min} \leq x \leq x_{max}) = 1 \; .$$

Bezüglich p(x) bedeutet dies, daß die Funktion auf 1 normiert sein soll.

Die Figuren 88a und b enthalten zusammengehörige Funktionsverläufe für die sog. Gauß'sche Glockenkurve, die als <u>Normalverteilung</u> eine zentrale Rolle in der Fehlerrechnung spielt. Hierbei ist

$$(1) \qquad p(x) = \frac{1}{\sigma\sqrt{2\pi}} \, e^{-\frac{x^2}{2\sigma^2}}$$

und

$$(2) \qquad P(-\infty < x \leq X) = \frac{1}{2\sqrt{2\pi}} \int_{-\infty}^{X} e^{-\frac{x^2}{2\sigma^2}} dx \; .$$

Der Zusammenhang mit der sog. Fehlerfunktion [1] ergibt sich durch die Transformation $t^2 = x^2/2\sigma^2$

(3) $$P(-\infty < x \leqslant X) = \frac{1}{2}\left(\frac{2}{\sqrt{\pi}} \int_{-\infty}^{X/\sigma\sqrt{2}} e^{-t^2} dt\right) .$$

In sorgfältiger Unterscheidung der Wahrscheinlichkeitsdichte von der Wahrscheinlichkeit wird im folgenden von Dichtefunktion und Verteilungsfunktion gesprochen. Insoweit hat die Normalverteilung die Dichtefunktion p(x) und die Verteilungsfunktion P(X) (Glg.(1) und (2)).

Die Bedeutung der Normalverteilung liegt darin, daß in außerordentlich vielen Fällen bei Messungen gefunden wird, daß die Meßfehler ε, die hier jetzt als Abweichungen vom wahren Wert $\hat{x}$ gedeutet werden, einer Verteilungsfunktion folgen, die der Normalverteilung entspricht. Ja, man kann zeigen, daß beim Zusammenwirken vieler Einzelfehler sich unter gewissen Voraussetzungen immer die Normalverteilung ergibt (Zentraler Grenzwertsatz). Für die theoretische Grundlegung ist damit die Wahrscheinlichkeitsdichte

(4) $$p(\varepsilon) = C^2 \exp(-C_1\varepsilon^2)$$

fundamental. Die Konstanten werden daraus bestimmt, daß $p(\varepsilon)$ auf 1 normiert sein soll. Es folgt $C^2 = C_1/\sqrt{\pi}$. Die Konstante C_1 bleibt noch offen. Sie bestimmt zwei charakteristische Werte der Funktion, nämlich den Wert bei $\varepsilon = 0$ und auch die Breite (etwa den Abszissenwert, bei welchem die Funktion nur noch den halben Wert wie im Zentrum hat). Die normierte Dichtefunktion der Normalverteilung schreibt man in der Form

(5) $$p(\varepsilon) = \frac{1}{\sigma\sqrt{2\pi}} \exp\left(-\frac{\varepsilon^2}{2\sigma^2}\right) .$$

Die Kurvendiskussion lehrt (Fig.89), daß die Dichtefunktion der Normalverteilung umso schmaler ist, je kleiner σ ist. Das Maximum liegt bei $\varepsilon = 0$, die Wendepunkte liegen bei $\pm\sigma$. Die volle Halb-

---

1) Tabelliert z.B. bei Jahnke-Emde-Lösch, Tafeln höherer Funktionen, 7. Aufl., Stuttgart 1966

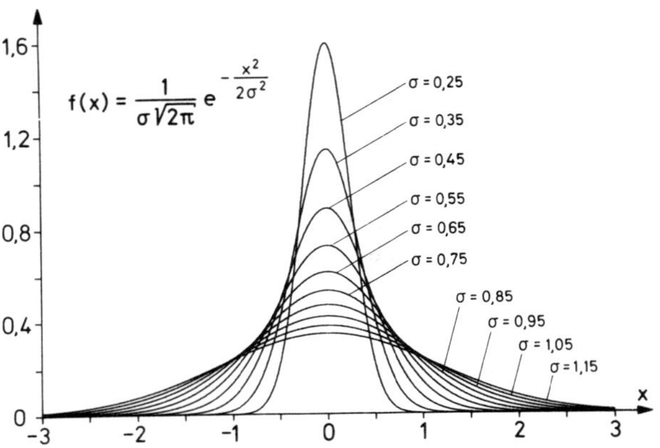

wertsbreite [1] ist 2,3550 σ.

Fig. 89:
Serie von Gauß'schen Fehlerverteilungs-Dichtefunktionen, die sämtlich auf 1 normiert sind. Die Kurven werden umso schmaler, je kleiner σ ist

Im Sinnne der früheren Betrachtungen ist eine genaue Messung eine solche mit kleiner Streuung σ, eine ungenaue eine solche mit großem σ. In Analogie zu Ziffer 2.1 führt man die Varianz ein, definiert durch

$$s^2 = \hat{\varepsilon^2} = \frac{\int\limits_{-\infty}^{+\infty} \varepsilon^2 p(\varepsilon)\, d\varepsilon}{\int\limits_{-\infty}^{+\infty} p(\varepsilon)\, d\varepsilon} = \sigma^2 \quad .$$

Die Dichtefunktion der Fehlerverteilung ist insofern eine spezielle Funktion, als ihr Maximum bei ε=0 liegt. Eine Größe, die normalverteilt mit dem Zentralwert a ist, hat die Verteilungsfunktion

$$(6) \qquad f(l) = \frac{1}{\sigma\sqrt{2\pi}} \exp\left(-\frac{(l-a)^2}{2\sigma^2}\right) \quad .$$

Den mit einer theoretischen Dichtefunktion gebildeten Mittelwert nennen wir im Unterschied zum arithmetischen Mittel einer gemessenen Größe den Erwartungswert und bezeichnen ihn mit $\hat{G}$. Demnach ist die Varianz $\hat{\varepsilon^2}$ der Erwartungswert des Abweichungsquadrates ε^2. Der Erwartungswert der Größe l, berechnet mit der Dichtefunktion (6) ist

[1] $p(\varepsilon_{1/2}) = 1/2p(0)$.

$$\hat{l} = \int_{-\infty}^{+\infty} l f(l) dl = a \quad ,$$

also gleich dem Zentralwert der Dichtefunktion [1]. Man bemerkt hier, daß davon ausgegangen wird, daß $\sigma \ll \hat{l}$ ist. Nur dann darf das Integral bis zu $l = -\infty$ erstreckt werden.

Mit einer bekannten Dichtefunktion kann der Erwartungswert jeder Größe definiert werden, insbesondere ist dann

$$s^2 = \hat{l}^2 - (\hat{l})^2 = \sigma^2 \quad ,$$

was ebenfalls die Definition der Varianz ist.

3.2 Das arithmetische Mittel der Stichprobe

Den Anschluß der Fehlerrechnung an die bisher entwickelte, sehr speziell auf die Normalverteilung zugeschnittene Fehlertheorie gewinnen wir, indem wir Messungen wie folgt auffassen: Meßfehler sind unvermeidlich, sie führen immer zu einzelnen Meßresultaten, die vom wahren Wert = Erwartungswert abweichen, jedoch sei jede einzelne Messung unabhängig von der vorherigen. Vollends unterstellen wir, daß die Meßwerte entsprechend den Meßfehlern "normalverteilt" sind. Eine Serie von einzelnen Messungen stellt eine Stichprobe dar, und wir fragen nach der Dichtefunktion für das arithmetische Mittel, d.h. einer Größe, die eine (einfache lineare) Funktion der normalverteilten einzelnen Meßwerte ist. Dazu gehen wir zunächst so vor, daß wir nach der Dichtefunktion der Größe

$$z = x + y$$

fragen, wobei bekannt sei, daß x und y selber normalverteilt seien, d.h. daß die entsprechenden Wahrscheinlichkeitsdichten

$$(7) \qquad f(x) = \frac{1}{\sigma\sqrt{2\pi}} \exp\left(- \frac{(y-a)^2}{2\sigma^2}\right), \quad g(y) = \frac{1}{\tau\sqrt{2\pi}} \exp\left(- \frac{(y-b)^2}{2\tau^2}\right)$$

sind. Die Dichtefunktion für z finden wir über einen kleinen Um-

---

[1] Entsprechend ist $\hat{\varepsilon} = 0$.

weg, der die Definition der Wahrscheinlichkeit der vorherigen Ziffer benutzt. Die Wahrscheinlichkeitsdichte ist, weil x und y unabhängig voneinander sein sollen, einfach das Produkt aus f(x) und g(y), also

(8) $$F(x,y)\,dxdy = f(x)g(y)\,dxdy \ .$$

Dieser Ausdruck ist zu deuten als Wahrscheinlichkeit, x im Intervall $x \cdots x+dx$ und gleichzeitig y im Intervall $y \cdots y+dy$ vorzufinden. Den Intervallen entspricht auch ein bestimmtes Intervall $z \cdots z+dz$, jedoch führen viele x,y-Kombinationen in das gleiche z-Intervall, und sie müssen aufaddiert werden. Das geschieht mit Hilfe der Überlegungen der vorhergehenden Ziffer. Die Wahrscheinlichkeit, die Summe $x+y$ mit einem Wert $\leqslant z_0$ zu finden (s.Fig.90), ist

$$P(z \leqslant z_0) = \iint\limits_{x+y\leqslant z_0} f(x)g(y)\,dxdy = \int\limits_{-\infty}^{-\infty} dx \int\limits_{-\infty}^{z_0 - x} f(x)g(y)\,dy \ .$$

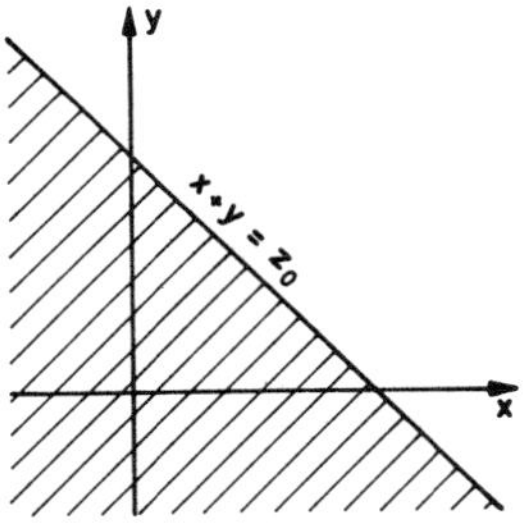

Fig. 90: Integrationsgrenze zur Bestimmung der Wahrscheinlichkeit P(z)

Man setzt $x+y=z$, $dy=dz$ und erhält

(9) $$\begin{aligned} P(z \leqslant z_0) &= \int\limits_{-\infty}^{+\infty} dx \int\limits_{-\infty}^{z_0} f(x)g(z-x)\,dz \\ &= \int\limits_{-\infty}^{z_0} dz \int\limits_{-\infty}^{+\infty} f(x)g(z-x)\,dx \ . \end{aligned}$$

Die Rolle der Dichtefunktion für z wird demnach übernommen von

(10) $$p(z) = \int\limits_{-\infty}^{+\infty} f(x)g(z-x)\,dx \ .$$

Wir wenden diese Formel auf die beiden angegebenen Normalverteilungen an und finden

(11) $$p(z) = \frac{1}{\sqrt{2\pi}\sqrt{\sigma^2+\tau^2}} \exp\left(-\frac{(z-(a+b))^2}{2(\sigma^2+\tau^2)}\right) \ .$$

Die Summengröße z ist also ebenfalls normalverteilt und hat den Zentralwert $a+b$ (= Erwartungswert $\hat{z}$) und die Varianz

(12) $$\sigma_z^2 = \sigma^2 + \tau^2 \ .$$

Die vorstehenden Ergebnisse führen zu den gesuchten Aussagen über Mittelwert und Varianz in einer Stichprobe aus n unabhängigen Messungen. Wir nehmen an, daß jede einzelne Messung ein spezieller Wert aus einer Normalverteilung ist, und daß alle einzelnen Normalverteilungen den gleichen Zentralwert $\hat{l}$ und alle die gleiche Varianz σ^2 haben. Setzt man $l_1 + l_2 + \cdots + l_n = L$, so daß $\bar{l} = L/n$, so ist

$$p(L)\,dL = p(L)\,\frac{dL}{d\bar{l}}\,d\bar{l} = p(\bar{l})\,d\bar{l} \ ,$$

also

$$p(\bar{l}) = p(L)n \ ,$$

und damit

$$(13)\qquad \begin{aligned} p(\bar{l}) &= \frac{n}{\sqrt{2\pi}\,\sqrt{n\sigma^2}} \exp(-\ \frac{(n\bar{l} - (\hat{l} + \cdots + \hat{l}))^2}{2n\sigma^2})^2 \\ &= \frac{1}{\sqrt{2\pi\sigma^2/n}} \exp(-\ \frac{(\hat{l} - \hat{l})^2}{2\sigma^2/n}) \ . \end{aligned}$$

Die Dichtefunktion des arithmetischen Mittels entspricht demnach einer Normalverteilung um den Erwartungswert (wahren Wert) $\hat{l}$, und die Varianz ist

$$(14)\qquad \sigma_{\bar{l}} = \frac{\sigma}{\sqrt{n}} \ .$$

Dieses Ergebnis entspricht der in Ziffer 2.4 gefundenen Formel

$$(15)\qquad s_{\bar{l}} = \frac{s}{\sqrt{n}} \ ,$$

mit dem Unterschied, daß hier ein unbekanntes σ enthalten ist, dort jedoch eine allein aus den Messungen gebildete Größe s, die Standardabweichung. Es entsteht damit die sehr wichtige Frage des Ersatzes eines (theoretischen) unbekannten σ durch s. Ihre Lösung hat zu einer ganz wesentlichen Vertiefung der Fehlertheorie geführt.

3.3 Verteilungsfunktion der Varianz; χ^2-Verteilungsfunktion

3.3.1 Unterschied von Mittelwert und Erwartungswert

Es handelt sich um die Untersuchung des Ausdruckes der Summe der Fehlerquadrate, einmal bezogen auf das arithmetische Mittel, zum anderen bezogen auf den Erwartungswert $\hat{x}$. Es ist

$$
\begin{aligned}
\sum_i (x_i - \overline{l})^2 &= \sum_i ((x_i - \hat{x}) - (\overline{l} - \hat{x}))^2 \\
&= \sum_i (x_i - \hat{x})^2 - 2\sum_i (x_i - \hat{x})(\overline{l} - \hat{x}) + n(\overline{l} - \hat{x})^2 \\
&= \sum_i (x_i - \hat{x})^2 - 2n(\overline{l} - \hat{x})(\overline{l} - \hat{x}) + n(\overline{l} - \hat{x})^2 \\
&= \sum_i (x_i - \hat{x})^2 - n(\overline{l} - \hat{x})^2 \quad .
\end{aligned} \tag{16}
$$

Man sieht daraus, daß die Summe der Fehlerquadrate, bezogen auf das arithmetische Mittel, im allgemeinen kleiner ist als die Summe der Fehlerquadrate, bezogen auf den Erwartungswert. Um das wieder in Ordnung zu bringen, dividiert man bei der Bestimmung der Standardabweichung nicht durch n sondern durch n - 1 (s. Ziffer 2.1, Glg.(1)). Dann kann man zeigen, daß der Erwartungswert von s^2 tatsächlich σ^2 ist. Insofern passen jetzt alle Ersatzwerte für die Erwartungswerte auch in eine exakte Theorie.

Als ganz fundamentaler Einstieg, auch in Fragen von Entscheidungstests der Statistik, ergibt sich die Untersuchung der Verteilungsfunktion der Varianz.

3.3.2 Verteilungsfunktion einer Summe von Quadraten

In der Summe der Fehlerquadrate ist jedes einzelne Summenglied eine statistische Größe, wobei die Ursprungsverteilung die Normalverteilung ist. Bevor wir die vollständige Verteilungsfuntion aufstellen, leiten wir die χ^2-Verteilung her. Sie wurde erstmals von F.R. Helmert (1876) und K. Pearson (1900) untersucht. Es seien n zufällige unabhängige Variable gegeben, $\xi_1, \cdots, \xi_n$. Der Erwartungswert dieser Größen einzeln sei jeweils Null, ihre Streuung sei der Einfachheit halber 1. Dann ist die Dichtefunktion für die Größen ξ_i

$$f(\xi_i) = \frac{1}{\sqrt{2\pi}} \exp(-\tfrac{1}{2}\xi_i^2) \; .$$

Wir fragen nach der Verteilungsfunktion der Größe

$$\chi^2 = \chi_n^2 = \xi_1^2 + \xi_2^2 + \cdots + \xi_n^2 \; .$$

Da die ξ_i sämtlich unabhängig voneinander sein sollen, so ist die Wahrscheinlichkeit dafür, daß die ξ_i in einem solchen Intervall liegen, daß die Summe der Quadrate unterhalb eines festen Wertes X^2 liegt,

$$(17) \qquad P(\chi_n^2 \leq X^2) = \int_0^{X^2} \frac{d\xi_1 \cdots d\xi_n}{(2\pi)^{n/2}} \exp(-\tfrac{1}{2}\sum_{i=1}^{n}\xi_i^2) \; .$$

Das Integral kann man auf bekannte Funktionen zurückführen [1)]

$$(18) \qquad \begin{aligned} P(\chi_n^2 \leq X^2) &= \frac{2}{2^{n/2}\Gamma(\frac{n}{2})} \int_0^{X} \chi^{n-1} e^{-\frac{1}{2}\chi^2} d\chi \\ &= \frac{1}{2^{n/2}\Gamma(\frac{n}{2})} \int_0^{X^2} (\chi^2)^{\frac{n}{2}-1} e^{-\frac{1}{2}\chi^2} d(\chi^2) \end{aligned} \qquad 2)$$

Die Dichtefunktion für die Variable χ^2 ist damit

$$(19) \qquad f(\chi^2) = \frac{1}{2^{n/2}\Gamma(\frac{n}{2})} (\chi^2)^{\frac{n}{2}-1} e^{-\frac{1}{2}\chi^2} \; .$$

Man nennt n die Zahl der Freiheitsgrade. Nur im vorliegenden Fall ist sie gleich der der Variablen. Bestehen Beziehungen zwischen diesen, dann reduziert sich die Zahl der Freiheitsgrade.- Eine Berechnung ergibt

$$\hat{\chi}^2 = n \; , \quad \sigma_{\chi^2}^2 = 2n \; ,$$

also $\frac{\sigma_{\chi^2}}{\chi^2} = \frac{\sqrt{2n}}{n} \to 0$,

1) B.L. van der Waerden, Mathematische Statistik, Heidelberg 1957.

2) Γ ist die Gammafunktion, tabelliert bei Jahnke-Emde-Lösch, Fußnote 1, S. 182; für ganzzahliges m ist $\Gamma(m+1) = m!$

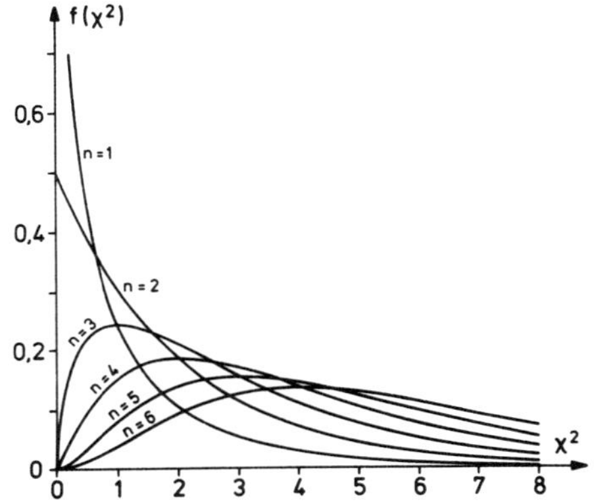

Fig. 91: Dichtefunktionen der χ^2-Verteilung für $n = 1, \cdots, 6$. Einige Verteilungsfunktionen enthält Fig.96

wenn n beliebig anwächst. Das Maximum der χ^2-Verteilung liegt bei

$$\chi_m^2 = n - 2$$

für $n \geqslant 2$, sonst ist es bei $\chi^2 = 0$.- Tafeln der χ^2-Funktionen z.B. bei H.L. Harter, Biometrika 51 (1964)231 (bis $n = 100$); abgekürzte Form: Kohlrausch, Praktische Physik, Band III, Stuttgart 1968. Tabellen bis zu $n = 10000$ im Handbook of Tables for Probability and Statistics, 2nd ed., Cleveland 1968. Rechenprogramm für die χ^2-Funktion bei Ph.R. Bevington, Data Reduction and Error Analysis for the Physical Sciences, New York 1969.

Einige Verläufe von $f(\chi^2)$ enthält die Fig.91. Aus ihr kommt noch nicht recht heraus, warum die χ^2-Funktion eine fundamentale Rolle spielt. Das sieht man deutlicher, wenn man eine andere Aufzeichnungsweise wählt: Das Wegrutschen des Maximums vermeidet man durch Aufzeichnung von $f(\chi^2)$ als Funktion von χ^2/χ_m^2. Unter Aufrechterhaltung der Normierung gewinnt man

$$u = \chi^2/\chi_m^2, \qquad \int_0^\infty f(\chi^2)\, d\chi^2 = 1 = \int_0^\infty g(u)\, du \;,$$

mit der neuen Dichtefunktion

$$g(u) = f(\chi_m^2 \cdot u)\, \chi_m^2 \;.$$

Die Fig.92 enthält einige dieser Dichtefunktionen, und an ihnen sieht man deutlich, daß bei wachsender Zahl der Freiheitsgrade man einen immer schärfer werdenden Pik bei $\chi^2/\chi_m^2 = u = 1$ erhält. Das bedeutet, daß mit ganz überwiegender Wahrscheinlichkeit für die Summengröße überhaupt nur noch der Wert $\chi^2 = \chi_m^2$ vorkommt. Insbesondere, wenn die Zahl der Freiheitsgrade groß ist, führt

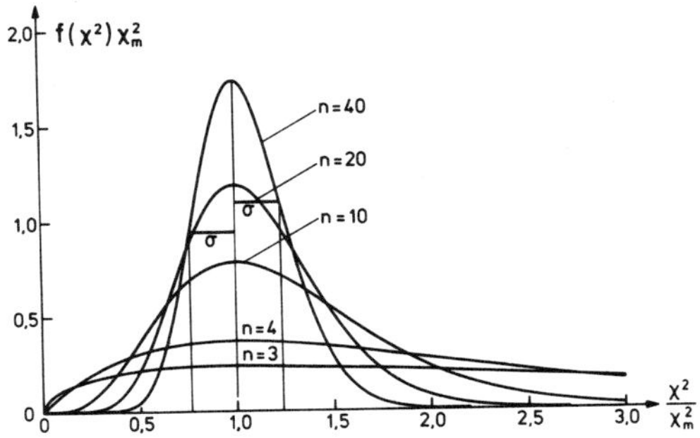

das zu einem scharfen Entscheidungskriterium bei der Prüfung von Hypothesen oder Theorien.

Fig. 92: Einige Dichtefunktionen der χ^2-Verteilung

3.3.3 Ergänzung: Maxwell'sche Geschwindigkeitsverteilung als Beispiel einer χ^2-Verteilung

Für eine Komponente der Geschwindigkeit von Gasmolekülen hat man eine Normalverteilung

$$f(v_x) = \left(\frac{m}{2\pi kT}\right)^{1/2} \exp\left(-\frac{mv_x^2}{2kT}\right)$$

mit $\hat{v}_x = 0$ und $\sigma_v = \sqrt{\frac{kT}{m}}$. Die Verteilungsfunktionen für v_y und v_z sind die gleichen. Die Geschwindigkeitskomponenten sind unabhängige statistische Größen. Wir suchen die Verteilungsfunktion für die kinetische Energie eines Moleküls,

$$E = \frac{1}{2}\,mv_x^2 + \frac{1}{2}\,mv_y^2 + \frac{1}{2}\,mv_z^2 = \frac{m}{2}(v_x^2 + v_y^2 + v_z^2) \quad .$$

Der Klammerausdruck ist die Summe der Quadrate von drei normalverteilten Größen. Die Rechnung wird vereinfacht, indem man setzt

$$\frac{mv_x^2}{kT} = \xi_2^2 \;, \qquad \frac{mv_y^2}{kT} = \xi_3^2 \;, \qquad \frac{mv_z^2}{kT} = \xi_1^2 \;.$$

Dann ist $E = \frac{m}{2}\,\frac{kT}{m}(\xi_1^2 + \xi_2^2 + \xi_3^2)$. Die Größen in der Klammer sind normalverteilt mit Erwartungswert 0 und Streuung 1. Man setzt

$$\chi^2 = \frac{2E}{kT} = \xi_1^2 + \xi_2^2 + \xi_3^2 \;,$$

$\xi_1 = \chi\cos\varphi_1\,(\rightarrow v_z)$, $\xi_2 = \chi\sin\varphi_1\cos\varphi_2\,(\rightarrow v_x)$, $\xi_3 = \chi\sin\varphi_1\sin\varphi_2\,(\rightarrow v_y)$

und gewinnt

$$P(\chi^2 \leq X^2) = \frac{1}{(2\pi)^{3/2}} \int_0^X \int_0^\pi \int_0^{2\pi} e^{-\frac{1}{2}\chi^2} \chi^2 d\chi \sin\varphi_1 d\varphi_1 d\varphi_2$$

$$= \frac{1}{\sqrt{2\pi}} \int_0^{X^2} e^{-\frac{1}{2}\chi^2} \sqrt{\chi^2}\, d(\chi^2) \ .$$

Die Dichtefunktion für die Energie ist also eine χ^2-Verteilung mit 3 Freiheitsgeraden,

$$g(E)dE = \frac{1}{\sqrt{2\pi}} e^{-\frac{E}{kT}} \sqrt{\frac{2E}{kT}}\, d(\frac{2E}{kT}) = \frac{1}{\sqrt{2\pi}} (\frac{2}{kT})^{3/2} e^{-\frac{E}{kT}} \sqrt{E}\, dE \ ,$$

und die Dichtefunktion für den Betrag der Geschwindigkeit

$$f(v)dv = \sqrt{\frac{2}{\pi}} (\frac{m}{kT})^{3/2} e^{-\frac{mv^2}{2kT}} v^2 dv \ .$$

Nimmt man die Stoffmenge 1 mol eines einatomigen Gases ($n = 3\, N_A$) als zu behandelndes System, so findet man genauso, daß die Gesamtenergie $U = \Sigma E_i$ eine χ^2-Verteilung mit $3N_A$ Freiheitsgraden ist (das sind $18 \cdot 10^{23}$ Freiheitsgrade!). Der Erwartungswert der Energie ist $3/2\, N_A kT$ und ist ungeheuer scharf, denn die relative Breite ist

$$\frac{\sigma_{X^2}}{\hat{\chi}^2} = \frac{\sigma_U}{U} = \frac{\sqrt{2n}}{n} \approx 10^{-12} \ .$$

3.3.4 Die Verteilung des Quadrates der Standardabweichung

Man hat davon auszugehen, daß die Meßwerte x_i eine Normalverteilung um den (wahren) Wert $\hat{x}$ haben mit der Varianz σ^2. Anläßlich der Berechnung der Standardabweichung wurde s^2 aus den Einzelergebnissen einer Stichprobe mit dem arithmetischen Mittel $\overline{x}$ gewonnen. Wir versuchen jetzt, die Verteilung von s^2 zu berechnen. Dazu bilden wir

$$(20) \qquad \chi^2 = (n-1)\, \frac{s^2}{\sigma^2} = \frac{1}{\sigma^2} \sum_i (x_i - \overline{x})^2 = \sum_{i=1}^{n} \frac{(x_i - \overline{x})^2}{\sigma^2} \ .$$

Eine einfache Umformung führt auf

$$\begin{aligned}
\chi^2 &= \sum_i \frac{1}{\sigma^2}(x_i - \hat{x})^2 - \sum_i \frac{1}{\sigma^2}(\bar{x} - \hat{x})^2 \\
&= \sum_i \frac{1}{\sigma^2}(x_i - \hat{x})^2 - n\,\frac{1}{\sigma^2}\{\frac{1}{n}\sum_j (x_j - \hat{x})\}^2 \\
&= \sum_i \frac{1}{\sigma^2}(x_i - \hat{x})^2 - \frac{n}{n^2}[\sum_j \frac{1}{\sigma^2}(x_j - \hat{x})]^2 \\
&= \sum_i \xi_i^2 - \frac{1}{n}(\sum_j \xi_j)^2
\end{aligned} \tag{21}$$

mit $\hat{\xi}_i = 0$ und $\sigma\xi_i = 1$ für Normalverteilung. Man benötigt jetzt noch eine lineare Transformation von $\xi_1,\cdots,\xi_n \to \eta_1,\cdots,\eta_n$, um zu zeigen, daß χ^2 als Summe nur von Quadraten (ohne doppelte Produkte) geschrieben werden kann. Eine solche Transformation ist möglich (s. z.B. B.L. van der Waerden, loc.cit.) und bedeutet lediglich, daß man die Meßwerte auf eine andere Art linear zusammenfaßt. Z.B. setzt man $\eta_1 = \frac{1}{\sqrt{n}} \sum \xi_j = \frac{\bar{x}-\hat{x}}{\sigma} \sqrt{n}$. Es folgt dann

$$\chi^2 = \sum_{i=1}^{n} \eta_i^2 - \frac{1}{n}\, n\eta_1^2 = \sum_{i=2}^{n} \eta_i^2 \ , \tag{22}$$

und die η_i sind immer noch normalverteilt mit Streuung 1. Es folgt aus (22), daß die gemäß der Beziehung (20) gebildete Größe eine "χ^2-Größe" ist, die der χ^2-Verteilung folgt, jedoch nicht mit n, sondern mit n - 1 Freiheitsgraden. Der Erwartungswert ist

$$E(s^2) = \frac{\sigma^2}{n-1}(n-1) = \sigma^2 \ , \tag{23}$$

und damit ist das Quadrat der Standardabweichung als Ersatzwert für die Varianz σ^2 begründet. Wir haben demnach die "richtigen" Ersatzwerte für $\hat{x}$ und σ genommen, indem wir $\bar{x}$ und s nahmen.

3.3.5 Reduktion der Zahl der Freiheitsgrade

Bei der Definition der χ^2-Verteilung mit n Zufallsgrößen war eine Verteilung mit n Freiheitsgraden gewonnen worden. Die Verteilung der Varianz (bzw. des Quadrates der Standardabweichung) war eine χ^2-Verteilung mit nur noch n-1 Freiheitsgraden. Die Erniedrigung entstand dadurch, daß die Varianz nicht mehr bezüglich $\hat{x}$, sondern bezüglich $\bar{x}$ berechnet wurde, also bezüglich einer Größe, die selbst aus den Ursprungsdaten gewonnen war. Es war dabei $\overline{x}$ eine Linearkombination aus diesen Daten.

Die Reduktion der Freiheitsgrade erfolgt immer dann, wenn Linearkombinationen gebildet werden, bezüglich welcher die Varianz gesucht wird. Das kann am Beispiel der Ausgleichsgeraden leicht gezeigt werden, siehe M. Fisz, Wahrscheinlichkeitsrechnung und mathem. Statistik, Berlin 1970, S.622 ff.

4 Statistische Prüfung von Messungen, Tests

Unter der schon betonten Voraussetzung, daß den Abweichungen eines Meßergebnisses von dem wahren Wert statistische Fehler zugrunde liegen, ist es möglich anzugeben, mit welcher Wahrscheinlichkeit ein bestimmtes Ergebnis auftreten wird. Da bei einer einmaligen Messung ein bestimmtes Resultat, eben die Stichprobe, verwirklicht ist, so sollte es in der Nähe des wahrscheinlichsten Wertes liegen. Aber es ist sofort klar, daß die Forderung in dieser Form nicht haltbar ist, weil alle Aussagen über das Auftreten eines bestimmten Resultates Wahrscheinlichkeitsaussagen sind, die man nur durch häufige Wiederholung von Messungen approximieren kann. Dennoch haben Tests, die zum akzeptieren oder verwerfen von Hypothesen führen, in den letzten Jahrzehnten große Bedeutung erlangt. Dies auch deshalb, weil es mit Hilfe von großen Rechenanlagen möglich geworden ist, umfangreiche numerische Rechnungen mit Parameter-Suchprogrammen für Vergleiche mit Theorien heranzuziehen. Dabei wird in großem Umfang der χ^2-Test benutzt. Dieser ist aber im Grundsatz so allgemein, daß er auch bei Ermittlungen von Naturkonstanten aus einem ganzen Netzwerk von Messungen als Kriterium für eine optimale Bestimmung benutzt wird [1)].

4.1 Die Tschebyscheff'sche Ungleichung

Sie gibt eine sehr allgemeine Abschätzung über das Auftreten von Meßwerten außerhalb des Maximums der Verteilungsfunktion. Die Fig.93 enthält eine Skizze einer Dichtefunktion, für welche die

---

1) B.N. Taylor, W.H. Parker, D.N. Langenberg, und andere, s. Fußnote 1, S.103.

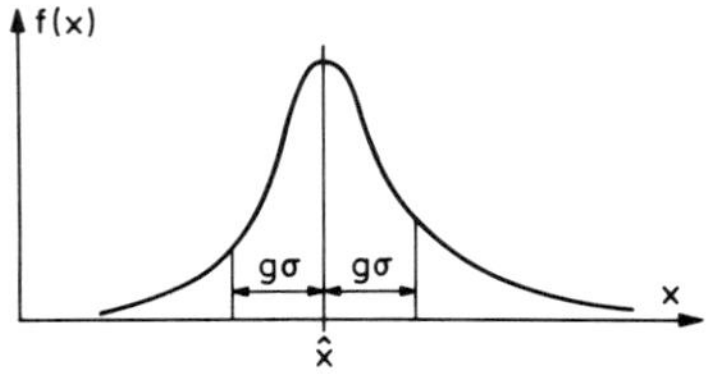

Fig. 93: Dichtefunktion und Tschebyscheff'sche Abschätzungsgrenzen

Varianz σ existiere. Außerdem ist der Abstand g·σ eingezeichnet. Die Tschebyscheff'sche Ungleichung beantwortet die Frage nach der Wahrscheinlichkeit, mit der Werte x vorkommen, die außerhalb ±gσ vom Erwartungswert $\hat{x}$ liegen. Man geht von der Definition der Varianz aus

$$\sigma^2 = \int_{-\infty}^{+\infty} (t - \hat{x})^2 f(t)\,dt \ ,$$

oder $\sigma^2 = \int_{-\infty}^{+g\sigma} \cdots + \int_{+g\sigma}^{\infty} \cdots$, bzw. $\sigma^2 = \int_{-\infty}^{-g\sigma} \cdots + \int_{-g\sigma}^{\infty} \cdots$.

Es folgt

$$\sigma^2 = \underset{(\geqslant 0)}{\int^{+g\sigma}} + \int_{g\sigma}^{\infty} \geqslant \int_{g\sigma}^{\infty} \geqslant g^2\sigma^2 \int_{g\sigma}^{\infty} f(t)\,dt = g^2\sigma^2 \cdot P(x - \hat{x} \geqslant g\sigma) \ ,$$

und

$$\sigma^2 = \int_{-\infty}^{-g\sigma} + \underset{(\geqslant 0)}{\int_{-g\sigma}^{\infty}} \geqslant \int_{-\infty}^{-g\sigma} \geqslant g^2\sigma^2 \int_{-\infty}^{-g\sigma} f(t)\,dt = g^2\sigma^2 \cdot P(\hat{x} - x \geqslant g\sigma) \ .$$

Daraus folgt

(1) $P(|x - \hat{x}| \geqslant g\sigma) \leqslant \frac{1}{g^2}$,

also

$$P(|x - \hat{x}| \geqslant \sigma) \leqslant 1 \qquad P(|x - \hat{x}| \geqslant 3\sigma) \leqslant \frac{1}{9}$$
$$P(|x - \hat{x}| \geqslant 2\sigma) \leqslant \frac{1}{4} \qquad P(|x - \hat{x}| \geqslant 10\sigma) \leqslant \frac{1}{100} \ .$$

Die Tschebyscheff'sche Ungleichung ist interessant, weil für ihre Gültigkeit nur sehr wenige Voraussetzungen gemacht wurden. Die bei Tests und sonst häufig vorkommenden Verteilungsfunktionen ergeben deutlich schärfere Einschränkungen.

4.2 Die Binomialverteilung

Sie ist die Basis-Verteilung für alle Auswahlverteilungen: p sei die Wahrscheinlichkeit, daß bei einem Versuch ein bestimmtes Ereignis eintrifft (z.B. Ziehen einer weißen Kugel aus einer

Urne), und es sei n die Anzahl der ausgeführten Versuche. Dann ist die Wahrscheinlichkeit, in der Stichprobe vom Umfang n die Anzahl x der gesuchten Ereignisse zu finden

(2) $$W(n,x) = \binom{n}{x} p^x (1-p)^{n-x}$$

mit $x = 0, 1, \cdots, n$. Man sieht leicht, daß $\sum_x W(n,x) = 1$, denn

$$\sum_x W(n,x) = \sum_x \binom{n}{x} p^x (1-p)^{n-x} = (p + (1-p))^n = 1 \ .$$

$W(n,x)$ hat ein Maximum bei $x \approx pn$; der Erwartungswert von x ist

(3) $$\hat{x} = E(x) = \sum_x x W(n,x) = np \ .$$

Die Varianz folgt aus

$$\sigma_x^2 = E[(x-\hat{x})^2] = \sum_x (x-\hat{x})^2 W(n,x) = E(x^2) - (E(x))^2$$

und

$$E(x^2) = \sum_x x^2 W(n,x) = \sum_x (x(x-1) + x) W(n,x) = \hat{x} + p^2 n(n-1) \ ,$$

zu

(4) $$\sigma_x^2 = \hat{x}(1-p) = np(1-p) \ , \qquad \sigma_x = \sqrt{np(1-p)} \ .$$

Für $p \ll 1$ ist demnach $\sigma_x \approx \sqrt{\hat{x}} = \sqrt{np}$.

n	W(n,0)	W(n,1)	W(n,2)	W(n,3)	W(n,4)	W(n,5)	W(n,6)	W(n,7)
1	0,75	0,25						
2	0,562	0,375	0,063					
3	0,422	0,422	0,141	0,016				
4	0,316	0,422	0,211	0,047	0,004			
5	0,237	0,395	0,264	0,089	0,015	0,001		
6	0,178	0,356	0,300	0,132	0,033	0,004	0,000	
7	0,133	0,311	0,311	0,173	0,058	0,012	0,001	0,000

Tabelle 15: Einige Wahrscheinlichkeiten der Binomialverteilung, $p = 1/4$

Die Tabelle 15 enthält einige Werte von Binomialverteilungen für $p = 1/4$. Zum Vergleich ist in Fig.94 neben dem Fall $n = 7$ auch die

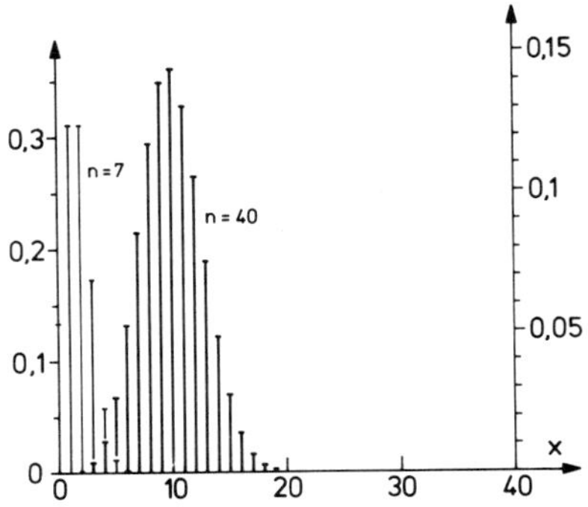

Fig. 94: Binomialverteilungen $W(n,x)$ für $n = 7$ (linke Skala) und $n = 40$ (rechte Skala), $p=0,25$

Verteilung für $n = 40$ gezeichnet. In diesen beiden Fällen ist

$$\hat{x} = 1,75 \quad , \quad \sigma_x = 1,14 \quad (n = 7)$$

$$\hat{x} = 10 \quad , \quad \sigma_x = 2,74 \quad (n = 40)$$

Nimmt man etwa $g = 2$, dann ist die Wahrscheinlichkeit für die Grenzen

$$x = 1,75 + 2,28 = 4,03$$

$$x = 10 + 5,48 = 15,48$$

zu bestimmen. Aus der Tabelle 15 entnimmt man für

$$P(n=7, x \geq 4) = 0,071 \quad ,$$

außerdem bei $n = 40$

$$P(n = 40, x \geq 15) = 0,054 \quad .$$

Dagegen gibt die Tschebyscheff'sche Ungleichung in diesem Fall $P(x-\hat{x} \geq 2\sigma) \leq \frac{1}{4} = 0,25$. Die Binomialverteilung enthält also in der Tat eine wesentlich stärkere Einschränkung.

Im Fall $p = \frac{1}{2}$ ist die Binomialverteilung im Intervall $0 \leq x \leq n$ symmetrisch.

4.3 Die Poisson-Verteilung

Ist die Wahrscheinlichkeit p sehr klein, aber die Zahl der Versuche n sehr groß, so geht die Normalverteilung bei $p \to 0$ und $n \to \infty$, jedoch $np = \text{konst.}$, gegen die Poisson-Verteilung, die ihr Anwendungsgebiet insbesondere im Bereich der Zählerexperimente der Radioaktivität hat. Es werde $np = K$ gesetzt. Es ist

$$W(n,x) = \frac{n(n-1)\cdots(n-x+1)}{1\cdot 2\cdots x}\left(\frac{K}{n}\right)^x\left(1-\frac{K}{n}\right)^{n-x}$$

$$= \frac{K^x}{x!}\, 1\cdot\left(1-\frac{1}{n}\right)\cdots\left(1-\frac{x-1}{n}\right)\left(1-\frac{K}{n}\right)^n\left(1-\frac{K}{n}\right)^{-x} \quad ,$$

also bei $n \to \infty$

$$(5) \qquad W(n,x) \quad \frac{K^x}{x!} e^{-K} = W(K,x) \quad .$$

Dies ist die Poisson-Verteilung. Für sie gilt wieder

$$\sum_x W(K,x) = e^{-K}\left(1 + \frac{K}{1!} + \frac{K^2}{2!} + \cdots\right) = e^{-K} e^{K} = 1 \quad ,$$

ferner ist der Erwartungswert von x

$$(6) \qquad \hat{x} = E(x) = e^{-K} \sum_{x=0}^{\infty} x \frac{K^x}{x!} = e^{-K} K \sum_{x=1}^{\infty} \frac{K^{x-1}}{(x-1)!} = K \quad .$$

Es ist

$$\widehat{(x^2)} = E(x^2) = K^2 + K \quad ,$$

also

$$(7) \qquad \sigma_x^2 = E[(x-\hat{x})^2] = K \quad , \qquad \sigma_x = \sqrt{K} \quad .$$

Schließlich ist die Verteilung für die Summe $z = x + y$ von zwei Größen x und y, die eine Poisson-Verteilung besitzen und statistisch unabhängig sind, wieder eine Poisson-Verteilung. Es ist nämlich

$$W(K_1,x,K_2,y) = \frac{K_1^x}{x!} e^{-K_1} \frac{K_2^y}{y!} e^{-K_2}$$

und

$$W(K,z) = \sum_{x+y+=z} W(K_1,x,K_2,y) = e^{-(K_1+K_2)} \sum_{x=0}^{z} \frac{K^x K^{z-x}}{x!(z-x)!}$$

$$= e^{-(K_1+K_2)} \frac{1}{z!} \sum_{x=0}^{z} \frac{z!}{x!(z-x)!} K_1^x K_2^{z-x}$$

$$= e^{-(K_1+K_2)} \frac{1}{z!} (K_1+K_2)^z \quad ,$$

d.h. $K = K_1 + K_2$. Außerdem ist

$$(8) \qquad \sigma_z^2 = K_1 + K_2 = \sigma_x^2 + \sigma_y^2 \quad .$$

Die Abschätzung entsprechend der Tschebyscheff'schen Ungleichung ergibt hier

$$P(x-\hat{x} \geqslant g\sigma) = P(x-K \geqslant g\sqrt{K}) = P(x \geqslant K+g\sqrt{K}) = \sum_{x-K+g\sqrt{K}}^{\infty} \frac{K^x}{x!} e^{-K} \quad ,$$

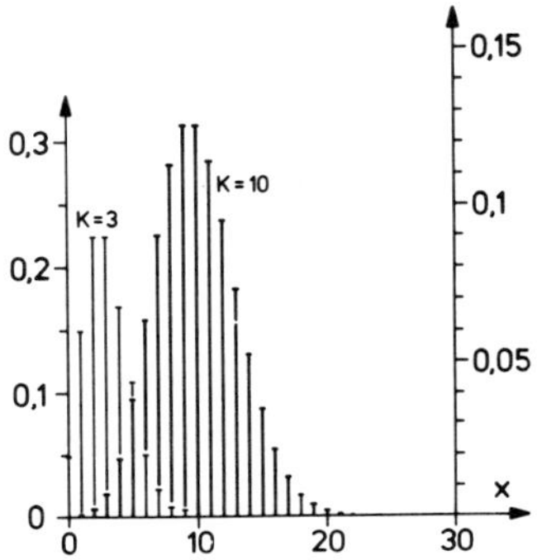

Fig. 95: Poisson-Verteilung für $K = 3$ (linke Skala) und 10 (rechte Skala)

und damit

$$P(x-\hat{x} \geqslant \sigma) = 0{,}195$$
$$P(x-\hat{x} \geqslant 2\sigma) = 0{,}05$$
$$P(x-\hat{x} \geqslant 3\sigma) = 0{,}0075 \quad .$$

Die Fig.95 enthält noch einen Vergleich von zwei Poisson-Verteilungen für $K = 3$ und $K = 10$. Man sieht, daß die Verteilung mit wachensem K symmetrischer wird. Das ist übrigens auch der Fall bei der Binomialverteilung, ganz unabhängig vom Wert von p. Man kann zeigen, daß beide Verteilungen gegen die Normalverteilung streben, wenn $n \to \infty$.

4.4 Minimum-χ^2-Verfahren und χ^2-Test

Die Aufgabe der messenden Physik ist es, aus Meßdaten auf Zahlenwerte, eine Gesetzmäßigkeit oder einen Zusammenhang zu schließen. Aus Messungen von Spannung und Strom versucht man festzustellen, ob ihr Quotient, der elektrische Widerstand, eine konstante Größe ist; aus Messungen der Zerfallsrate einer radioaktiven Substanz in Abhängigkeit von der Zeit wird die mittlere Lebensdauer der Substanz bestimmt, also der "Parameter", der Zerfallsrate und Zeit miteinander verknüpft; durch Messungen der Strahlungsleistung einer Antenne als Funktion des Ortes untersucht man, ob das Strahlungsdiagramm einer $\cos\vartheta$- oder $\cos^2\vartheta$-,$\cdots$ Funktion folgt, allgemein, ob es sich etwa in Form einer Reihe $a_o + a_1\cos\vartheta + a_2\cos^2\vartheta + \cdots + a_r\cos^r\vartheta$ darstellen läßt: Man versucht die Parameter $a_o,\cdots a_r$ zu bestimmen, usf. In der Regel versucht man also, einen Zusammenhang

$$y = F(x, \Theta_1, \cdots \Theta_r)$$

zu ermitteln. Dabei steht x anstelle von evtl. mehreren Variablen, die der Experimentator einstellen kann (unabhängige Variable), während $\Theta_1, \cdots \Theta_r$ die gesuchten Parameter sind, die etwa eine Theorie charakterisieren oder die auch zu bestimmende Konstanten sein können. In den oben genannten Beispielen sind die unabhängigen Variablen: Die Spannung (oder der Strom, dann Messung der Spannung); die Zeitpunkte t_i, zu denen die Messungen in den Zeitintervallen Δt erfolgen; die eingestellten Aufstellungsorte relativ zur Antenne. Es werden n Messungen ausgeführt $x_i\,(i=1,\cdots,n)$ mit den Meßresultaten $y_i\,(i=1,\cdots,n)$. Außerdem soll es durch mehrfache Wiederholung einer Einzelmessung, oder aufgrund sonstiger Überlegungen möglich sein, zu jedem Meßwert eine Standardabweichung s_i anzugeben. Damit hat man einen Satz zusammengehöriger Meßwerte

$$x_i;\ y_i \text{ und } s_i\ ;\quad i=1,\cdots,n\ .$$

Ihnen sind die erwarteten oder theoretischen Werte der Meßgröße gegenüberzustellen

$$F_i = F(x_i,\Theta_1,\cdots,\Theta_r)\ ,\qquad i=1,\cdots,n\ .$$

Allerdings sind die F_i nur dann als Zahlenwerte angebbar, wenn die Parameter $\Theta_1,\cdots,\Theta_r$ bekannt sind, was primär nicht der Fall ist. Man muß demnach wenigstens Schätzwerte einsetzen. Sie können verbessert werden, indem man nach dem Minimum-χ^2-Verfahren vorgeht, das dem Gauß'schen Verfahren des Minimums der Summe der Fehlerquadrate (Ziff. 2.2) entspricht. Man bildet die Größe

$$(9)\qquad \chi^2 = \sum_{i=1}^{n} \frac{(y_i - F(x_i,\Theta_1,\cdots,\Theta_r))^2}{s_i^2}$$

und variiert die Parameter $\Theta_1,\cdots,\Theta_r$ so lange, bis man - nach evtl. langem Suchen - einen Wert von χ^2 erhält, von dem man füglich sagen kann, daß er (im Rahmen der gewählten Theorie, also der Funktion F) nicht weiter vermindert werden kann. Mit Rechenanlagen kann die Parametersuche automatisiert werden. Bei einfachen Zusammenhängen (Ausgleichsgerade) können die Parameterwerte direkt berechnet werden, wenn man, nach den Regeln der Differentialrechnung verfahrend, die entsprechenden partiellen Ableitungen von χ^2 nach den gesuchten Parametern null setzt [1].

Ist der Satz von Parametern $\Theta_1,\cdots,\Theta_r$ gefunden und ist damit auch der Wert des Minimums von χ^2 bekannt, so prüft man, ob dieser Wert "vernünftig" ist; das ist der χ^2-Test. Ein solcher Test ist möglich, wenn bestimmte Voraussetzungen erfüllt sind. Es muß vorausgesetzt werden, daß die Meßgröße y einer Normalverteilung um $F(x,\Theta_1,\cdots,\Theta_r)$ an jeder Stelle x folgt und s_i der Ersatzwert von $\sigma(x_i)$ ist. Man darf also s_i nicht willkürlich wählen, etwa aus Vorsicht besonders groß, sondern muß sich evtl. durch Wiederholung von Messungen einen guten Wert von s_i beschaffen. Bei Messungen der radioaktiven Strahlung kann man eine Wiederholung nicht durchführen, weil während der Messung Zeit verstreicht und die Aktivität der Substanz unwiederbringlich abfällt. Hier gibt es aber anhand der Poisson-Verteilung ein konsequentes Verfahren. Es wurde gezeigt, daß die Varianz gleich der Wurzel aus der mittleren Zählrate ist. In diesem Fall setze man also $s_i = \sqrt{y_i}$ ein.

Treffen die angegebenen Voraussetzungen zu, dann ist jeder der einzelnen Summanden in der Definitions-Beziehung (9) für χ^2 normalverteilt mit Varianz 1. Die Größe χ^2 ist eine statistische Größe, ihre Wahrscheinlichkeitsdichte ist die χ^2-Dichtefunktion (Ziff. 3.3), und man kann zeigen, daß die Zahl der Freiheitsgrade

(10) $\quad n_F = n - r$.

Die Beziehung drückt aus, daß die Meßresultate über r Parameter miteinander verbunden, also nicht völlig unabhängig voneinander sind.

Die Bedeutung der χ^2-Verteilung und ihre Eignung zu einem Test für die Gültigkeit einer Theorie oder für die "Richtigkeit" der Berechnung von Daten aus Meßergebnissen, liegt in ihren Eigenschaften begründet. Sie treten dann besonders hervor, wenn die Zahl der Meßpunkte n groß ist; genauer dann, wenn die Zahl der Freiheitsgrade groß ist, etwa einige hundert. Das kommt in Fig.97 besonders zum Ausdruck. Während die Wahrscheinlichkeitsdichte δ-funktionsartig scharf bei $n_F \to \infty$ wird, geht P gegen eine Stufen-

---

[1] Minimum χ^2-Verfahren, wenn auch x mit Fehlern behaftet ist, s. etwa W.H. Southwell, J.Comput.Phys. 4(1969)465

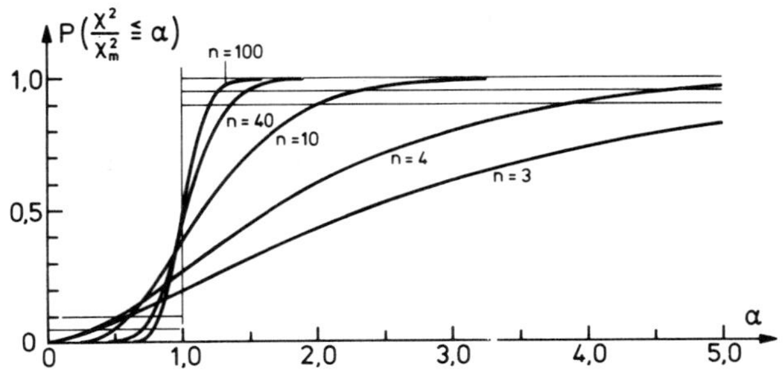

Fig. 96: Wahrscheinlichkeit $P(0 \leq \chi^2 \leq X^2)$ der χ^2-Verteilungsfunktion $(\alpha = X^2/\chi_m^2)$

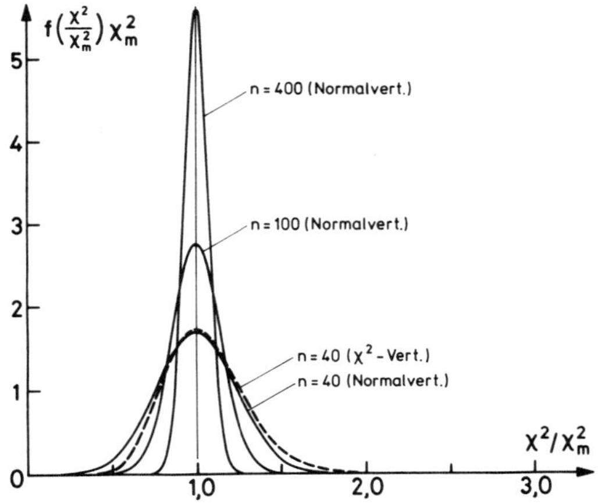

Fig. 97: Für große Zahl der Freiheitsgrade geht die χ^2-Verteilung gegen eine Normalverteilung

funktion mit dem Sprungpunkt bei $\alpha = X^2/\chi_m^2 = 1$ (Figur 96). Bei vielen Problemen ist in der Tat n_F sehr groß. Wenn aber n_F nur einige 10 ist, dann ist der χ^2-Test viel weniger scharf.

Es sei noch bemerkt, daß die Dichte der χ^2-Verteilung bei großen n gegen eine Normalverteilung geht,

$$(11) \qquad g(\chi^2) = \frac{1}{\sqrt{2\pi}\sigma} \exp\left(- \frac{(\chi^2 - \chi_m^2)^2}{2\sigma^2}\right.$$

mit $\sigma^2 = 2n$, $\chi_m^2 = n - 2$. In Fig.97 ist eine Serie entsprechender Verteilungsfunktionen aufgezeichnet. Man sieht sofort, daß die Normalverteilung stets etwas von der χ^2-Verteilung abweicht, weil bei $\chi^2 = 0$ $(\chi^2 \geq 0)$ die Normalverteilung nur im limes $n \to \infty$ den Wert null ergibt. Die χ^2-Verteilung ist stets unsymmetrisch, aber die Unsymmetrie verschwindet für $n \to \infty$.

Die χ^2-Verteilung wird zum χ^2-Test im Sinne der Tschebyscheff'schen Abschätzung benutzt. Dabei ist

$$\hat{\chi}^2 = n_F \ , \quad \sigma_{\chi^2} = 2n_F \ , \quad \chi_m^2 = n_F - 2 \ .$$

Ist die Zahl der Freiheitsgrade bekannt (Anzahl der Meßpunkte, die zur Berechnung von r Zahlenwerten benutzt werden), dann folgt aus P die Wahrscheinlichkeit, mit der ein χ^2-Wert innerhalb oder außerhalb gewisser Grenzen vorkommt, falls die Abweichungen der Meßergebnisse von der "Theorie" rein statistischer Natur sind, also die Theorie "stimmt". Die Argumentation verläuft wie folgt [1].

		$n_F = 100$		$n_F = 10$	
		χ_T^2	χ_T^2/χ_m^2	χ_T^2	χ_T^2/χ_m^2
(1)	P(0,05)	77,93	0,79	3,94	0,49
(2)	P(0,95)	124,34	1,27	18,30	2,287
(1)	P(0,01)	70,06	0,71	2,56	0,32
(2)	P(0,99)	135,8	1,39	23,20	2,9

Tabelle 16:

Test-Werte von χ^2 für Irrtumswahrscheinlichkeiten von 5% und 1% bei 100 und bei 10 Freiheitsgraden

Da χ^2 eine statistische Größe ist, so darf χ^2/n_F grundsätzlich bei einer einmaligen Messung beliebig weit von 1 abweichen, jedoch ist die Wahrscheinlichkeit für eine große Abweichung sehr klein, wenn n_F groß ist. Die Tabelle 16 besagt für $n_F = 100$, daß die Wahrscheinlichkeit für

$$0 \leq \chi^2 \leq \chi_T^2(1) = 77{,}93 \quad \text{und} \quad \chi_t^2(2) = 124{,}34 \leq \chi^2 < \infty$$

jeweils 5% ist. D.h. in 5 von 100 Fällen erwartet man χ^2 in diesen Intervallen, in 90 von 100 Fällen sollte χ^2 im Bereich

$$\chi_T^2(1) \leq \chi^2 \leq \chi_T^2(2)$$

liegen (um den Wert χ_m^2 herum).- Bei der gleichen Zahl von Freiheitsgraden sind die Wahrscheinlichkeiten für

$$0 \leq \chi^2 \leq \chi_T^2(1) = 70{,}06 \ , \qquad \chi_T^2(2) = 135{,}8 \leq \chi^2$$

jeweils 1%, und in 98% der Fälle sollte χ^2 im Bereich zwischen

---

1) Z.B. N.W. Smirnow, L.W. Dunin-Barkowski, Mathematische Statistik in der Technik, Berlin 1969.

den beiden Werten $\chi_T^2(1)$ und $\chi_T^2(2)$ liegen. Bei einer relativ geringen Änderung der Bereichsgrenzen (77,93 → 70,06, bzw. 124,34 → 135,8, also um nur etwa 10%) ändern sich die entsprechenden Wahrscheinlichkeiten drastisch (P = 5% nach P = 1%).

Wird bei einem Experiment und nach dem anschließenden Vergleich mit einer Theorie oder einer Hypothese ein bestimmter Wert χ_{exp}^2 gefunden, so stellt sich die Frage, ob die Theorie allein auf Grund dieses einen Wertes verworfen oder akzeptiert werden soll oder kann. Dazu greift man auf die χ^2-Verteilung zurück und definiert das <u>Vertrauens-</u> oder <u>Konfidenz-Niveau</u>, z.B. von 5%. Das soll heißen, daß das ganze χ^2-Intervall in die drei oben für den Fall $n_F = 100$ angegebenen Bereiche eingeteilt wird, die aus dem Konfidenz-Niveau folgen:

$$P_1 = 5\%, \quad P_2 = 90\%, \quad P_3 = 5\% \ .$$

Fällt ein Meßergebnis χ_{exp}^2 in die äußeren Bereiche P_1 oder P_3, so kann die Theorie verworfen werden: Man irrt sich nach Wahrscheinlichkeit nur in 5% der Fälle, denn auch bei einer richtigen Theorie kann χ_{exp}^2 mit jeweils 5% Wahrscheinlichkeit in diesen Bereichen liegen. Die durch das Verwerfen der richtigen Theorie etwa entstandene Fehlentscheidung wird auch Fehler erster Art genannt. Die Irrtumswahrscheinlichkeit kann auf 1% vermindert werden, wenn man das χ^2-Intervall entsprechend ausweitet. Auf der anderen Seite wird man aber die Tendenz haben, das Intervall, in welchem ein Ergebnis akzeptiert wird (Wahrscheinlichkeit P_2) nicht zu groß zu wählen, denn die in dieses Intervall fallenden χ_{exp}^2-Werte werden alle nicht verworfen, selbst wenn die zugrunde liegende Hypothese oder Theorie tatsächlich falsch ist (Fehler zweiter Art).

Als Kompromiß hat man sich weitgehend auf das 5%-Kriterium geeinigt. Die Schärfe dieses Kriteriums wird, wie die Fig.96 zeigt, umso größer, je größer die Zahl der Freiheitsgrade ist.

Das im folgenden skizzierte Beispiel ist zwar in bestimmter Weise als Aufgabe formuliert, ist jedoch typisch für eine ganze Reihe von Aufgaben. Es wurden 100 Stichproben gemacht, indem aus einer Urne jeweils 40 Kugeln entnommen wurden und die Anzahl der weißen Kugeln notiert wurde (Experiment mit Zurücklegen der Kugeln nach jeder Stichprobe). Die gefundenen Häufigkeiten sind in Tabelle 17 wiedergegeben.

Anzahlen in der Stichprobe	8	9	10	11	12	13	14	15	16	17	18	19	20	21	22	23	24	25	26	27	28	29	30	31	32
Absolute Häufigkeit H	0	0	1	0	1	2	2	5	3	4	11	13	9	12	15	10	5	3	2	1	0	0	1	0	0

Tabelle 17: Häufigkeitsverteilung von 100 Stichproben vom Umfang 40

$$\bar{n} = \frac{1}{100} \sum_i x_i H_i = 20{,}09$$

$$s^2 = \frac{1}{100-1} \sum_i (x_i - \bar{n})^2 H_i = 11{,}60$$

$$s = 3{,}41 \ , \quad s_{\bar{n}} = \frac{3{,}41}{\sqrt{100}} = 0{,}34 \ ,$$

demnach $\bar{n} = 20{,}09 \pm 0{,}34$.

Wäre die zugrundeliegende Verteilung eine Binomialverteilung, also

$$W(n,x) = \binom{n}{x} p^x (1-p)^{n-x} \ ,$$

dann wäre $\bar{n} = np$, $\overline{s^2} = np(1-p)$. Bei $n = 40$ folgt aus $\bar{n}$

$$p = \frac{20{,}09}{40} = 0{,}502 \ ,$$

so daß die Hypothese $p = 0{,}5$ vernünftig erscheint. Die gemessenen Häufigkeiten H_i sind mit denjenigen der Binomialverteilung zu vergleichen

$$B_i = 100 W(40, x_i) = 100 \binom{40}{x_i} 0{,}5^{x_i} 0{,}5^{40-x_i} \ .$$

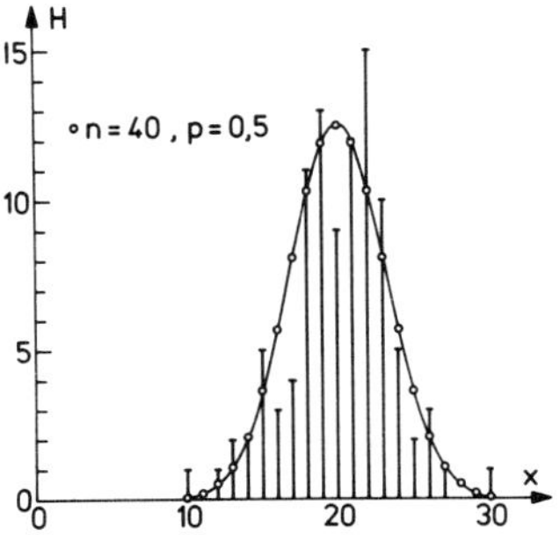

Fig. 98: Vergleich der experimentellen Häufigkeiten mit denjenigen der Binomialverteilung (Tabelle 18)

In der Tabelle 18 sind die entsprechenden Zahlenwerte zusammengestellt und Fig.98 enthält die grafische Darstellung, um einen visuellen Vergleich zu ermöglichen. Für die <u>Anwendung des χ^2-Testes</u> berechnet man

$$\chi^2 = \sum_i \frac{(H_i - B_i)^2}{s_i^2} \ ,$$

wobei man häufig die Meßergebnisse so gruppiert, daß in jeder Gruppe wenigstens 5 Anzahlen enthalten sind. Hier faßt man die Ergebnisse so zusammen, daß die Gruppen $\chi_i = 8 \cdots 14$ und $\chi_i = 25 \cdots 32$ als je <u>eine</u> Gruppe behandelt werden (zuzuordnen zu $\chi_i = 11$ bzw. $28{,}5$) mit den Häufigkeiten $H_i = 6$ bzw. 7 und den Vergleichswerten $B_i = 4{,}032$ bzw. $7{,}689$.

x_i	H_i	B_i
8	0	0,007
9	0	0,025
10	1	0,077
11	0	0,210
12	1	0,508
13	2	1,095
14	2	2,110
15	5	3,658
16	3	5,716
17	4	8,070
18	11	10,312
19	13	11,940
20	9	12,537
21	12	11,940
22	15	10,312
23	10	8,070
24	5	5,716
25	2	3,658
26	3	2,110
27	1	1,094
28	0	0,508
29	0	0,210
30	1	0,077
31	0	0,025
32	0	0,007

Tabelle 18:
Experimentelle und theoretische Häufigkeiten

Weiter muß man bestimmte Werte für s_i einsetzen, die sich aus der Messung nicht entnehmen lassen, denn man müßte die Streuung der einzelnen H_i kennen. Es hat sich hier bewährt, für s_i^2 einfach B_i einzusetzen. Begründet ist dies ohne weiteres für den Fall, daß die Verteilung der einzelnen H_i einer Poisson-Verteilung folgen würde. Alle Erfahrung zeigt, daß man keine unzulässigen Fehler begeht, wenn man $s_i^2 = B_i$ setzt, also als Entscheidungsgröße bildet

$$\chi^2 = \sum_i \frac{1}{B_i}(H_i - B_i)^2 \; .$$

Hier ergibt sich $\chi^2 = 8{,}678$ mit den Zahlenwerten der Tabelle 18 und der besprochenen Gruppierung am Anfang und Ende der Tabelle. Zur Anwendung des χ^2-Testes benötigt man die Anzahl der Freiheitsgrade: Wir haben 12 Gruppen gebildet und einen Parameter (p) geschätzt, also 11 Freiheitsgrade. In den schon zitierten Tabellen von <u>Harter</u> (S.189) findet man beim Konfidenz-Niveau von 5% die Intervalle

$$0 \leq \chi^2 \leq 4{,}57 \quad \text{und} \quad 19{,}68 \leq \chi^2 < \infty$$

Der gefundene Wert liegt zwischen den Grenzen 4,57 und 19,68, und in der Tat in der Nähe von

$\chi_m^2 = n_F - 2 = 9$, d.h. die gemessene Häufigkeitsverteilung ist mit der Binomialverteilung mit $p = 0{,}5$ nach Maßgabe des χ^2-Testes verträglich.

A n h a n g II

Tabelle abgeleiteter und gesetzlicher Einheiten, sowie von Umrechnungsbeziehungen

1. Abgeleitete Einheiten der Mechanik und Wärmelehre

Größe	Einheit	Zeichen
Fläche	Quadratmeter	m^2
Volumen	Kubikmeter	m^3
	Liter	l
(Ebener) Winkel	Radiant	rad
	Grad	°
	Minute	'
	Sekunde	"
	Gon	gon
(Räumlicher) Winkel	Steradiant	sr
Masse	Gramm	g
	Tonne	t
Längenbezogene Masse	Kilogramm durch Meter	kg/m
Flächenbezogene Masse	Kilogramm durch Quadratmeter	kg/m^2
Dichte	Kilogramm durch Kubikmeter	kg/m^3
Zeit (Zeitspanne)	Minute	min
	Stunde	h
	Tag	d
Frequenz	Hertz	Hz
Geschwindigkeit	Meter durch Sekunde	m/s
Beschleunigung	Meter durch Sekundenquadrat	m/s^2
Winkelgeschwindigkeit	Radiant durch Sekunde	rad/s
Winkelbeschleunigung	Radiant durch Sekundenquadrat	rad/s^2
Volumenstrom, Volumendurchfluß	Kubikmeter durch Sekunde	m^3/s
Massenstrom, Massendurchfluß	Kilogramm durch Sekunde	kg/s
Kraft	Newton	N
Druck, mechanische Spannung	Pascal	Pa
	Bar	bar
Dynamische Viskosität	Pascalsekunde	Pa·s
Kinematische Viskosität	Quadratmeter durch Sekunde	m^2/s

Größe	Einheit	Zeichen
Energie, Arbeit und Wärmemenge	Joule	J
Leistung, Energiestrom und Wärmestrom	Watt	W
Moment [1]	Newtonmeter	N·m
Impuls [2]	Newtonsekunde	N·s
Massenträgheitsmoment	Kilogrammquadratmeter	$kg \cdot m^2$
Drehimpuls, Drall [3]		N·m·s·rad
Drehmoment		J·rad
spezifisches Volumen		m^3/kg
spezielle Gaskonstante		J/kg·K
Heizwert		J/kg
Enthalpie		J
spezifische Enthalpie		J/kg
Entropie		J/K
spezifische Entropie		J/kg·K
Wärmekapazität		J/K
spezifische Wärmekapazität		J/kg·K
Wärmeleitfähigkeit		W/m·K
Wärmedurchgangskoeffizient		$W/m^2 \cdot K$

---

[1] Die von hier an in der Tabelle aufgeführten Größen sind nicht mehr im Gesetz über die Einheiten einzeln aufgeführt. Sie sind kohärent aus den gesetzlichen Größen gebildet und damit ebenfalls gesetzlich.

[2] Die kohärente Bildung der Einheit für die Größe Masse × Geschwindigkeit ist $kg \cdot m \cdot s^{-1}$. Da die zeitliche Änderung des Impulses gleich der Kraft ist, so kann man den Kraftstoß als die den Impuls definierende Größe ansehen, und damit ist für die Einheit N·s nahegelegt. Ähnliches siehe bei Drehimpuls und Drehmoment (Moment), Fußnote 3.

[3] Ähnlich wie bei Impuls und Kraft kann die Wahl der Einheit davon abhängen, was man als Grundbeziehung nimmt. Beim Drehimpuls kann man Trägheitsmoment × Winkelgeschwindigkeit nehmen. Dann tritt in der Einheit auch die Einheit rad auf, und damit beim Drehmoment ebenfalls.

<u>Umrechnungsbeziehungen</u>, auch mit solchen Einheiten, die nicht mehr verwendet werden dürfen († ; ab 1.1.1978: *)

1 l	$= 1\ dm^3 = \frac{1}{1000}\ m^3$
1 bar	$= 10^5$ Pa
1 g	$= 10^{-3}$ kg
1 t	= 1000 kg
1 rad	$= 57{,}296^\circ = 57^\circ\ 17'\ 45''$
1 Vollwinkel	$= 2\pi rad = 360^\circ$
1°	$= \frac{\pi}{180}$ rad, $1' = \frac{1}{60}{}^\circ$, $1'' = \frac{1}{60}{}'$
1 gon	$= 0{,}9^\circ$
1 min	= 60 s , 1 h = 60 min, 1 d = 24 h = 86400 s
† 1 Fuß	= 12 Zoll (1' = 12") = 30,48 cm
† 1 µ	$= 10^{-3}$ mm $= 10^{-6}$ m
*1 erg	$= 10^{-7}$ J
*1 at	$= 1\ kp/cm^2 = 98066{,}5$ Pa
*1 atm	= 101325 Pa
*1 mWs	= 0,1 at = 9806,65 Pa
*1 mm Hg	$= 1\ Torr = \frac{101325}{760}$ Pa = 133,3224 Pa
*1 Gal	$= 0{,}01\ m/s^2$
*1 Å	$= (1 \pm 5 \cdot 10^{-7})\ 10^{-10}$ m
*1 PS	= 735,49875 W
*1 dyn	$= 10^{-5}$ N
*1 kp	= 9,80665 N
*1 P (Poise)	$= 1\ \frac{dyn \cdot s}{cm^2} = 0{,}1\ Pa \cdot s$
*1 St (Stokes)	$= 1\ \frac{cm^2}{s} = 10^{-4}\ m^2/s$
*1 kcal	= 4,1868 kJ
*1 kcal/h	= 1,163 W

2. Abgeleitete elektrische und magnetische Einheiten

Größe	Einheit	Zeichen
Spannung, elektrische Potentialdifferenz	Volt	V
Widerstand	Ohm	Ω
Elektrischer Leitwert	Siemens	S
Elektrizitätsmenge, elektrische Ladung	Coulomb	C
Elektrische Kapazität	Farad	F
Elektrische Flußdichte, Verschiebung	Coulomb durch Quadratmeter	C/m^2
Elektrische Feldstärke	Volt durch Meter	V/m
Magnetischer Fluß	Weber oder Voltsekunde	Wb oder Vs
Magnetische Flußdichte Induktion	Tesla	T
Induktivität	Henry	H
Magnetische Feldstärke	Ampere durch Meter	A/m
Elektrische Scheinleistung	Voltampere	VA
Elektrische Blindleistung	Var	var

Umrechnungsbeziehungen

† 1 Fr (Franklin) $= \frac{1}{3} \cdot 10^{-9}$ C

† 1 Bi (Biot) = 10 A

† 1 F_{int} $= \frac{1}{1{,}00049}$ F

† 1 V_{int} = 1,00034 V

† 1 A_{int} $= \frac{1{,}00034}{1{,}00049}$ A

† 1 Ω_{int} = 1,00049 Ω

† 1 Oe (Oersted) $= \frac{10^3}{4\pi} \frac{A}{m}$

† 1 M (Maxwell) $= 10^{-8}$ Wb

† 1 γ $= 10^{-9}$ T

† 1 G (Gauß) $= 10^{-4}$ T

† 1 Gb (Gilbert) $= 1$ Oe·cm $= \frac{10}{4\pi}$ A

† 1 H_{int} = 1,00049 H

3. Abgeleitete atomphysikalische Einheiten und solche mit besonderem Anwendungsbereich (*, keine Kombinationen mit anderen SI-Einheiten erlaubt)

Größe	Einheit	Zeichen
Aktivität einer radioaktiven Substanz	reziproke Sekunde	s^{-1}
Energiedosis, Äquivalentdosis	Joule durch Kilogramm	J/kg
Energiedosisrate, Energiedosisleistung, Äquivalentdosisrate, Äquivalentdosisleistung	Watt durch Kilogramm	W/kg
Ionendosis	Coulomb durch Kilogramm	C/kg
Ionendosisrate, Ionendosisleistung	Ampere durch Kilogramm	A/kg
Stoffmengenbezogene Masse, molare Masse	Kilogramm durch Mol	kg/mol
Stoffmengenkonzentration, Molarität	Mol durch Kubikmeter	mol/m^3
*Brechkraft optischer Systeme	Dioptrie	dpt
*Fläche von Grund- und Flurstücken	Ar oder Hektar	a oder ha
*Masse von Edelsteinen	metrisches Karat	Kt
*Längenbezogene Masse von Textilien, Fasern und Garnen	Tex	tex

Umrechnungsbeziehungen

*1 Ci (Curie)	$= 3{,}7 \cdot 10^{10}\ s^{-1}$
*1 rd (Rad)	$= 0{,}01$ J/kg
*1 rem (Rem)	$= 0{,}01$ J/kg
*1 R (Röntgen)	$= 2{,}58 \cdot 10^{-4}$ C/kg
1 dpt	$= 1\ m^{-1}$
1 a	$= 100\ m^2$
1 ha	$= 100\ a = 10^4\ m^2$
1 Kt	$= \frac{1}{5000}\ kg = 0{,}2\ g$
1 tex	$= 10^{-6}\ kg/m = 1\ mg/m$

A n h a n g III

Tabelle einiger allgemeiner physikalischer Konstanten

W. Bendel, A 1975 Least-Squares Adjustment of Values of the Fundamental Constants, Naval Research Laboratory Memorandum Report 3213, January 1976

Größe	Symbol	Wert und (Fehler) *)	Relativer Fehler $\times 10^6$	Einheit
Lichtgeschwindigkeit	c	299 792,4580(12)	0,0040	km/s
Induktionskonstante	μ_o	$4\pi \cdot 10^{-7}$	0	Vs/Am
Influenzkonstante $1/\mu_o c^2$	ε_o	8,854 187 818(71)	0,0080	10^{-12} As/Vm
Rydberg-Konstante	R_∞	1,097 373 143(10)	0,0091	10^7 m^{-1}
Feinstrukturkonstante	α^{-1}	137,036 04(11)	0,83	
Elementarladung	e	1,602 1829(22)	1,4	10^{-19} C
Plancksches Wirkungsquantum	h	6,626 124(13)	2,0	10^{-34} J s
$h/2\pi$	$\hbar$	1,054 5804(21)	2,0	10^{-34} J s
Avogadrosche Konstante	N_A	6,022 0921(62)	1,0	10^{23} mol^{-1}
Atomare Masseneinheit	u	1,660 5525(17)	1,0	10^{-27} kg
Elektronen-Ruhmasse	m_e	9,109 4634(99)	1,1	10^{-31} kg
		5,485 8027(20)	0,37	10^{-4} u
Protonen-Ruhmasse	m_p	1,672 6355(17)	1,0	10^{-27} kg
		1,007 276 484(10)	0,01	u
Neutronen-Ruhmasse	m_n	1,674 9412(17)	1,0	10^{-27} kg
Massenverhältnis				
Proton	m_p/m_e	1836,151 48(68)	0,37	
Myon	m_μ/m_e	206,768 61(48)	2,3	
Spezifische Elektronenladung	e/m_e	1,758 8115(24)	1,4	10^{11} C/kg
Quantum des magnetischen Flusses	$h/2e$	2,067 8426(14)	0,69	10^{-15} T m^2
Josephson-Konstante	$2e/h$	4,835 9580(33)	0,69	10^{14} Hz/V
Faraday-Konstante, eN_A	F	9,648 493(13)	1,4	10^4 C/mol
Bohrscher Radius	a_o	5,291 7706(44)	0,83	10^{-11} m
Klassischer Elektronen-Radius	r_e	2,817 9378(70)	2,5	10^{-15} m

Größe	Symbol	Wert und (Fehler) *)	Relativer Fehler $\times 10^6$	Einheit
Thomson-Wirkungsquerschnitt	σ_e	0,665 2447(33)	5,0	10^{-28} m^2
Compton-Wellenlänge $\frac{h}{mc}$				
Elektron	λ_{ce}	2,426 3088(40)	1,7	10^{-12} m
Proton	λ_{cp}	1,321 4099(23)	1,7	10^{-15} m
Neutron	λ_{cn}	1,319 5909(22)	1,7	10^{-15} m
g-Faktor des Elektrons μ_e/μ_B	$g_e/2$	1,001 159 6525(17)	0,0017	
Bohrsches Magneton	μ_B	9,274 041(27)	3,0	10^{-24} J/T
Magnetisches Moment des Elektrons	μ_e	9,284 796(28)	3,0	10^{-24} J/T
Kernmagneton $e\hbar/2m_p$	μ_N	5,050 804(15)	3,0	10^{-27} J/T
Magnetisches Moment des Protons	μ_p	1,410 6115(42)	3,0	10^{-26} J/T
Molvolumen idealer Gase bei Normalbedingungen	V_m	22,413 83(70)	31,0	10^{-3} m^3/mol
Allgemeine Gaskonstante	R	8,314 41(26)	31,0	J mol^{-1} K^{-1}
		8,205 69(26)	31,0	10^{-5} m^3 atm/mol K
Boltzmann-Konstante, R/N_A	k	1,380 652(43)	31,0	10^{-23} J/K
Stefan-Boltzmann-Konstante $\pi^2 k^4/60\hbar^3 c^2$	σ	5,670 28(71)	125,0	10^{-8} W m^{-2} K^{-4}
Erste Strahlungskonstante $2\pi hc^2$	c_1	3,741 8024(75)	2,0	10^{-16} W m^2
Zweite Strahlungskonstante hc/k	c_2	1,438 786(45)	31,0	10^{-2} m K
Gravitationskonstante	γ	6,6720(41)	615,0	10^{-11} m^3 s^{-2} kg^{-1}

*) Standardabweichung (mittlerer quadratischer Fehler), angegeben in Ziffern der letzten Stelle

Anhang IV

Energie-Beziehungen der Atomphysik

Größe		Wert und (Fehler)	Rel. Fehler $\times 10^6$	Einheit
Massen				
Atomare Masseneinheit	uc^2	931,4980(13)	1,4	MeV
Elektron	$m_e c^2$	511,001 41(69)	1,4	keV
Myon	$m_\mu c^2$	105,659 05(24)	2,2	MeV
Proton	$m_p c^2$	938,2760(13)	1,4	MeV
Neutron	$m_n c^2$	939,5694(13)	1,4	MeV
1 Elektronenvolt		1,602 1829(22)	1,4	10^{-19} J
	1 eV/h	2,417 9790(17)	0,69	10^{14} Hz
	1 eV/hc	8,065 5098(55)	0,69	10^5 m^{-1}
	1 eV/k	1,160 454(36)	31,0	10^4 K
Energie-Wellenlängen Umrechnungsfaktor, hc		1,239 847 23(85)	0,69	10^{-6} eV m
		197,327 82(14)	0,69	2π MeV fm
Rydberg-Konstante	$R_\infty hc$	2,179 8901(43)	2,0	10^{-18} J
		13,605 7505(93)	0,69	eV
	$R_\infty c$	3,289 841 919(33)	0,0099	10^{15} Hz
	$R_\infty hc/k$	1.578 885(49)	31,0	10^5 K

Sachregister